清代豫东的土地盐碱化与社会互动

宋先杰 著

中国大百科全书出版社

图书在版编目（CIP）数据

清代豫东的土地盐碱化与社会互动 / 宋先杰著 . 北京：中国大百科全书出版社，2024. 7. -- ISBN 978-7-5202-1588-6

Ⅰ. S155.2

中国国家版本馆 CIP 数据核字第 2024E2S430 号

责任编辑　范紫云
封面设计　博越创想・程然
责任印制　李宝丰
出版发行　中国大百科全书出版社
地　　址　北京市阜成门北大街 17 号
邮政编码　100037
电　　话　010–88390701
网　　址　http: //www.ecph.com.cn
印　　刷　北京君升印刷有限公司
开　　本　710 毫米 ×1000 毫米　1/16
印　　张　18.5
字　　数　313 千字
版　　次　2024 年 7 月第 1 版
印　　次　2024 年 7 月第 1 次印刷
书　　号　ISBN 978–7–5202–1588–6
定　　价　78.00 元

序

农业是古代社会最重要的生产部门，而发展农业离不开土地，尤其是作为整个农业乃至人类社会得以存在和发展基础的种植业，更是把土地作为重要的生产资料。河南自古就是我国农业的重要发祥地，也是农业高度发达的中心地区之一，种植业在整个农业中占有特殊重要的地位。但古代河南不只是有着“麦苗渐渐”“禾黍油油”的肥田沃土，也分布有大量的草木稀疏的盐碱地，尤其是在黄河下游的豫东地区，盐碱地的数量有着相当大的规模，即使到了 1957 年，河南的盐碱地还有约 500 万亩。它既反映了这一地区土壤种类的多样性、复杂性，也反映了豫东长期处于洪水泛滥的黄河下游区域特殊的地理面貌和生态环境；它既给这里的农业生产造成了不少的困难，也促使豫东人民积极参与治理洪水、改良土壤、勇于应对的挑战；它既是中国古代史尤其是清史研究值得关注的一大课题，也是古代农耕史、生态环境史以及土壤学、作物栽培学等多学科交叉研究的重要领域。

不过，也许是这类题目略显偏狭，也许是需要多学科学识的积累和娴熟的运用，有关盐碱地历史，尤其是河南地区盐碱地历史方面的研究成果还是为数寥寥。记得在五六年前，先杰在跟我读博士时，提出拟将清代贾鲁河、涡河流域的盐碱地与社会互动作为毕业论文的选题，我当时就爽快地给予肯定。这其中与我乐于鼓励学生选择研究别人未做、或少做的学术新课题有关，也与我了解他本科学的是地理学，硕士阶段又学了考古学，并有肯于钻研、百折不挠的治学态度密不可分。

尽管这一选题有较大难度，但先杰还是迎难而上，经过一年多的史料搜集和文献研读，尤其是对河南、河北、天津、山东、安徽、江苏等地地方志和清代史地文献的不倦爬梳，进行必要的田野考察，使这一研究建立在扎实的史料基础之上，终于顺利通过了博士论文答辩。毕业后，他很快投入到河南大学黄河文明与可持续发展研究中心工作，在良好的学术氛围中不断成长。也许是受到我曾告诉他的“一个人的博士论文可以影响这个人一辈子的研究方向”的影响，他一直没有停止对这篇有关清代贾鲁河、涡河流域盐碱地的耕耘、剪裁、修整，并为中国大百科全书出版社的编辑所赏识，将其拟订为《清代豫东的土地盐碱化与社会互动》书名，由这家以知识性、学术性而闻名的出版社出版。细看修订后的书稿，具有的特色还是可圈可点的：首先，先杰在认真研读豫东地区各府、州、县及河南省志的基础上，经过细心、谨慎地统计核算，得出了清代开封府、归德府、陈州府所辖县的确册行粮地面积和盐碱地面积。这为研究豫东地区经济史、农业史等提供了值得参考的数据资料。其二，提出了求比重法来计算盐碱地占总耕地面积的比重，以探究盐碱地的面积变化，绘制出盐碱地空间分布图，指出盐碱地较重的地区主要分布在豫东地区的上游、黄河故道的两岸。这一计算方法有一定的示范性和推广价值。其三，在以上事实的基础上，从环境史的视角审视盐碱地的形成和演变，强调了其与黄河泛滥及植被破坏的密切关系。这从根源上透析了清代随着人口的激增，人类生存压力的增大，人们无休地开垦土地，造成黄河中下游的水土流失，壅堵了黄河河道，导致水文系统紊乱，排水不畅的河水滞留散漫，形成泥沼、湿地和大片的盐碱地。套用先杰的话说：“由于人类活动对于自然环境的影响越来越大，‘人化自然’对于生态系统的影响越来越大，人类不自然地把自己凌驾于自然生态系统之上，而忘了人类也是生态系统中的一环，当生态系统的某一环出现失衡，其恶果必将反噬给人类社会。随着农耕生产方式的过度推进，破坏了黄河中游地区的森林植被，水土流失陡然加剧，促使黄河下游地区的水文系统持续紊乱，其最终也导致盐碱地越来越多。”这实际上内涵了他这本书中想表达的盐碱化与“社会互动”，抑或“社会互动”与盐碱化的互为作用的情状。尽管还有自然环境条件变化等的致因作用不容忽视，但“豫东地区的黄河泛滥与土地盐碱化呈现出强烈的线性关系”，“与此同时，土地盐碱化也表现出强烈的相关性。盐碱地面积不断扩大，老百姓生活也日益贫困。它反映了生态与人类社会发展的关系。”在此基础上，该书的结论是“生态兴则文明兴起，生态衰则文明衰，为了长久的生存和发展，我们必须走可持续发展，走一条人与自然和谐共生的道路。”作为来自农家的学子，先杰对哺育自己成长的这片热土和这里人民的悲悯之心溢于言表，我尤其欣喜他在勤奋苦读和矢志为学中所饱含着的浓烈的家国情怀。

总之，我很欣赏先杰选择了这一富有挑战的研究课题，采用了经过缜密思考而又不乏新见、且又切实可行的研究方法，得出了与我国新时期生态文明发展战略相契合的可信结论。故写出以上感言，祝贺他的新著出版，并期望他在今后的人生旅途中，不断取得新的成就，攀登学术新高峰。是为序。

王星光于2024年6月23日

目　录

第一章　清代豫东地区盐碱地的自然环境与变迁

第一节　概述

一、研究综述

盐碱地是一种土地类型。土地是一种重要的生产资料，也是农业生产必不可少的空间载体和基础。我国农业历史悠久，对于土地的管理和利用积累了丰富的历史经验。从于省吾、胡厚宣对甲骨文的释读，可知我国早在商代已经产生了农田垦殖。[①]

古人很早就注意到盐碱地这种特殊的土地类型，他们在农业实践中不断地逐渐积累了对盐碱土壤的初步认识和总结。先秦典籍如《禹贡》《管子·地员》《周礼》《吕氏春秋》等皆有古人关于土壤质地的记载，其中就有区分盐碱土壤的记述及一些治理措施。可以说，先秦时期古人对盐碱地的认知已经走上了科学认识的道路。先民已经明晰土壤肥力低下是盐碱地的特征，但在盐碱地治理上仍缺乏科学理解和足够的有效手段。

秦汉以来，随着农业生产方式的鼎革和社会进步，古人对盐碱地的认识也越来越深入。许慎在《说文解字》中对于“斥、卤”的解释，可以看出，古人已获知盐碱地产生的原因所在，即土壤中富含盐分。虽然并不知道盐类物质是如何作用于土壤，但此种认识无疑比前代又进了一大步。这种科学认知也为后世所承袭，以后的农书如《齐民要术》《四时纂要》《农桑辑要》《农政全书》等都有体现。

---

① 于省吾:《从甲骨文看商代的农田垦殖》,《考古》1972 年第 4 期，第 45 页；胡厚宣:《殷代农作施肥说》,《历史研究》1955 年第 1 期，第 100–101 页。

明代后期，随着西风东渐，从国外传来西方近代自然科学的相关知识。国人开始逐步有了探讨盐碱地发生机制的科学理念，不过这种局面在现代土壤学建立之前进展缓慢，表现在迟至清后期《泽农要录》《农学纂要》引述西人的化合物，在名词音译上才与国际接轨，且从记载来看，对于土壤盐碱化的物理、化学反应原理仍不是很清楚。由于现代自然科学体系尚未在当时国内完全建立，缺少现代实验科学的实证，此时更多是停留在借鉴引用西人的研究结论阶段。

概括来说，在从先秦至清末这一段很长的历史时期内，一直缺乏对土壤盐碱化机理的深入研究。虽然如此，先民在盐碱地的治理上却有着丰富的实践经验，这与我国悠久的农业历史密切相关。鉴于土壤盐碱化的原因和机制相当复杂，在现代自然科学体系尚未建立之时，古人只能知其然而不知其所以然。

从《禹贡》“任土作贡”开始，土地管理者担负了从事农业生产和缴纳赋税的义务。田赋依赖土地，谈到土地，一般分为可耕地和不可耕地，而可耕地又可细分为可开垦的熟地和未开垦的荒地。[①] 这种分类延续的历史相当持久，即使到了清代，仍沿袭了此种理念，比如乾隆《郑州志》中豁除仓口熟地，即指有人开垦的土地。清初由于战乱，大量未开垦的荒地被闲置，所以地方政府大力劝垦，而这些无主荒地一旦被开垦，经过登记确册后就得缴纳田赋，由此荒地变为熟地。不可耕地主要是山林川泽。受开采技术限制及土地贫瘠的影响，这些土地一般被归为不可耕种地。

盐碱地作为一种耕地类型，开发耕种就会有农业产出，有产出当然也需要缴纳赋税。缴纳赋税是以地亩多寡来计量，因而需要知道土地包括盐碱地的面积。在土地面积的计算上，学界关于清代土地数据的研究已有多年积淀，以梁方仲[②]、何炳棣[③]、江太新、陈锋等学者为代表，纷纷就清代土地的数额、亩制和田赋制度等发表了深有影响的论述。

又土地因土壤环境不同造成土壤肥力有所差异，如坡地和平地上的土地、山地和丘陵地区的土地、河地和沙地等，肥力各有高低，同样面积的土地其收成自然不同。在赋税上就需要考量这种情况，于是按土壤贫瘠状况将

① 刘士岭：《大河南北，斯民厥土：历史时期的河南人口与土地（1368—1953）》，复旦大学博士学位论文，2009 年，第 21 页。

② 梁方仲：《中国历代户口、田地、田赋统计》，上海：上海人民出版社，1980 年，第 380–426 页。

③ 何炳棣：《中国古今土地数字的考释和评价》，北京：中国社会科学出版社，1988 年，第 61–82 页。

土地分为“上、中、下”的等级。在实际征收中，由于地亩肥瘠不同，为了税赋均平征收，需要在实际操作中折算出多少亩中地或下地等于一亩上地，这就是所谓的“折亩”。[①]

清代土地面积数据的一个核心问题就是折亩。关于折亩，傅辉指出“折亩的表现实质上是弓尺的变化”。当前对于清代土地数据的诸多争论主要集中在各地的折亩率上，鉴于尚缺少权威的各州县折亩率的统计，使得在复原清代各州县税亩上困难重重，更遑论科学换算实际的耕地面积。傅辉的《河南土地数据初步研究——以1368—1953年数据为中心》[②]一文为我们提供了一个很好的研究方法。他建议对研究地区各县的折亩率先行考证，再辅之以各历史时期土地数据作对比并校正误差，在此基础上有望得出较接近历史实际的土地数据。运用科学的定量计算方法有益于推动此问题的深入研究，也是历史学走定量化研究的一个方向。

牛建强等认为，折亩非始于明代，其渊源甚早。折亩实际上反映了各地土地丈量单位的不统一，加之各地史料记载丰歉不一，造成在大空间尺度根据折亩复原清代土地面积这个问题上各家争论不休。对折亩率的计算又受限于史料，使得该问题颇为棘手。此外，目前研究区域土地数据的文章仍甚为少见，研究方法和技术手段上都存在很大空间，今后工作宜在此方向上进一步加强。

彭雨新的《清代土地开垦史资料汇编》[③]是研究清代地亩、田赋的扛鼎之作。是书就清代各历史时期全国土地新垦、复垦、确册行粮地等数据都有统计。不过，在一些府州，作者用于统计的数据源主要来自通志。江太新在《清代地权分配研究》中曾指出在康熙、雍正朝全国有过地亩虚报的浮夸风。[④]若过于依赖单一的数据源，而缺少与其他数据的比对，统计出来的数据可能会出现误差和失实。

刘士岭和郭云奇也指出，河南很多州县在折亩换算中，存在各地的计量

---

① 刘士岭:《大河南北，斯民厥土：历史时期的河南人口与土地（1368—1953）》，复旦大学博士学位论文，2009年，第183页；牛建强、刘文文:《明代河南赋税征收中的折亩研究》,《中州学刊》2015年第1期，第122–128页；郭云奇:《清前期河南田赋研究》，郑州大学硕士学位论文，2019年，第37页。

② 傅辉:《河南土地数据初步研究——以1368—1953年数据为中心》,《中国历史地理论丛》2005年第1期，第105–114页。

③ 彭雨新:《清代土地开垦史料汇编》，武汉：武汉大学出版社，1992年，第1–297页。

④ 江太新:《清代地权分配研究》，北京：中国社会科学出版社，2016年，第26页。

单位不统一。虽官府（按，清代）有“以五尺为弓，二百四十弓为亩”的官方规定，然在各地难以统一执行，为此，官府就需要土地清丈。清初，在顺治朝和康熙朝就先后开展对全国地籍的调查工作。

概言之，折亩显然会影响到土地面积的计算，包括盐碱地面积的测算。除此，还有一个因素也会影响到盐碱地面积的计算，就是“蠲免”。清初朝廷为恢复农业生产，积极劝垦荒芜地，对一些因受灾而减产的熟地也会给予豁免当年或其后几年田赋的优惠。在此背景下，大量的荒地被垦殖，据刘士岭考证，“清初河南境内的荒地到雍正末年可能已经开垦殆尽。”[①] 乾隆年间，由于荒地不多，加之人口不断增加，此时的“荒地开垦”实际上就是开垦犄角旮旯、劣质土地，像此前归入不可耕种之地如深山老林等已是此时垦荒对象。

清代前中期，由于黄河泛滥、旱涝灾害、三藩之乱等一系列事件严重影响了农业生产，故而蠲免之政屡有实施。蠲免也被时人认为是统治者实施的所谓“恩政”。从蠲免的内容来说，多与朝廷豁免田赋有关。清代蠲免之策，大致有：“蠲之法有三， 一免租，一免科，一免役。蠲之故有二，一遇灾，一遇事。”[②] 按蠲免的性质又可分为恩蠲和灾蠲。此外，还有一种临时性的蠲免叫缓征。缓征是因自然灾害或战争侵扰而对灾区田赋的暂缓征收，包括临时停征、分年带征、递缓等特殊形式。[③]

张海瀛考察了清代前期的田赋蠲免，指出“蠲免田赋在不同程度上对生产发展起着积极的作用。到乾隆晚期……蠲免田赋的积极作用基本消失”。[④] 何平讨论了康熙朝前中后期的赋税蠲免，分析了蠲免法令的宽严和蠲免分数的规定等问题，指出各时期的蠲免政策不同并分析了原因。[⑤] 陈锋就康乾时期的“普蠲”、漕粮和耗羡蠲免问题做了详细分析，并就恩蠲和灾蠲涉及的蠲免制度的规范和完善展开讨论。[⑥]

关于蠲免的论文还有很多，这里不再列举。以往学者虽多有论述清代的

---

① 刘士岭：《大河南北，斯民厥土：历史时期的河南人口与土地（1368—1953）》，复旦大学博士论文，2009 年，第 206 页。

② 清高宗敕撰，王云五主编：《清朝通典》卷十六《蠲赈上》，上海：商务印书馆，1935 年，第 2107 页。

③ 李光伟：《清代田赋蠲缓研究之回顾与反思》，《历史档案》2011 年第 3 期，第 48 页。

④ 张海瀛：《论清代前期的奖励垦荒与蠲免田赋》，《晋阳学刊》1980 年第 1 期，第 59 页。

⑤ 何平：《论康熙时代的赋税减免》，《中国人民大学学报》2003 年第 6 期，第 125-131 页。

⑥ 陈锋：《清代“康乾盛世”时期的田赋蠲免》，《中国史研究》2008 年第 4 期，第 131-144 页。

土地蠲免，但主要是从政策和经济发展角度展开论述，对低产类型的土地如盐碱地的蠲免则论述不多。本文在查证清代豫东地区的盐碱地信息时，由于盐碱地多与地亩蠲免有关，借机展开论述和考证也有助于从这个角度探查清代蠲免政策的实施。

在研究土地空间分布的技术上，地理信息技术（GIS）在地图制作、空间分析上具有得天独厚的优势，也是地理科学工作者对地理数据处理和分析所常用的技术。在土地面积的计算和空间分析上为历史地理学者所借鉴，不过对于原始数据尚有不确定性的情况，此类研究较为少见。以满志敏为代表的老一代历史地理工作者将谭其骧《中国历史地图集》中的历史地图数字化，无疑开创了此类研究的先河。但就小区域或局部地区来说，由于可靠数据密度上的不足，目前此类工作所见不多。鉴于此，本文结合 GIS 技术和定量计算的方法进行探研并对结果做了进一步分析。在结论上，将定性与定量研究相融合，探究了清代豫东地区盐碱地的盐碱化程度和面积变化的趋势。

在盐碱地的治理和改良方法上，古人也积累了丰富经验。历史上先民对盐碱地的治理和改良有相当长的历程，古人也把长期形成的改良经验记载在书中。自《氾胜之书》始，历代大型农书对盐碱土的治理记载成为惯例。以后的农书如《齐民要术》《四时纂要》《农桑辑要》《王祯农书》《农政全书》《授时通考》等都有记述用动物粪肥、翻土、冲洗等法改良盐碱土壤，这意味着古人在盐碱地的治理上也一直在不断探索和总结。苜蓿自西汉张骞凿空丝绸之路传入中国后，起初常用于养马，在南北朝贾思勰的《齐民要术》中被记载用来作为肥料以改良低产土壤。这也反映了古人在长期的实践中善于吸收新方法用于改良盐碱地。

我国是农业大国，也是人口大国。随着人口的不断增长，华北地区人多地少的形势迫使人们必须重视改良盐碱地。在盐碱地改良上，对于盐碱土肥力低下的特点，古人提出“培土、施肥”以改壤，此认识在农书上屡见不鲜。盐碱土富含盐分，让多余的盐类从土壤中移走是可行之法，为此古人对症施药。利用盐分可溶于水的性质，可用水冲刷多余的盐分，此法早在《汉书·沟洫志》中已有出现。《汉书》就记载了战国魏襄王时史起为邺令引漳河水灌溉改良盐碱地的事迹，并在土地改良后种植水稻。可见，在战国时期古人已学会和利用取水冲盐的方法来改良盐碱地。

取水冲盐可以利用自然河流，更多的则是通过修建沟渠等水利工程设施来实施。水利工程不仅可以灌溉农田，也兼具冲淤洗盐的功效，因而修建水利工程在我国历代政治生活中皆为国计民生的大事。《史记》就专门记载了西门豹治邺兴修水利的业绩。此外，战国时期修建了鸿沟、郑国渠、都江堰等水利工程。秦汉以来，国家进入大一统时期，出于农业生产灌溉需要，全国都有各种兴修水利的举措。内陆地区兴修水利以灌溉盐碱地，目的是为了排盐和洗盐。聪慧的先民甚至将此法运用在沿海地区，如《水经注·江水》就提到滨海地区的盐碱地可用泉水引流来稀释盐分。①

史籍所见古人对于水患和土壤盐碱化二者间的水土关系认识，其实早在秦汉时期已有初步的正确认知。《汉书·主父偃传》载："地固泽卤，不生五谷"，② 指的就是土壤里水土关系失衡，土壤泽卤不长庄稼，虽然这种认识更多停留在观察和经验之上。

对于中原地区来说，往往一次黄河泛滥，泛滥区域内尽成泽卤，千里不毛。早在西汉时期，黄河就出现数次河决，威胁到百姓生活和国家安定。瓠子决口，汉武帝出动大量人力物力堵口治河。借鉴春秋时期的经验，人们在黄河河道两岸修筑堤防以备水患。自西汉以来，对于黄河堤防水利的兴修屡见于正史《河渠志》中。不过，比较来看，在《宋史》《金史》《元史》《明史》和《清史稿》中关于黄河水患及水利修筑的频次要较宋代以前为多，而且越往后的历史时期频次越多。尤其在清代，由于黄河决溢频繁，清政府对治黄尤为重视，河务督臣也多由经验丰富的河工出任。他们在治河过程中写下不少论述"治黄、治淮"方针的文章，其中也有关于地方水利和盐碱地治理的论述，从中还可窥见清代河政在国家权力中枢的地位及运转关系。

关于河政部门和地方政府的关系，赵晓耕等认为"纵观有清一代，河督与地方督抚权责的重叠和交叉虽使得双方能够互相监督，彼此牵制，朝廷坐收控制之效"。③ 不过，二者权责的轻重对比在不同的历史时段，似有不同的变化。江晓成分析认为，随着治河权责从工部负责到总河负责，河道总督话语权在康熙、雍正和乾隆朝日益高涨，清前期河道总督的权力不断扩张。④ 乾隆中期以后，清王朝颓势渐显，加之河政机构膨胀、人浮于事、河工经费也不断膨胀而贪污腐化现象层出不穷，为时人所诟病，如魏源《筹河篇》就

① 郦道元撰，谭属春、陈爱平点校：《水经注》卷三十三《江水》，长沙：岳麓书社，1995年，第491页："诗有田滨江泽卤，泉流所溉，尽为沃野。"

② 班固撰，颜师古注：《汉书》卷六十四上《沟洫志》，北京：中华书局，1962年，第2800页。

③ 赵晓耕、赵启飞：《浅议清代河政部门与地方政府的关系》，《河南省政法管理干部学院学报》2009年第5期，第41页。

④ 江晓成：《清前期河道总督的权力及其演变》，《求是学刊》2015年第5期，第166–172页。

有此类议论，可谓积弊日久。自道光后期起，内忧外患频仍，清王朝的统治面临越来越严重的威胁，为了自身的存续，清政府疏远了河务等传统要务，河政体制在国家大政中地位也随之下降。

在清代河防史料里也含有清人对黄河水患和盐碱地的产生和发展所得出的认知。其中也有论述水利工程与盐碱地治理之间的关系以及水利工程的设计与治理盐碱的思路。上述史实只是透过对盐碱地的治理所管窥到的清代政治生活之一角。

可以说，盐碱地通过作用农业生产对豫东的社会经济生活造成各种影响既有有利的，也有不利的。在古代社会，农业经济是第一产业，粮食生产大于天，由于盐碱地发育不利于粮食增收，自然被人们认为是弊端多多，因此，盐碱地的改良深受农学家和百姓的重视。上文所述，从方法的归类上说，兴修水利、引水冲盐、洗盐等都是采用物理方法来减少土壤中的盐分，从而实现治理盐碱的效果。

从史料中看，还有其他方法用于治理和改良盐碱地，比如化学方法，虽然古人并没有意识到他们所用的方法就属于化学方法。运用化学方法治理土壤盐碱化的举措，其历史渊源可上溯至《周礼》。《周礼·地官·司徒》提到草人用貉的粪便作肥料来改良盐碱土壤。[①] 据现代研究可知，动物粪便含有酸性物质，可通过化学反应中和土壤里过多的盐碱。虽然古人不能言明其中道理，但在以后的历代农书中也常见有此类记述。值得注意的是，草木灰不在此列，因草木灰呈碱性，这说明古人在实践中辨别和总结出了一些行之有效的治理盐碱土的化学手段。

此外，还有利用生物方法来治理盐碱地，最常见的就是植树造林。具体来说，通过选育耐盐碱的植物并大力栽培，逐渐改变土壤的理化性质以减轻土壤盐碱化。

我国古代很早就已经意识到林木对环境的保护作用，认识到林木可以保持水土、调节气候、减少水旱灾害，从而提高农业产量。为此，历朝历代都建立有专门的林业管理部门，并出台有相关的林业政策。郑辉通过研究从先秦至明清时期中国历代的林业政策和管理措施，把中国古代林业政策和管理分为六个阶段。他认为，宋元时期是古代林业政策和管理发展史上的成熟阶段，林政管理部门的不断完善其实是建立在林业资源的不断耗损并在局部地

---

① 阮元校刻：《十三经注疏》，北京：中华书局，1980年，第746页。

区出现环境和生态问题的基础上的。①

实际上，古籍中记述在盐碱地专门种植耐盐碱植物的人类活动不多，更多是一种人类对土壤盐碱化后的被动应对，且此类记述在明清两代出现的频次远较前代为多。究其原因，与宋代之后盐碱地面积的不断扩大并影响到农业生产和生活有很大关联。

以上治理方法比较来看，以大兴水利为代表的物理方法占据了古籍记载的主要篇幅。

进入近现代，对盐碱地的治理和改良展开科学研究开始逐渐增多和深入。民国时期有人开始研究盐碱土壤的理化性质及其改良事宜，如实业部地质调查所曾多次做过此方面的研究。北平大学农学院中也有人从事此种工作，他们邀请、组织考察团，调查和研究冀南盐硝土，以谋改良，著名土壤学家叶和才的《河北省军粮城河水之含盐量》②便是代表。这种工作，虽在短期内未能收获明显效果，但也标志着我国农学和土壤地理等相关学科学术发展的一大进步。李树茂在《土壤中碱质之为害作用》一文中认为，应使国人对于碱土问题有所认识与注意，须先使其明了碱质之为害的作用。③李文丰富了国民对于盐碱土矿物质含量及其理化作用的认识。

中华人民共和国成立后，国内关于盐碱地土壤性质和盐碱地改良及治理的论著如雨后春笋般不断出现。较早的如文焕然在 1964 年发表的《周秦两汉时代华北平原与渭河平原盐碱土的分布及利用改良》④《北魏以来河北省南部盐碱土的分布和改良利用初探》⑤等文。稍后在 1981 年李鄂荣的《我国历史上的土壤盐碱改良》概述了古代盐碱土的治理。⑥闵宗殿《我国古代的治理盐碱土技术》对古代盐碱地改良技术做了系统总结。⑦李令福对明清山东的

① 郑辉：《中国古代林业政策和管理研究》，北京林业大学博士学位论文，2013 年，第 78–109 页。

② 叶和才：《河北省军粮城河水之含盐量》，《土壤学报》1948 年第 1 期，第 39–42 页。

③ 李树茂：《土壤中碱质之为害作用》，《农学月刊》1936 年第 2 卷第 4 期。

④ 文焕然：《周秦两汉时代华北平原与渭河平原盐碱土的分布及利用改良》，《土壤学报》1964 年第 1 期，第 1–9 页。

⑤ 文焕然、汪安球：《北魏以来河北省南部盐碱土的分布和改良利用初探》，《土壤学报》1964 年第 3 期，第 346–356 页。

⑥ 李鄂荣：《我国历史上的土壤盐碱改良》，《水文地质工程地质》1981 年第 1 期，第 50–52 页。

⑦ 闵宗殿：《我国古代的治理盐碱土技术》，《农史研究（第八集）》，北京：农业出版社，1989 年，第 104–112 页。

盐碱地分布和利用做过论述。① 严小青、惠富平讨论了明清时期苏北沿海荡地盐碱土对当地盐业和税收的影响。② 周楠《清代河南土壤分布及水文特征》简略地论述了清代河南的土壤状况。③ 苗阳、郑钢等《论中国古代苜蓿的栽培和利用》一文中谈到苜蓿改良盐碱土的应用。④ 殷志华《明清时期高粱栽培技术研究》一文谈到北方地区利用高粱改良盐碱地。⑤ 唐德富《治碱史话》简略地讨论了我国古代对盐碱土的治理经验。⑥ 周肇基《我国古代的植物抗性生理知识》讨论了古籍中部分植物的抗盐碱特性。⑦ 此外，咸金山讨论和总结了我国古代对盐碱土发生发展规律的认识以及土壤改良利用的经验。⑧ 程遂营《唐宋开封生态环境研究》通过选取盐碱区有代表性的城市，立足于人类社会和环境的互动角度观察一定历史时期内盐碱区的社会生活。⑨

就目前所见的已发表论著来看，专门讨论古代盐碱土改良的文章虽有一定积累，但在数量上仍显匮乏。对该项研究的有利之处是可以借鉴已有成果，但也存在不足，主要是论者多选取局部问题从自身学科角度进行阐发，对于河南境内盐碱地的论述很少，且多数学者是从大区域入手，简单论述盐碱地的历史地理分布。在古人对盐碱地的认识和人地关系及豫东盐碱地的空间分布、盐碱化等问题上研究深度不足，相关文章也极为少见。

在大区域上，关于黄淮海平原盐碱地治理和改良的文章还有很多，不只国内土壤学专家们有所论述，国外土壤学家们也有相关论述。此类著作多以土壤学教材面世，如吕贻忠、李保国、顾经昆等土壤学家编纂或翻译的教科书。论者多以黄淮海平原为主体论述，一方面固然因其代表性值得重视，另一方面也跟黄淮海平原的盐碱地范围和空间有了系统认知有关。不过，这些土壤学家、地理学家们着眼和立论多站在现代和关注未来的角度，在盐碱

---

① 李令福：《明清山东盐碱土的分布及其改良利用》，《中国历史地理论丛》1994 年第 4 期，第 125–132 页。

② 严小青、惠富平：《明清时期苏北沿海荡地涨圮对盐垦业及税收的影响》，《南京农业大学学报（社会科学版）》2006 年第 1 期，第 78–81 页。

③ 周楠：《清代河南土壤分布及水文特征》，《旅游纵览》2012 年第 2 期，第 54 页。

④ 苗阳、郑刚等：《论中国古代苜蓿的栽培与利用》，《中国农业通报》2010 年第 17 期，第 403–407 页。

⑤ 殷志华：《明清时期高粱栽培技术研究》，《古今农业》2011 年第 3 期，第 74–79 页。

⑥ 唐德富：《治碱史话》，《中国水利》1963 年第 22 期，第 33 页。

⑦ 周肇基：《我国古代的植物抗性生理知识》，《中国农史》1984 年第 3 期，第 62–69 页。

⑧ 咸金山：《中国古代改良、利用盐碱土的历史经验》，《农业考古》1991 年第 3 期，第 203–211 页。

⑨ 程遂营：《唐宋开封生态环境研究》，北京：中国社会科学出版社，2002 年，第 13–90、184–230 页。

地发生机理和治理方法上着墨甚多，而关于历史时期的盐碱地变迁往往一掠而过。

历史地理学家中以邹逸麟《黄淮海平原历史地理》[①]为代表，其中涉及黄淮海平原盐碱地的论述尤为精彩，也不乏历史考论。与盐碱地形成相关的自然因素，在书中都有很详细的论述，其研究思路和方法尤为值得学习。但论述盐碱地的篇幅占全文较少，关于盐碱地产生和发展及探讨人地关系的论述也不多，特别是对于北宋之后的盐碱地如何变化，论述较为简略。

另外，地理学家们也有一些讨论历史时期盐碱问题的文章，不过文中多是根据现代情况推论古代，论述也是一笔带过，但其中的专业知识对本文的研究开展也是极有帮助的。主要有：王世贵、杜景云《豫东黄河冲积平原盐碱水分布和化学特征》对豫东平面盐碱水的分布、性质和埋藏特征做了总结。[②]金睦华《河南盐碱植被初步调查》列出了现代河南盐碱区植被分布并讨论了和地形、气候的关系。[③]楚纯洁、刘清臻等《豫东平原盐碱地土壤颗粒分布特征》对豫东平原盐碱土土壤颗粒的结构和土壤盐度的关系进行了讨论。[④]吴旭昌、孙庆祥等《北方盐碱地种植红麻》介绍现代盐碱地改良种植耐盐碱植物红麻的方法。[⑤]此类文章还有不少，以上仅列举可供本文参考且引用率较高有代表性的几篇。

除了上述论文，还有一些篇幅较长的硕博论文也涉及历史时期相关区域盐碱地和盐碱地的改良利用或其他相关。主要有：陕西师范大学胡林艳的硕士论文《明清民国时期关中地区盐渍化土壤的分布与改良》、杜鹃的博士论文《关中平原土壤耕作层形成过程研究》，西北师范大学吴继轩的博士论文《元明清时期菏泽地区农业开发研究》，山西大学张力的硕士论文《环境、国家与农民生计——1950年代山西中部土盐户转业的历史考察》、侯晓东的硕士论文《清以来山西土盐问题研究》，郑州大学冯文明的硕士论文《二十世纪二三十年代冀南硝盐风潮研究》，南京大学赵长贵的博士论文《明清中原

① 邹逸麟：《黄淮海平原历史地理》，合肥：安徽教育出版社，1997年，第51–57页。

② 王世贵、杜景云等：《豫东黄河冲积平原盐碱水分布和化学特征》，《人民黄河》1981年第4期，第40–44页。

③ 金睦华：《河南盐碱植被初步调查》，《河南师范大学学报（自然科学版）》1986年第1期，第66–71页。

④ 楚纯洁、刘清臻等：《豫东平原盐碱地土壤颗粒分形特征》，《河南农业科学》2010年第5期，第50–54页。

⑤ 吴旭昌、孙庆祥等：《北方盐碱地种植红麻》，《农业科技通讯》1978年第2期，第19–20页。

生态环境变迁与社会应对》，聊城大学高元杰的硕士论文《明清山东运河区域水环境变迁及其对农业影响研究》、刘燕宁的硕士论文《明清时期南运河水环境的变迁及对区域农业影响》，中国科学院大学关胜超的博士论文《松嫩平原盐碱地改良利用研究》，南京农业大学陈凡学的硕士论文《中国古代土壤改良技术研究》等。

最后，在历史时期盐碱地研究的方法论上，从目前来看，亟待完善建设。从研究对象来看，盐碱地作为一种土地类型一直为农业史和水利史学家所关注。对于农史学者来说，盐碱地是一种盐碱化的土地；而对于水利史学家来说，它与水利建设的关系非常密切，但他们关注的重点却不以盐碱地为主。盐碱地的特殊属性决定它必将由环境史学者担负起研究重任，且盐碱地作为一种生态问题，它也在呼唤着环境史学者以盐碱地为对象开展研究。

环境史学科的产生首先发生在美国。以唐纳德·沃斯特、杰克逊·特纳、唐纳德·休斯、威廉·克劳农、约翰·麦克尼尔等环境学者和环保人士着重于对本国环境变化的研究，其后这股风气逐渐影响到世界其他地区。环境史的发端正是在此背景下传入中国。以梅雪琴、王利华、满志敏、夏明方、王星光、侯甬坚、钞晓鸿、侯深等学者为代表的中国环境史研究群体纷纷投入到这一领域开展了相关工作并颇有进展。

新事物的出现总是会让学者们对其属性和发展态势颇为关注，环境史也不例外，它是史学研究的新方向，它更需要多学科知识和理论架构。鉴于此，对其研究方法的讨论也可谓仁者见仁、智者见智。周琼以云南瘴气研究为例，深入分析了环境史研究的多学科交叉方法。[①] 钞晓鸿主张环境史研究应基于历史本位与跨学科方法，将二者的研究积累和思路方法结合起来，[②]此后，他又提出环境史研究应运用生态学理论和方法。[③] 王利华也认为，环境史研究除了须具备必要的传统史学功底外，还需要具备一定自然科学的知识素养。[④] 王星光认为，传统农业的生命力在于尊重自然规律，对农业生态系统的研究应体现出“人文关怀”，注重天地人之间的和谐关系。[⑤] 赵九洲将人类环境分为常态环境和变态环境，倡导从环境的古今、虚实和远近三方面来

---

① 周琼：《环境史多学科研究法探微——以瘴气研究为例》，《思想战线》2012年第2期，第64–69页。

② 钞晓鸿：《深化环境史研究刍议》，《历史研究》2013年第3期，第4–11页。

③ 钞晓鸿：《中国环境史研究前沿与展望》，《历史研究》2015年第6期，第23–27页。

④ 王利华：《生态史的事实发掘与事实判断》，《历史研究》2013年第3期，第19–25页。

⑤ 王星光、陈文华：《试论我国传统农业生产技术的生命力》，《农业考古》1985年第2期，第2–7页。

研究环境史，并进一步提出将微观史学与环境史结合起来。[①]

上述学者皆对环境史的研究方法做了有益的阐释，因为环境史的研究对象不再局限于传统史学所定位的“人”，而更关注“人－自然”二者之间的关系，所以研究对象的拓展势必要求研究者需要掌握一定的自然科学知识，对自然环境的特点也必须有足够的了解，而且还需要对二者在历史时期的互动具备必要的知识储备，否则无从谈起。学界在环境史研究方法上可以说基本上能够形成一定共识，但在具体问题的分析过程中，我们还需要谨慎地选择合适的方法并选用必要的技术手段。

生态学者马世骏、王如松在《社会－经济－自然复合生态系统》[②]一文中提出的“社会－经济－自然复合生态系统”颇有高屋建瓴之引领意义。环境史研究着眼于生态问题，运用生态学的相关理论解决历史问题是当前学界比较认可的理念。将人类社会和自然环境视为复合系统中的统一体，从这一视角观察大历史数据下的人类社会变动更能发现诸多问题。

生态学的术语“生态系统”在哲学观上强调辩证联系，既强调系统内各要素的联系性。这种联系表现出一定的协同，即系统内一要素的变动往往会引发其他要素随之发生联动变化；又要突出系统内各要素的相互独立性，即各要素虽相互作用，但各要素的变化也有其相对独立的进程和方向。

在生态学方面可供参考的论著甚多，虽然环境史工作者并不需要全部都掌握，但相关理论知识却需要研读。美国生态学家 E. P. 奥德姆编著的《生态学基础》在全球范围内广为流传，此后国内学者也陆续出版生态学的教材。研究环境史需要对生态学相关理论有所了解，方能对生态环境、生态系统的定义及作用原理具备基本的学理认识，此类论著为环境史研究提供了可供借鉴的理论体系。

另外，在地学方面，自然地理、人文地理、经济地理、地质学等相关论著也是环境史研究者需要参考和关注的重点。对于研究对象的属性和特征及其变化规律都有详细讲述，这方面的论著和教材甚多，不再赘述。需要注意，由于研究对象同时具有自然属性和社会经济属性，在探研其对人类社会的影响时更应采用“系统论”思想，用一种合乎实际的“史学逻辑”去研判，不宜盲目夸大人类社会或自然环境单方面的作用力。

---

① 赵九洲：《环境史的微观转向——评〈人竹共生的环境与文明〉》，《中国农史》2015 年第 6 期，第 137–145 页。

② 马世骏、王如松：《社会－经济－自然复合生态系统》，《生态学报》1984 年第 1 期，第 1–8 页。

综上，盐碱地作为一种既能反映自然环境的历史变迁又能透析人类社会变革的研究对象，它的影响因子繁多，各因子间的相互关系又错综复杂，运用环境史的研究方法从宏观和微观尺度透视清代人地关系，是一次有益的尝试和挑战。

总之，在关于古人对盐碱地的认识、盐碱地的面积计算、盐碱地的空间分布和盐碱地的治理与改良、盐碱地变迁史对当下的启示等问题上，目前学界虽有一定积累，但在相关研究方法和技术以及盐碱地与人类活动的关系讨论上尚有较大研究空间，这也正是本文研究希望突破的重点。

二、研究区域的时空范围和盐碱地的相关概念

（一）研究区域的时空范围

清朝是我国历史上最后一个封建王朝。1616 年努尔哈赤在赫图阿拉称汗建立后金，1636 年皇太极在沈阳改国号为清。后金给明帝国北方边塞造成强力威胁。1644 年农民起义军李自成攻克北京随后征讨吴三桂，吴三桂降清并引清兵入关，之后李自成兵败使得清军入主北京开始建立起完全的统治。其后，随着西方列强的侵入，客观上把中国也带入了近现代的全球化历史进程。清朝日益衰败，1912 年末代皇帝溥仪退位，标志着清王朝的覆灭。

清朝全盛时期其疆界“东极三姓所属库页岛，西极新疆疏勒至于葱岭，北极外兴安岭，南极广东琼州之崖山，莫不稽类内乡，诚系本朝。”[①] 清朝既继承了历代中原王朝的疆域，也继承了历史上周边民族活动的领地，[②]其疆域面积之盛乃居历代统一王朝之前列。清朝在统一中原后，在行政区划上，改明朝的两京十三布政使司为十八个行省。光绪十年（1884）新疆设巡抚并新建行省；[③]光绪十一年，改福建巡抚为台湾巡抚并建台湾行省后割让给日本；[④]光绪三十三年，奉天、吉林、黑龙江改建行省设巡抚及东三省总督。[⑤] 故有清一代共有 22 个行省。又据谭其骧之说，在内地各省行政制度上，每省分

① 赵尔巽等撰：《清史稿》卷五十四《地理一》，北京：中华书局，1977 年，第 1891 页。

② 成崇德：《论清朝疆域形成与历代疆域的关系》，《中国边疆史地研究》2005 年第 1 期，第 10 页。

③ 赵尔巽等撰：《清史稿》卷一百六《职官三》，第 3347 页。

④ 赵尔巽等撰：《清史稿》，第 3347 页。“十三年，台湾建行省……”，小字加注“二十一年弃台湾，迺省。”

⑤ 赵尔巽等撰：《清史稿》卷五十五《地理二》，第 1925 页；《清史稿》卷五十六《地理三》，第 1945 页；《清史稿》卷五十七《地理四》，第 1963 页。

设若干道，道以下设府（直隶州、直隶厅），府下设县（散州、散厅）。[①]

有清一代，河南的行政区划也屡有变化。在顺治二年（1645），领八府、一直隶州，驻开封府。八府为开封府、河南府、怀庆府、卫辉府、彰德府、归德府、汝宁府和南阳府。直隶州为汝州直隶州。这八府一直隶州皆为沿袭明制，乃因时局初平，清政府为迅速恢复生产而为之。

顺治十六年，仍领八府、一直隶州，南阳府裁南召县入南阳县。雍正二年（1724），户部依河南巡抚石文焯的奏疏，升禹州、郑州、许州、陈州为直隶州并析开封府属之西华、商水、项城、沈丘四县直隶陈州，临颍、襄城、郾城、长葛四县往属许州直隶州，荥泽等四县往属郑州直隶州，密县、新郑二县分隶禹州。河南府属陕州升为陕州直隶州，汝宁府属光州升为光州直隶州。[②]加上原有的汝州直隶州，如此，河南省的行政区划就变为领八府七直隶州。这是清初河南区划史上的一次重大改动。据石文焯所言，开封府辖县过多，地域辽阔，不利于施政管理。又据真永康树考证，这次将禹州等州升为直隶州主要有为了增加赋税利于财政之考量。[③]

乾隆六年（1741）降许州府为直隶州，领九府、四直隶州。此后很长一段时间内府、州的数量未变，变化之处主要在相邻府、州内所属辖县有所裁并以及一些散州或升或降。至光绪三十年复升郑州为直隶州，如此，河南省领有九府、五直隶州。光绪三十一年，升淅川厅为直隶厅。直至清末，河南省领府九：开封、河南、怀庆、卫辉、彰德、归德、汝宁、南阳、陈州。[④]直隶州五：许州、郑州、陕州、汝州、光州。直隶厅一：淅川。

鉴于行政区划的不断变化，为了便于研究，需要找一个初始的“底本”作参照，以方便对比和说明后来政区的变化。以顾祖禹所记，[⑤]作清初河南省各府、属州及辖县表，见表1–1。

---

① 谭其骧：《中国历代政区概述》，《长水集续编》，北京：人民出版社，1994年，第43页。

② 《清世宗实录》卷二十三，雍正二年八月癸巳，北京：中华书局，1985年，第373页。

③ ［日］真永康树：《雍正年间的直隶州政策》，《历史档案》1995年第3期，第89页。

④ 牛平汉：《清代政区沿革综表》，北京：中国地图出版社，1990年，第209页。

⑤ 顾祖禹辑著：《读史方舆纪要》卷四十六，上海：商务印书馆，1937年，第1914–1917页。汝州为直隶州，不在表内，其辖县有四：鲁山、郏县、宝丰、伊阳。

表 1–1　顺治二年河南行政区划表

府名	属州	辖县
开封府	陈州、许州、郑州、禹州	祥符、陈留、杞县、通许、太康、尉氏、洧川、鄢陵、扶沟、中牟、阳武、原武、封丘、延津、兰阳、仪封、密县、新郑、荥阳、荥泽、河阴、汜水、商水、西华、项城、沈丘、临颍、襄城、郾城、长葛、
河南府	陕州	洛阳、偃师、巩县、孟津、宜阳、永宁、新安、渑池、登封、嵩县、灵宝、阌乡、卢氏
怀庆府		河内、济源、修武、武陟、孟县、温县
卫辉府		汲县、新乡、获嘉、淇县、辉县、胙城
归德府	睢州	商丘、宁陵、鹿邑、夏邑、永城、虞城、柘城、考城
汝宁府	光州、信阳州	汝阳、真阳、上蔡、新蔡、西平、确山、遂平、罗山、光山、固始、息县、商城
彰德府	磁州	安阳、临漳、汤阴、临县、武安、涉县
南阳府	裕州、邓州	南阳、镇平、唐县、泌阳、桐柏、南召、内乡、新野、舞阳、叶县、淅川

如顾祖禹所言“明初为河南等处承宣布政使司。领府八，州一，属州十一，属县九十六。而藩封卫所参列其间。今仍为河南布政使司。”一语道出了清初河南行政区划沿袭明制的特点。

上文简述了清代河南行政区划的沿革，也提到各府内属州及辖县在清代时有裁并，不过本文并非研究清代行政区划的变迁，而是着眼于清代盐碱地的利用，但行政区划的变迁会影响到研究区域范围的设定，下以河南行政区划的历史变迁略做说明。

河南的地貌主要由平原和山地构成，李永文等将河南地貌分为七部分[①]。河南省界的形状并非一成不变，由于历史上行政区划的变迁，河南的行政地图往往有所变化，特别是邻省边界地带。

清代的河南地图若以嘉庆二十五年（1820）为例，它反映了当时的河南行政区划。[②] 对比当代河南省行政区划图，可看出 1820 年的河南行政区相比今天有不少变化，如清嘉庆二十五年的彰德府府属涉县、武安县和临漳县现

---

① 李永文、马建华等编著：《河南地理》，开封：河南大学出版社，1995 年，第 10 页。

② 谭其骧主编：《中国历史地图集》（第八册），北京：中国地图出版社，1996 年，第 24–25 页。

今隶属于河北省。

今武安市隶属于河北省邯郸市，是一个县级市，位于今河北省西南部太行山东麓。其疆域的最早记载见于明嘉靖二十六年（1547）《武安县志》，属于彰德府，其县境一直延续到民国时期未有大变化。民国时期全县实测面积7860方里，合1965平方公里。[①]中华人民共和国成立后，武安县境与相邻市县的部分地区有过数次变动。变动区域主要在与相邻的涉县和邯郸市之间一些村落行政归属的调整。现武安市面积为1806平方千米，可见其疆域比之清代要小，其在1952年划归河北省。

涉县东与武安相邻，南接河南安阳、林县。明初属真定府，后改属河南彰德府磁州。清雍正四年，磁州改属广平府，涉县仍属彰德府直至民国。1949年划归河北省。[②]

临漳县名始见于西晋。[③]以后朝代变革，隶属多变。明代隶属彰德府。明洪武十八年（1385）临漳县城毁于漳水。洪武二十七年，迁临漳县于东北18里理王村，并筑今临漳县城。[④]清代临漳县仍归属彰德府。1949年划归河北省。

大悟县境域在清代由河南罗山县、湖北孝感、黄陂、黄安两省四县所辖。1932年，国民政府军队对豫鄂皖革命根据地进行第四次“围剿”，乃将河南省罗山县、湖北省孝感、黄陂、黄安四县边陲地带于1933年建置为礼山县，[⑤]以后归属湖北省。清代隶属河南罗山县之部分县域现已移出河南省。

金寨设县前，分属两省五县。[⑥]康熙六年（1667）后归属河南、安徽两省。其境域为安徽省庐州府六安州、霍山县与颍州府的霍邱县地及河南省汝宁府光州的固始、商城县地。[⑦]1932年分属安徽省的六安、霍山、霍邱和河南省的固始、商城5县。10月，在上述5县边区划出55个保，设置立煌县。1933年国民政府批准立煌县改属安徽省。1947年改县名为金寨县。

清嘉庆二十五年的行政区划在今豫北地区的濮阳市变动较大。南乐县、台前县、清丰县、范县、濮阳县和长垣县在清嘉庆二十五年时并不归属河

① 武安市地方志编纂委员会：《武安县志》，北京：中国广播电视出版社，1990年，第39页。
② 涉县地方志编纂委员会：《涉县志（简本）》，石家庄：河北人民出版社，2015年，第11–12页。
③ 河北省临漳县志编纂委员会：《临漳县志》，北京：中华书局，1999年，第55页。
④ 河北省临漳县志编纂委员会：《临漳县志》，第56页。
⑤ 湖北省大悟县地方志编纂委员会：《大悟县志》，武汉：湖北科学技术出版社，1996年，第42页。
⑥ 安徽省金寨县地方志编纂委员会：《金寨县志》，上海：上海人民出版社，1992年，第42页。
⑦ 安徽省金寨县地方志编纂委员会：《金寨县志》，第43页。

南省。

南乐县元、明、清三代境域无大的变动。[①] 清属盛京大名府，后改属直隶大名府。民国初，仍属直隶大名府。中华人民共和国成立后，南乐县属平原省濮阳专区。[②]1952 年，撤销平原省，划入河南省。

台前县在清代分属兖州府寿张县、东平州东阿县和东昌府（后属曹州府）范县。[③]1928 年分属山东省寿张县、东阿县和范县。1964 年，撤销寿张县，金堤 [④] 以南地区并入范县，划入河南省，隶属安阳地区。

清丰县在洪武七年属大名府，清沿袭旧制。[⑤]1949 年，中央撤销冀鲁豫边区，建立平原省，清丰县归属平原省濮阳专区。1952 年，撤销平原省，清丰县改属河南省濮阳专区。

范县在明代属濮州。清雍正八年属濮州直隶州，雍正十三年改属曹州府。[⑥]1949 年，冀鲁豫行署撤销，范县归属平原省濮阳专区。1952 年，平原省撤销，范县属山东省聊城专区。1964 年，将金堤以北范县地区划归莘县，金堤以南原寿张的马楼等 4 个去划归范县，范县隶属河南省安阳地区。[⑦]1983 年，范县归属新设的濮阳市。

濮阳县在明代称开州，属大名路。[⑧] 清代，仍称开州，是大名府直隶县。1913 年改开州为开县，次年改称濮阳县，属河北大名府。1949 年，濮阳、尚和和昆吾三县合并为新的濮阳县，隶属平原省濮阳专区。

长垣县，明属大名府开州。[⑨] 清属直隶省大名府。民国初年，属大名道。1928 年裁道，次年改直隶为河北省，长垣仍属之。1949 年，长垣归属新建的平原省濮阳专员公署。1952 年，平原省撤销，长垣并入河南省，属濮阳。1986 年，濮阳市成立华龙区政府。次年，撤销濮阳市郊区，恢复濮阳县，并将市区城关镇划归濮阳县。

---

① 南乐县地方史志编纂委员会：《南乐县志》，郑州：中州古籍出版社，1996 年，第 53 页。

② 南乐县地方史志编纂委员会：《南乐县志》，第 54 页。

③ 台前县地方史志编纂委员会：《台前县志》，郑州：中州古籍出版社，2001 年，第 70 页。

④ 据史念海考证，金堤为“战国秦汉时期所筑的黄河堤”，其地后以遗迹为名，见史念海：《论〈禹贡〉的导河和春秋时期的黄河》，《陕西师大学报（哲学社会科学版）》1978 年第 1 期，第 56 页。

⑤ 清丰县地方史志编纂委员会：《清丰县志》，济南：山东大学出版社，1990 年，第 76 页。

⑥ 范县地方史志编纂委员会：《范县志》，郑州：河南人民出版社，1993 年，第 54 页。

⑦ 范县地方史志编纂委员会：《范县志》，第 55 页。

⑧ 濮阳县地方史志编纂委员会：《濮阳县志》，北京：华艺出版社，1989 年，第 2 页。

⑨ 长垣县地方史志编委会：《长垣县志》，郑州：中州古籍出版社，1991 年，第 68 页。

从以上各县的建置沿革来看，可以肯定，南乐等六县县域在清代不隶属于河南，而武安、涉县、临漳县隶属河南，同样地，大悟和金寨部分县域也属于河南管辖。

除了行政区划在历史上屡有变迁外，河南境内的河流其河道也多有变化。

以流经河南的大河——黄河为例，历史上黄河的河道在本区多有变迁。从明嘉靖中期到咸丰四年（1854），黄河下游河段多股分流的局面基本结束。特别是经万历年间潘季驯推行“筑堤束水，以水攻沙”的治河方针，黄河下游被固定为单一河道。[①] 但此后河患仍屡有发生。黄河在河南、山东段的决溢频繁，或北决入运，或南决夺濉、浍等河入淮。后经康熙、雍正年间在河南境内大兴修堤，使得黄河在康熙至乾隆年间有过一段时间的稳定。18世纪中叶以后，黄河水患再度严重。如乾隆二十六年黄河在河南境内多地决口，道光二十三年（1843）在中牟九堡决口，延今贾鲁河夺颍河、涡河水道入淮河，皆是例证。

咸丰五年，黄河在兰阳铜瓦厢决口，决溢漫为三股汇合后穿山东运河经小盐河流入大清河，由利津牡蛎口入海。至此，黄河结束了700多年由淮入海的历程，又由渤海湾入海，[②] 此即今黄河下游河道。以上只是简述了史载规模较大的黄河改道事件，实际上有统计的黄河决溢次数远胜于此。

邹逸麟统计了历代黄河下游河道的变迁状况，从他给出的“历代黄河下游河道变迁形势图”来看，黄河下游河道的摆动范围最北至战国以前的黄河古道，南达夺颍入淮之古河道，大致以孟津、郑州为基轴，呈扇面在太行山以东、淮河以北展开。

黄河在历史上改道无常，决溢频繁。据统计，黄河下游自公元前602年至1938年的2540年间，决口泛滥的年份就达543年，共决溢1590次。[③] 临漳县也在黄河下游河道摆动的范围内。据《汉书·王莽传》载，王莽始建国三年（公元11），“河决魏郡，泛清河以东数郡”。[④] 魏郡西汉始立，郡治在邺，即今临漳县一带。

---

① 邹逸麟：《中国历史地理概述》，上海：上海教育出版社，2005年，第35页。

② 邹逸麟：《中国历史地理概述》，第38页。

③ 王建平：《黄河概说》，郑州：黄河水利出版社，2008年，第78页。

④ 班固撰，颜师古注：《汉书》卷九十九中《王莽传》，北京：中华书局，1962年，第4127页。

今流经临漳县境内的漳河在历史上也是迁徙无常，河道变迁频繁。漳河在清代迁决尤为频繁。据载，顺治五年、九年、十一年、十三年漳河接连发生水灾，到康熙、雍正、乾隆、道光、咸丰直至光绪朝，漳河决溢少则一二次，多则三四次。[①] 漳河的河道变迁主要受黄河的影响。实际上，在西汉之前，黄河流经“黄河古道”流经河北省时，漳河汇入黄河，因此漳河当时属于黄河水系。此后，黄河南流，漳河始归入海河水系。漳河对于海河平原的形成具有重要作用。我们所说的南运河是历史上“大运河”的一部分，因其位于天津以南，故名。南运河包括漳卫河和南运两大支流。漳卫河由漳河和卫河组成。漳河发源于山西省东南部，卫河发源于山西太行山脉。[②] 卫河也是海河水系之一重要河流。漳河现在是卫河的支流。[③]漳河源有清漳河和浊漳河，现今河道为清漳河和浊漳河在涉县合漳村汇合，通称为漳河，东南流入卫河。据石超艺考证，漳河自“康熙四十五年后，全漳归卫，不复北流。”[④]

卫河上游河南段以大沙河为干流，东流经过焦作、新乡和安阳市部分地区进入河北大名县。卫河支流虽也不少，以淇河和安阳河为较大，但这些支流多是山地小河。虽如此，卫河的河道在清至民国时期亦有变迁。孟祥晓认为：“卫河的主要支流均在滑县以下由西北向东南注入卫河，而卫河东岸除了流量不大的硝河外，则较少有河流的汇入，加上漳河的频繁迁徙和不断侵入……从而引发卫河向东南滚动迁徙。”[⑤]

正因河南地区地理环境处于不断的变化中，如何恰当地界定一个合适的研究区域？若选取过大，需要考量的诸如行政区划、地理环境等历史地理要素之变迁及衍生问题恐占据过多篇幅，要素间的复杂关系和掌控难度大且不易把握主旨；若选取过小，恐又缺少同类资料间的相互对比并容易忽视一些问题。且文中对土地数据的考证和定量计算也将占据大量篇幅。

考虑到现代河南境内的盐碱地主要分布在新乡、安阳、商丘和开封四个地区。[⑥] 今开封、商丘和周口地区占据豫东平原的主体范围，又是清代“开归陈许郑道”主要管辖区域，历史联系紧密。据此，选取清代开封府、归德

---

① 河北省临漳县志编纂委员会：《临漳县志》，北京：中华书局，1999 年，第 136 页。

② 河北师范大学地理系：《海河》，石家庄：河北人民出版社，1974 年，第 6 页。

③ 辞海编辑委员会：《辞海（地理分册·中国地理）》，上海：上海辞书出版社，1981 年，第 332 页。

④ 石超艺：《明以来海河南系水环境变迁研究》，复旦大学博士学位论文，2005 年，第 155 页。

⑤ 孟祥晓：《清至民初卫河变迁考》，《地域研究与开发》2013 年第 2 期，第 166–170 页。

⑥ 赵佩心主编，河南地理研究所编：《河南地理研究 1959—1990》，北京：气象出版社，1993 年，第 15 页。

府和陈州府这三府所辖州县为研究区域，将范围缩小在这样一个局部地区，希冀以小见大，同时积累经验为今后研究奠定基础。

又区域内流经的主要河流为贾鲁河和涡河。贾鲁河现属淮河水系，是淮河支流沙颍河的支流。涡河也是淮河的支流，历史上也曾多次受黄河袭夺河道。“豫东地区”是一个惯用地理名词，其区域涵盖了清代开封府、归德府和陈州府这三个历史名词的地理空间。需要注意的是，按今天贾鲁河和涡河流经的流域范围，阳武和封丘已在黄河北，不属于豫东地区。但书中指的是1855年前黄河未改道时的地理范围，以豫东地区指代开封府、归德府和陈州府。且三府的行政区划也时有变动，加之贾鲁河和涡河在清代也有多次改道，以豫东地区来代表研究区域，主要是为了行文方便，也能凸显历史学和地理学的交融。

（二）盐碱地的相关概念

1. 盐碱地的科学概念

盐碱地，顾名思义就是土地里富含盐碱土。盐碱土也叫盐渍土，包括盐土和碱土两种性质不同的土壤。[①] 土壤里含有很多可溶解的盐分，如氯化钠、硫酸钠等而没有碳酸钠，土壤干燥时，地面会泛起一层白色盐霜的，叫作盐土。[②] 如果土壤里所含有的可溶性盐分不多但含有碳酸钠，遇水发生水解作用生成碳酸、碳酸氢钠和氢氧化钠，碳酸为弱酸而氢氧化钠呈强碱性，中和后仍呈碱性故此时土壤呈碱性，这种土壤被称为碱土。

盐碱土，据L.A.理查兹在《盐碱土的鉴别和改良》中载：“土壤含有浓度过高的可溶性盐类或交换性钠（钠离子），或两者兼有，而有其特殊的性质。”[③]可溶性盐类的含量足以损害生产力的土壤称之为盐土，土壤pH值呈微碱性，酸碱度在7～8.5。含有过量的交换性钠的土壤称之为碱土，pH值偏碱性，酸碱度在8.5以上。通常把盐土和碱土合起来称为盐碱土，实际上严格意义上的盐碱土是指同时含有过量可溶性盐类和过量的交换性钠的土壤，是介于盐土和碱土中间性状的土壤。顾经昆在《盐碱土的改良》中提到，我国的盐碱土多半是盐土和部分盐碱土，很少碱土。[④] 苏联土壤学家威林斯基

① 山东省水利科学研究所：《盐碱地改良》，济南：山东人民出版社，1974年，第1页。

② 农业出版社改编：《土壤》，北京：农业出版社，1973年，第83页。

③ ［美］L.A.理查兹主编，厉兵译：《盐碱土的鉴别和改良》，北京：科学出版社，1965年，第1页。

④ 顾经昆：《盐碱土的改良》，南京：江苏人民出版社，1958年，第1页。

根据土壤形成的理化作用和地形关系指出："（按，苏联国内）坡地高处的土壤为非盐碱土，而到了中部土壤开始转为弱盐碱土，低处的土壤是碱土，而在河谷泛滥的地上则是盐土"①。这种对地带性规律的总结对于我们研究我国历史时期盐碱地的分布和盐碱土与相关地形的关系也具有借鉴意义，可资利用相关史料对局部地貌进行判别并有助于甄别盐碱土的性质。

根据土壤地理学的研究，如凯莱著《盐碱土》载："地球上差不多1/3的土地是属干旱或半干旱的……盐碱就容易发生。一般说来，盐碱往往存于低洼的地形……盐碱土不是母岩残余的风化物，多系由风化完全之运积物形成。总之，世界上大多数的盐碱土是在人为的灌溉条件下形成的。"②如上所述，盐碱土是自然和人类活动共同作用下的产物。但这并不是说没有原生的盐碱土，比如我国西部一些盐湖所在地区的盐碱土在有人类活动之前只会受到自然因素的影响。

盐土和碱土实质上是土壤在成土过程中发生的一种盐渍化现象。土壤盐渍化主要发生在干旱、半干旱和半湿润地区，它是易溶性盐在土壤表层积累的现象或过程。③处于干旱、半干旱和半湿润气候的地区，由于降水量小于蒸发量，在强烈的蒸发作用下，使得土壤层中所含的盐分随着土壤毛细管作用由底层向上转移并在表层累积，从而导致土壤表层盐渍化。

除了受气候因素的强烈作用，地形也是土壤盐渍化的成因之一。一般来说，盐碱土多分布在地势低平地区、内陆盆地、局部洼地及沿海地区。盐碱土的盐分主要来源于地下水，地下水位越浅和地下水含盐量越高则土壤盐碱化就越强。另外，土壤母质也能决定土壤盐碱化程度的高低，如地质时期某处本来是一片盐湖后来消失后残留下来的土壤，其盐碱化程度可想而知。生物作用也能形成盐碱化，干旱地区耐盐植物死亡后把盐分留在土壤里，如果大量富集也能加速土壤的盐碱化。

以上是形成土壤盐碱化的自然因素，而人类活动也是形成土壤盐碱化的重要原因。不合理的人类生产活动引起的土壤盐渍化，称为次生盐渍化。④比如不当的灌溉引起地下水位上升，使得土壤盐渍化。另据凯莱的说法，以往认为灌溉工程有助于改良盐碱土的认识也需要辩证看待。他举印度、巴基

① ［苏］Д.Г. 威林斯基著，傅子桢译：《土壤学》，北京：高等教育出版社，1957年，第326页。
② ［美］W.P. 凯莱著，黄震华译：《盐碱土》，北京：科学出版社，1959年，第1页。
③ 吕贻忠，李保国：《土壤学》，北京：中国农业出版社，2006年，第356页。
④ 吕贻忠，李保国：《土壤学》，第357页。

斯坦等国的例子说明，违背自然规律的灌溉活动会引起盐碱地面积的扩大。从这个角度来说，很有必要重新审视和恰当评介历史时期盐碱区灌溉工程的建设活动和成效。

2. 古籍中的盐碱地记载

古人很早就认识了盐碱土。古代文献中的盐碱土，史籍多以“卤、斥、舄、泽、桀、泽卤、斥卤、舄卤、咸舄、斥埴、白壤、黄唐”等记载。[①] 这些文字可作为判断盐碱地的依据，不过也需要结合文意综合判断。

卤，异体字为鹵，或作滷。[②] 通假“滷”。许慎《说文解字》载：“鹵，西方咸地也。从西省。□象盐形。安定有鹵县。东方谓之㡿。西方谓之鹵。凡鹵之属皆从鹵。”段玉裁注曰：“释名。地不生物曰鹵。”[③] 按许慎之意，“鹵”为盐的象形，又说古人当时对“卤”的称呼有东西之分。东方之人称“卤”为“㡿”，“㡿”即为“斥”的异体字。又“斥”通“坼”，《说文解字》云：“坼，裂也。”[④]《管子·地员》载：“五沃之土，乾而不斥”，夏纬瑛注曰：“斥当为‘坼’。”[⑤] 需要注意，古籍中的“斥”字表“卤”字之意时还应结合上下文意，当然，“斥卤”二字连用往往可明辨土壤盐渍化。

“舄”通“潟”。《汉书·地理志》载：“厥土白坟，海濒广潟。”[⑥] 颜师古注曰：“潟，卤咸之地。”《汉书》此句当参考了《禹贡》。《禹贡》在讲青州时言：“厥土白坟，海滨广斥。”[⑦] 又《汉书·沟洫志》有载：“邺有贤令兮为史公，决漳水兮灌邺旁，终古舄卤兮生稻粱。”颜师古曰：“舄即斥卤也。谓咸卤之地也。”[⑧] 说的是战国魏襄王时，史起为邺令引漳河水灌溉改良盐碱土壤使其可种植稻粱一事。

《管子·地员》里“五桀之状，甚咸以苦”的“桀土”据夏纬瑛考证认为，“桀土与舄土，都是斥卤之地”。[⑨] 依《管子·地员》之说，这种土壤用于蓄养果木的农业生产效率比之息土、沃土、位土等三种优质土壤要差十分

---

① 咸金山：《中国古代对盐碱土发生发展规律的认识》，《中国农史》1991 年第 1 期，第 70 页。

② 文焕然：《周秦两汉时代华北平原与渭河平原盐碱土的分布及利用改良》，《土壤学报》1964 年第 1 期，第 1 页。

③ 许慎撰，段玉裁注：《说文解字注》，上海：上海古籍出版社，1981 年，第 586 页。

④ 许慎撰，段玉裁注：《说文解字注》，第 691 页。

⑤ 夏纬瑛校释：《管子地员篇校释》，北京：农业出版社，1981 年，第 55 页。

⑥ 班固撰，颜师古注：《汉书》卷二十八上《地理志》，北京：中华书局，1962 年，第 1526 页。

⑦ 尹世积：《禹贡集解》，北京：商务印书馆，1957 年，第 10 页。

⑧ 班固撰，颜师古注：《汉书》卷二十九《沟洫志》，第 1677–1678 页。

⑨ 夏纬瑛校释：《管子地员篇校释》，第 87 页。

之七。

上述的单字如“卤”“斥”“舄”在古籍中皆可作为判断土壤盐渍化的重要指示。

需要注意，单字“泽”在古籍中表盐卤之意，并不多见。《尔雅·释水》云：“水决之泽为汧。”郭璞注曰：“水决入泽中者亦名为汧。”[①]此“泽”是指水泽之地。《尔雅·释器》载：“绝泽谓之铣。”郭注：“铣即美金，言最有光泽也。”[②]此处“泽”字意指“光泽”。此外，在《尔雅·释丘》中有两处皆表“水泽池沼”之意，《尔雅·释木》的“泽柳”及《尔雅·释鱼》中的“泽龟”也与水有关，无盐卤之意。先秦典籍中“泽”字多表示水润、水泽之意及其延伸义。《吕氏春秋·仲冬》载：“山林薮泽”，高诱注：“无水曰薮，有水曰泽。”张双棣等考证认为：“水集聚之处叫泽，泽旁无水之处叫薮。”[③]许慎《说文解字》云：“光润也。”段玉裁注曰：“又水草交厝曰泽。”[④]总之，古籍中单字“泽”很少表示盐卤之意，只有它与上述其他几字合用时才能作为判断盐卤的依据。

埴，《说文解字》云：“黏土也。”段玉裁道：“《释名》称土黄而细密曰埴，其性黏昵如脂。”[⑤]依段氏之说，埴是一种黄黏土。按现代土壤学的认知，这种黄黏土土质细密，排水不良。斥埴，根据文意表明这种土壤富含盐卤，当为盐碱土。

“白壤”语出《禹贡》。在《禹贡·九州》“冀州”篇有言“厥土惟白壤，厥赋惟上上错，厥田惟中中”。尹世积注解白壤即盐渍土。[⑥]胡渭在《禹贡锥指》中说：“传曰：无块曰壤，水去土复，其性色白而壤……郑注《周礼》十有二壤曰：壤亦土也。变文耳。以万物自生焉，则言土；以人所耕而树艺

---

① 佚名撰，郭璞注，邢昺疏，李传书整理、徐朝华审定、李学勤主编：《尔雅注疏》，北京：北京大学出版社，1999年，第221页。关于《尔雅》的成书时代和作者，争讼古已有之。参照近现代学者研究，如内藤虎次郎：尔雅新研究，《先秦经籍考》（中册），江侠庵编译，商务印书馆，1931年，第162–184页；赵仲邑：《〈尔雅〉管窥》，《中山大学学报（社会科学版）》1963年第4期，96–107页；董恩林：《〈尔雅〉研究述评》，《湖北大学学报（哲学社会科学版）》1987年第1期，78–84页。依三家之说，《尔雅》的成书时代当为战国至汉初，且西汉以后仍有学者在原著上有所增补。

② 佚名撰，郭璞注，邢昺疏，李传书整理、徐朝华审定、李学勤主编：《尔雅注疏》，第149页。

③ 张双棣、张万彬等译注：《吕氏春秋译注》，长春：吉林文史出版社，1987年，第288、290页。

④ 许慎撰，段玉裁注：《说文解字注》，上海：上海古籍出版社，1981年，第551页。

⑤ 许慎撰，段玉裁注：《说文解字注》，第683页。

⑥ 尹世积：《禹贡集解》，北京：商务印书馆，1957年，第6页。

焉，则言壤……”[①]从胡渭述及《禹贡》和《周礼》关于土壤分类的描述和对“白壤”土壤性质的分析来看，至少胡渭是不清楚“白壤”与盐碱土的关系，或者说从胡渭的注解中看不出“白壤”与“盐卤”有直接关系。

那么“白壤”何时又如何与盐碱土搭上关系呢？陈恩凤在述及古代土壤地理时，谈到《禹贡》所记土壤曾说：“冀为今之河北、山西，平原每为盐积土壤，微呈白色，或即所称白壤”[②]。陈恩凤是我国著名土壤学家，其关于“白壤或为盐碱土”的论断一出，即迅速在学界发酵并传入到史学领域。[③]文焕然在《周秦两汉时代华北平原与渭河平原盐碱土的分布及利用改良》一文中虽未明确认定，但从其行文来看，他也认为《禹贡》中所记的这种“白壤”应为一种盐碱土。

不过，笔者认为古籍中“白壤”并未确指盐碱土。“白壤”之名实首见于《禹贡》。诚如胡渭言：“渭按：草人所言色质略具……而草人又不如禹贡之精详也。”[④]《周礼·地官·司徒》载：“草人‘掌土化之法以物地，相其宜而为之种’。”[⑤]草人识土化之法，据土壤质地将土壤分为“骍刚、赤缇、坟壤、渴泽、咸潟、勃壤、埴垆、彊檃、轻爂”九种。其中“咸潟”则是明指盐碱地。而《禹贡》虽对每一州也有土壤分类，但“白壤、黑坟、青黎、黄壤”等多依土色划分，非明确其土质。《禹贡》与《周礼》二者对土壤的分类，古人早已发现有所不同。郑玄道：“禹贡白壤之属九等，与此骍刚之属九种不同者，以禹贡是九州，大判各为一等，此九等无妨一州并有其类，故不同也。”不过，郑玄并没有说到问题的实质，他只是发现《禹贡》和《周礼·地官·司徒》关于土壤分类的不同并试图弥合二者之说而已。很遗憾，胡渭的认识也没有超出时代局限，他只是推崇《禹贡》之记述甚详。至于白壤是否盐碱土这个关键问题，从《禹贡》《周礼》的描述中并未找到确切的直接证据。所以，应当存疑。

根据现代土壤学知识，野外土壤调查在鉴别土壤时要根据土壤剖面的特征作为判断土壤性质和分类的依据。如此说来，很难想象古人也具备现代土壤调查的科学手段。再者，土壤颜色往往会随着腐殖质的含量、土壤湿度、

---

① 胡渭著，邹逸麟整理：《禹贡锥指》，上海：上海古籍出版社，2006年，第41–42页。

② 陈恩凤：《中国土壤地理》，北京：商务印书馆，1954年，第121页。

③ 林汀水：《也谈〈禹贡〉制定田赋等级的问题》，《中国社会经济史研究》1991年第3期。林文第89页表中将“冀州”与“兖州”的土类写错，“冀州”应是“白壤”。

④ 胡渭著，邹逸麟整理：《禹贡锥指》，第42页。

⑤ 阮元校刻：《十三经注疏》，北京：中华书局，1980年，第746页。

土壤结构和光线状况而发生改变。对于古人所言的“白壤”“黄壤”“黑坟”等土壤，其深层土与表层土的理化性质是否一致还是个问题。所以，“白壤”从古籍记载来看，并非可作为明确判断盐碱土的依据。一来，从上述胡渭之言即可看出古人谈及“白壤”并无指示“盐卤土壤”之意；二则，将“白壤”视为“盐碱土”之一实为今人所为，且陈氏在书中也仅言“或即所称”，然后来学者多以之为定论。“白壤”是否和现今土地返盐后地表白茫茫一片的状况相符，仍是疑问。有鉴于此，笔者觉得，我们需要密切结合史料并根据上下文意方能再作解读和判断。

况且，以今天华北平原之盐碱土分布来比照两千年前的土壤状况，年代间隔之久远而变化甚大也需慎重。再则，古人对于颜色的描述，往往失之确切。如青与白，古籍中常常“青白”连用。由于古代并没有准确对颜色分类的说明，白色与灰白和青白间的界定常看起来无明显标准。细究起来，皆可存疑。其实，最主要的原因是很难确定《禹贡》所说的土壤是古人观察土壤剖面而做出的科学判断。

“白壤”见于古籍较早的还有《管子·地员》。它是我国古代记载土壤知识最丰富的一篇，在土壤的认识水平上要高于《禹贡》[①]。夏纬瑛在校释“陞山白壤”时只说是“具有白土而多磊石的山”[②]。他也并未言明“白壤”是否盐碱土。总之，将古籍中的“白壤”归于盐碱土应审慎地结合文意再做结论。

“黄唐”一词，咸金山和夏纬瑛皆认为属于盐碱土。王云森在述及中国古代土壤分类时，将“黄唐”归于黏土。[③]夏纬瑛说“今黄河下游、地势低下的地方，颇有黄色而虚脆的盐碱土，应当就是黄唐”[④]。《管子·地员》云：“黄唐，无宜也，唯宜黍秫也。宜县泽。”按夏纬瑛之意，黍是黏性的穄，秫是黏性的粟。穄，现代叫糜子，是黍的别种，种实不黏。[⑤]米粒大多以黄色为主，俗称黄米。[⑥]黍在植物分类上属禾本科的黍属。粟在植物分类上属禾

① 《管子·地员》的成书晚于《禹贡》，参见崔增磊、赵慧：《〈地员〉与〈禹贡〉的土壤学知识比较》，《青岛农业大学学报（社会科学版）》2008年第2期，第82–85页。

② 夏纬瑛校释：《管子地员篇校释》，北京：农业出版社，1981年，第19页。

③ 王云森：《中国古代土壤分类简介》，《土壤学报》1979年第1期，第7页。

④ 夏纬瑛校释：《管子地员篇校释》，第8页。

⑤ 石声汉译注，石定枎、谭光万补注：《齐民要术》，北京：中华书局，2015年，第137页。

⑥ 苏金花：《再论中国古代的糜子》，《中国农史》2018年第5期，第9页。

本科的“狗尾草属”。[①]学界关于“稷”与“粟”的名物还有过很长一段时间的争论，游修龄和李根蟠等主张“稷粟同物”。[②]

“黄唐”之地宜种黍秫，此不足以作为判断盐碱土之证据。今日黄河下游地区，在盐碱地上此类作物犹能见到大片分布，但《管子·地员》此处后文一些细节可再推敲。“其草宜黍秫与茅”，这种“茅”据夏纬瑛考证为白茅。白茅为多年生根茎植物，适应性极强，耐瘠薄抗旱耐盐碱，喜阴湿环境，是一种常见的盐生植被。[③]结合上文语句“地润数毁”之文意，综合判断，黄唐应是一种土壤肥力低下的盐碱土，或者按现代盐碱土分类，属于轻度盐碱土。一如金氏调查所言，轻度盐碱区内大麦、高粱、棉花、黍稷等作物都能正常生长。

除此，古籍中“埆薄之地”“不可种艺”等与“膏腴、肥沃”等呈反义的词语也可作为判断盐碱土的依据，不过尚须结合上下文意做进一步论证后再判断。因土壤肥力低下或曰不毛之地，不一定都是盐碱地，也可能为其他低产土壤，比如沙土和黏土等。另外，还需注意古籍中关于“盐”“咸”和“碱”的异体字。

除了古文字外，历史事件也有记载盐碱地的存在。如襄公二十五年（前548），楚国在厘定田赋时提到“表淳卤”[④]，这是我国历史上已知最早调查盐碱土的史实。此外，记述盐碱治理方法的记录也有不少。我国自古以农立国，土壤是农业生产中最重要的生产资料。前文提到的《禹贡》《周礼》《管子》中关于土壤的认知，都是劳动人民对生产实践的认识和总结。而盐碱土是其中的一种土壤，可见古人很早就有关于盐碱土土性的科学认知，也提出了一系列改良盐碱土壤的方法。这些方法直至今天仍然是我们改良低产盐碱土的重要手段。如史起的引水灌溉以洗盐和种植耐盐作物，再如《周礼·地官·司徒》提到草人“咸潟用貆”。“貆”，《说文解字》载：“貉之类”。[⑤]草人用貉的粪便作肥料以改良盐土，虽不能判明其效，但动物粪便确实可以改

---

① 游修龄：《论黍和稷》，《农业考古》1984年第2期，第277–278页。

② 李根蟠：《稷粟同物，确凿无疑——千年悬案“稷穄之辩”述论》，《古今农业》2000年第2期，第1–12页；韩茂利：《粟稷同物异名探源》，《中国农史》2013年第4期，第118–121页。

③ 金睦华：《河南盐碱植被初步调查》，《河南师范大学学报（自然科学版）》1986年第1期，第69–70页。

④ 咸金山：《中国古代对盐碱土发生发展规律的认识》，《中国农史》1991年第1期，第70页。

⑤ 许慎：《说文解字》，北京：中华书局，1963年，第198页。

善土壤肥力。[①] 我国自古便有悠久的利用动物粪肥的历史，至今在农村地区粪肥的利用仍很常见。凡此种种，都能从中获取关于盐碱地的历史信息。

3. 盐碱地的区域分布

关于盐碱土的地域分布，据文焕然之说，“古籍所称周秦两汉时代华北平原与渭河平原的盐碱土大部分属于盐土”。这与现代土壤学关于我国北方地区盐碱土分布的相关认识是相符的。又据现代土壤地理研究，河南省境内的盐碱土主要分布在新乡、安阳、商丘和开封四个地区。[②]

本着以古论今和以今证古的思路，借鉴今天已有的研究认识有助于从总体上把握豫东平原盐碱地的地域分布，反过来，考证清代豫东平原的盐碱地分布有助于观察盐碱地时空分布的历史演变并能从中发现一些历史问题，而探讨这些问题的解决之道又可为作为可资参考的历史经验，这也是史学研究所追求的目标。

以上的科学认识有助于我们从总体上把握史实，以及对盐碱地的分布从空间上有一个大致的判断。在此基础上，合理利用史料展开分析有助于揭开盐碱地的环境变迁史。

第二节　豫东盐碱地的生存环境与变迁

盐碱地是土壤盐渍化的产物。它的形成可以由自然因素或人类活动引发，抑或二者共同作用所造成。

在自然因素中，黄河的水文变化或者说黄河泛滥决溢的影响甚大。黄河是中华民族的母亲河，它哺育了璀璨的华夏文明，历史上，黄河文明长期主导着中华文明的发展方向。这里有160多万年前的山西西侯度和100万年前的陕西蓝田人类遗址，此后，大荔人、丁村人、河套人都在黄河流域繁衍生息，直到6000年前，黄土地上出现了以半坡文明为代表的氏族文化。在有文献记载的5000多年文明史中，黄河流域有大约3400年是全国的政治、经济和文化中心，造就了秦、汉、唐、宋盛极一时的社会风貌。汉字和礼制在

① J.P.Fonteno、L.W.Smith、A.L.Sutton等著，熊易强译：《动物粪便的利用》，《国外畜牧学（草食家畜）》1984年S1期，第20–29页。

② 赵佩心主编、河南地理研究所编：《河南地理研究1959—1990》，北京：气象出版社，1993年，第15页。

此形成。诸子百家在此争鸣，创造出大一统和天人合一的文化思想。科教发达，诞生了“四大发明”。文艺昌盛，汉赋、唐诗、宋词各领风骚。在这期间，大部分时间内人口都集中在黄河流域。西安、洛阳、开封等更是古代闻名的大都市。在半干旱、半湿润的气候下，以栽培五谷为主的旱作农耕文明历经夏、商、周三代，后迄秦、汉、唐、宋、元、明、清，书写了一幅辉煌的文明长卷。

从自然生态上说，黄河是一条源远流长、滋养万物的生态之河。大约150万年前，黄河开始发育，经过漫长地质时期的溯源侵蚀，在距今10万年左右，古黄河逐步连通湖盆、贯穿山峡，形成东流入海的海洋水系。今黄河由青藏高原巴颜喀拉山北麓流出，途经青、川、甘、宁、内蒙古、晋、陕、豫、鲁9省区，干流全长5464千米，流域面积达79.5万平方千米。黄河犹如一条巨龙，盘亘在青藏高原、内蒙古高原、黄土高原和黄淮海平原。高山纵横，湖泊星布，草原如茵，荒漠苍茫，平原沃野，盆地与丘陵散落其间，黄河塑造了千姿百态的地形地貌，连接了类型多样的生态单元。黄河自西向东跨越了青藏高原、荒漠地带、草原地带和落叶阔叶林带4个植被带，植被类型多样。华北区、蒙新区和青藏区的动物区系各有特色。正是黄河养育了这些庞大的生物群落，创造了充满活力的河流生态系统，数百万年来，生生不息。

但由于黄河径流量小，在全国有名的较长河流中其径流量排名靠后，又黄河中游流经黄土高原，挟带了大量泥沙蜿蜒东流，“大河九曲，五在中华，豫得其二。自孟津以上，群山束水不得肆”，[①] 至下游过孟津后地势平坦，比降降低，河流冲刷带沙能力下降，使得河沙沉降淤积，所谓“水分则势缓，势缓则沙停，沙停则河饱，尺寸之水皆由沙面，止见其高；水合则势猛，势猛则沙刷，沙刷则河深”[②]。黄河泥沙含量极高，“平时之水以斗计之，沙居其六，一入伏秋，则居其八矣”。[③] 泥沙淤积使得下游河床不断抬高，一遇风雨极易泛滥成灾。潘季驯提出“束水攻沙”论即为主要解决泥沙淤积之弊。

历史上，黄河也是一条桀骜不驯、复杂难治的忧患之河。从黄河决溢改道的统计资料来看，“三年两决口，百年一改道”，其下游地理位置不断改变。

---

① 阿思哈、嵩贵纂修：《续河南通志》卷二十一《河渠志·河防一》，上海：上海古籍出版社，《续修四库全书》（第220册），2002年，第230页。

②③ 田文镜、王士俊等监修，孙灏、顾栋高等编纂：《河南通志》卷十六《河防五》，台北：商务印书馆，《景印文渊阁四库全书》（第535册），1986年，第416页。此虽系纂者引潘季驯《河防一览》关于治河修堤的经验，但也正确揭示出黄河下游河沙淤积的部分原因。

自公元前 602 年以来的 2500 多年间，黄河决口 1500 多次，较大的改道就有 26 次，留下了漳卫、漯川、笃马、清济、泗水、汴水、濉水、涡河、颍河 9 条主要泛道，其中前 4 条位于今黄河河道以北，向北流入渤海，后 5 条南流入淮河，夺淮河河道入海，直到 1855 年铜瓦厢决口，夺大清河由利津入海，方奠定了今黄河下游河道。

黄河下游多是半干旱半湿润地带，多年平均降水量不足 800 毫米，又受东亚季风气候影响，全年降水多集中在夏季，降水分布的季节不均衡导致在气候异常年份旱涝频发。长尺度的气候变迁加之黄河的决溢泛滥也给中下游地区带来了诸多自然灾害。

在漫长岁月中，黄河的冲积作用伴随着造陆运动形成了黄河三角洲乃至黄河冲积平原，千百年来海岸线距离入海口位置不断外移。但由于黄河径流量小，受海洋波浪、潮汐、洋流运动等海洋作用，带至河口的泥沙淤积渐高，水流不畅而河亦易决，此即潘季驯所谓："水以海为壑，向因海壅河高以致决堤四溢。"[①] 然潘氏认为"窃谓海无可濬之理，惟当导河以归之海，以水治水即濬海之策也"，限于时代和当时科技发展的局限性，他的这种认识现在看来还需要进一步完善。

正因为黄河有以上特点，历史上黄河向来以"善淤、善决"著称，"河溢"和"河决"在史书上屡见不鲜，影响更大的是黄河改道迁徙。黄河的改道不仅极大地改变了局域地貌、水文等自然环境，更由此影响到区域的人类活动和社会经济的发展。

黄河下游河道自南宋建炎二年（1128）以来多有迁徙。南宋建炎二年，宋王朝为阻止金兵南下，扒开黄河大堤，人为决河，使黄河"由泗入淮"。[②] 此后 726 年中，黄河改流东南夺淮入海，淮海水系也遭受严重破坏，紊乱不堪，独流入海的淮河干流变成黄河下游的入汇支流，甚至于最后被迫改道入长江。[③]

徐福龄认为："自 1128 年以后，黄河从汲县境内，逐步南移。"[④] 自明代

---

① 田文镜、王士俊等监修，孙灏、顾栋高等编纂：《河南通志》卷十六《河防五》，台北：商务印书馆，《景印文渊阁四库全书》（第 535 册），1986 年，第 415 页。

② 脱脱等撰：《宋史》卷二十五《本纪第二十五 · 高宗二》，北京：中华书局，1977 年，第 459 页："是冬，杜充决黄河，自泗入淮以阻金兵"。

③ 邹逸麟：《黄淮海平原历史地理》，合肥：安徽教育出版社，1997 年，第 111 页。

④ 徐福龄：《黄河下游明清时代河道和现行河道演变的对比研究》，《人民黄河》1979 年第 1 期，第 66 页。

潘季驯治河以后，黄河河道逐渐稳定，在清前中期黄河仍沿明末流势，在1855年前，由河南开封府偏东南流经兰阳县再流经归德府、虞城县东流，经徐州至清河会淮入海，其河道即所谓“明清黄河古道”。会淮入海的河道维持有200年以上。[①]

清咸丰五年（1855），黄河在河南兰阳铜瓦厢决口，时清政府忙于镇压太平天国运动，财政吃紧。咸丰帝在上谕中称：“历届大工堵合必需帑币数百万两之多，现在军务未平，饷糈不继，一时断难兴筑”。[②] 如此久掩未堵，黄河遂改道东北流经山东利津附近入渤海，从此也结束了黄河南流袭夺淮河河道700多年的局面。

纵观历史长河，黄河决口频繁，其改道更会给黄河流域带来深重的影响。对人类社会来说，主要表现在冲毁农田、毁坏城市设施、造成人员伤亡和经济损失，并在流域内形成黄泛区，一般来说，这些地区往往也是地瘠民贫。由于河水的冲刷导致农田土壤表层的腐殖质层被冲掉，加上黄河河水退散后泥沙沉积，尤其是离河道较近距离的地方，沙土覆盖堆积，可以想见这样的土壤其肥力还剩几许，尤其对以农业为生计的古人来说，黄河决溢可以说危害甚大。

张海防在《1855年黄河改道与山东经济社会发展关系探讨》一文中，指出由于黄河的泛滥、决口和改道对山东造成的危害有自然环境恶化，土地沙化、碱化，承灾能力下降，农业生产急剧退化，影响漕运。[③] 高中华也指出，1855年黄河铜瓦厢决口对山东影响甚巨，尤其对漕运来说，黄河水灾引发运河水灾并因此导致运河漕运能力下降，反过来也加重了清朝的衰败。[④] 盖因黄河改道影响深重，所以朝廷十分重视河防。清初康熙帝对黄河防务心心所念：“朕听政后，以三藩及河务、漕运为三大事，书宫中柱上。河务不得其

---

① 黄河水利委员会黄河志总编室：《黄河大事记》，郑州：河南人民出版社，1989年，第51页。又彭安玉：《苏北明清黄河古道开发现状及其政策建议》，《中国农史》2011年第1期，第112页，彭氏曰“黄河在此古道曾持续行水308年（1547—1855）”。据沈怡、赵世迟等：《黄河年表》，军事委员会资源委员会，1935年，第106页可知，明嘉靖二十六年（1547）黄河会淮入海，但其后黄河多有决溢，经潘季驯四次治河之后，河道渐为固定，也有学者认为黄河主流经行“明清故道”的持续时间为280余年，二说皆有道理，此处援引《黄河大事记》。

② 赵雄主编，中国第一历史档案馆编：《咸丰同治两朝上谕档》（第五册：咸丰五年），桂林：广西师范大学出版社，1998年，第273页。

③ 张海防：《1855年黄河改道与山东社会经济发展关系探讨》，《中国社会科学院研究生院学报》2007年第6期，第55–59页。

④ 高中华：《1855年黄河铜瓦厢决口之后的黄运水灾》，《中国减灾》2013年第18期，第44–46页。

人，必误漕运。”[①] 从康熙帝的自述可见河防的重要性，也从侧面说明黄河泛滥和决溢的危害之大。

豫东地区的盐碱地，其形成和分布深受黄河泛滥、决口和改道的影响。盐碱地的形成，其本质是水流不畅，积洼积潦之地水分既不能通过地表径流流通，也不能通过地下径流下流，加之在太阳辐射的蒸发作用下，土壤底部的盐分物质由于毛细吸管作用上升到地表表层并富集，由此而生。严格来讲，不能直接说黄河决溢形成了盐碱地。黄河决溢改变了区域内的微地貌，由于河水冲刷造成某些地段地势低洼，而地势低洼造成排水不畅从而诱发产生盐碱地。本区域盐碱地的产生是黄河决溢引起的一系列“蝴蝶效应”作用于土壤之后的结果。需要注意的是，人类活动也可以改变局部地貌，它也可以诱发盐碱地的产生。

黄河决溢破坏了局部地带的水圈和土壤圈的正常运转，打乱了原有的生态平衡。比如黄河决溢冲毁农田，让农田变为沙地，原先生机勃勃的农田生态系统变成了生态脆弱的沙地环境；原来局地河流通畅，由于黄河决口和改道，影响局部地区河流的流向甚至流量，这些都会破坏原有的生态平衡。在此影响下，原有的“水土平衡关系”被扰乱并进一步产生盐碱地。它虽然不是盐碱地形成的直接原因，但由于黄河在本区域内是塑造区域自然环境的主角，它的一举一动都能牵一发而动全身。

总之，黄河的频繁决溢和改道，改变了黄河流域下游的地貌，形成了大片黄泛区，使得黄淮海平原的水系紊乱，加剧了生态平衡的动荡。泥沙淤积使得下游平原地面普遍淤高。许多湖泊如巨野泽、梁山泊等因泥沙淤积，面积萎缩，加之人们围湖造田，渐至消失。由于黄河中游的植被破坏和水土流失，黄河流域的生态平衡迅速从高位转向低位，黄河决溢的频次自五代后期以来不断增加，幅度惊人，尤其是黄河改道夺淮入海后，下游地区的河患频发。

明清小冰期以来，气候转向干冷，降水变率增大，洪涝和干旱交替频发，黄河流域中下游的自然灾害愈发频繁，危害尤甚。洪水淹没了村庄、农田，带来的大量泥沙破坏了区域水系，造成土地沙化、盐碱化。水、旱、蝗、疫等灾害使得黄河下游人口锐减、民生凋敝，严重阻碍了社会经济的发展。重大河患需耗费巨额国家财政，如铜瓦厢决口后清政府因财政拮据便任

---

① 赵尔巽等撰：《清史稿·靳辅传》，北京：中华书局，1977 年，第 10122 页。

由洪水泛滥，以致酿成巨大的生态灾难。纵观黄河生态的变迁史，在五代前虽然黄河也有决溢泛滥，但次数与频率远不及其后，黄河流域的生态在夺淮入海后也不断恶化，成为元明清社会经济发展的一个痼疾。

古时没有“气候”一说，方志中常把与天气有关的记载归入“天时”或“天文”，把关于河流水文的内容归入“舆地”或“地理”，从本质上说这是古人遵循“天地人”的划分。天地人三才之道向为中国传统文化思想体系里的重要一环，其对后世影响深远。[①]它是一种广义上的“生命观”，从某种角度来看，与自然地理学、生态学所述“生态系统”的内涵相融相通。

盐碱地的形成是水圈和土壤圈层互相作用的产物。在地貌形态上受地带性规律支配，比如极地严寒地区的冻土和温带地区的土壤自不相同。前文有述，黄河下游地区受人类活动和黄、淮及其支流的水文地质运动影响，其土壤是一种经过人类改造的耕作土壤。区域内分布有不少盐碱土，这些土壤因其肥力低下，不宜耕植，且其分布往往沿着黄河古道沿岸地区或在黄泛区内。其形成受水文地质运动影响甚大，河流对流经区域的地表有强烈的冲刷、搬运和沉积作用，[②]形成坑坑洼洼的地貌高低不平，加之黄河泥沙含量大，淤泥沉积透水性差，这种情况下遇积水而不易下渗，在太阳辐射作用下遇蒸发引起土壤底层盐分随着水分向土壤表层富集从而形成盐碱地。而影响水文的因素又离不开气候因素。在这样一种综合作用下，历史上豫东地区的盐碱地不断发育并逐渐积累。

盐碱地的产生是气候、水文、地貌和土壤及人类活动综合作用的产物。豫东地区的气候属于半湿润性季风气候，其特点是降水的时间分布不均衡，旱涝频发，夏季易发洪涝灾害，冬春又干旱严重，蒸发强烈。在气候和水文等因素的综合作用下，才导致土壤盐碱化形成盐碱地。不合理的灌溉措施、不恰当的土地开发利用等人类活动也能引发盐碱地的产生，特别是在受人类活动影响强烈的地区，这种表现尤为明显。

---

① 仅举几例，王帆：《董仲舒思想的易学底蕴》，《周易研究》2006年第4期，第73–78页；王新春：《“横渠四句”的生命自觉意识与易学“三才”之道》，《哲学研究》2014年第5期，第39–44页；陈赟：《〈易传〉对天地人三才之道的认识》，《周易研究》2015年第1期，第41–51、76页。

② 章人骏：《华北平原地貌演变和黄河改道与泛滥的根源》，《华南地质与矿产》2000年第4期，第52–56页。河流对地表的侵蚀、搬运及沉积作用及其原理可参考相关自然地理学教科书。

一、清代豫东地区的气候变迁

如上文所述，气候是形成盐碱地的一大主因，因而论述盐碱地的变迁史就有必要先交代气候的变迁。我们知道，历史时期的气候是不断变迁的，关于其变迁的状况已有相当多的研究论述。竺可桢的《中国近五千年来气候变迁的初步研究》是研究中国气候变迁的开山之作，影响深远，以后有诸多学者在此基础上进一步深化认识。[①]就明清时期来说，学者们提出了“明清小冰期”的概念。具体来说，大约从15世纪初开始，全球气候进入了一个寒冷时期，持续到20世纪初期。

“小冰期”的概念是由国外学者马泰首先提出，泛指全新世气候最宜期之后的冷期，1960年以后气候学者将这一广泛的冷期称为新冰期，而“小冰期”则专指中世纪到20世纪上半叶暖期之间的冷期。[②]在国内，王绍武等学者力主将15世纪后期到19世纪末这段气候寒冷期作为小冰期。[③]通过对树木年轮、湖泊沉积、植物孢粉记录、冰芯冻土等反映古气候信息的材料研究，学者们建立了不同时间尺度的古气候序列。就气温冷暖变化来说，明清小冰期大致经历了3次冷期和3次暖期。其中，1620～1720年百年间，即明昌泰元年至（1620）清康熙五十九年（1720）为第二次冷期；1840～1890年清道光二十年至光绪十六年为第三次冷期。夹在两个冷期之间的为暖期，按学界主流意见，从康熙五十九年至道光十年（1830）间的清中期处于暖期

① 在古气候序列研究方面，如王绍武、姚檀栋、张德二、张丕远、满志敏、周清波、张先恭等学者皆有论述；此外讨论明清小冰期对社会生活的影响也有许多，列举如下。邹逸麟：《明清时期北部农牧过渡带的推移和气候寒暖变化》，《复旦学报（社会科学版）》1995年第1期，第25–32页；陈家其：《明清时期气候变化对太湖流域农业经济的影响》，《中国农史》1991年第3期，第30–36页；周翔鹤、米红：《明清时期中国的气候和粮食生产》，《中国社会经济史研究》1998年第4期，第59–64页；李忠明、张映丽：《论明清易代与气候变化之关系》，《学海》2011年第5期，第159–163页；李钢、刘倩等：《明清时期河南蝗灾时空特征及其与气候变化的联系》，《自然灾害学报》2015年第1期，第66–75页；肖杰、郑国璋等：《明清小冰期鼎盛期气候变化及其社会响应》，《干旱区资源与环境》2018年第6期，第79–83页；温震军：《北方中东部地区明清时期的气候事件与气候变化及生态效应》，陕西师范大学博士学位论文，2018年5月。以上简单列举气象学和历史地理学者们的研究概况，其他相关论述尚有许多，此不赘述，另可参阅周书灿：《20世纪中国历史气候研究述论》，《史学理论研究》2007年第4期，第127–136页。

② 徐蕊：《明清时期中国大陆的气候变化》，《首都师范大学学报（自然科学版）》2009年第6期，第67页。

③ 王绍武、叶瑾琳等：《中国小冰期的气候》，《第四纪研究》1998年第1期，第54–62页。

阶段，而清初和清末时期处于小冰期的冷期阶段。不过，所谓的冷期和暖期，其气温状况是一个相对的平均值比较，并非意指冷期内所有时期的气温都偏低。

王绍武将全国划分为各个不同的区域，建立了各区域的气温距平序列，可以看出，不同地区的气温变化存在着不同步。从总体上看，明清小冰期我国气候的变化总体上是向着寒冷方向进行的，但不同地区的响应速率和变化快慢存在差异。

小冰期盛期的 1628 ～ 1724 年，对应明末清初，也即竺可桢所谓明清时期是我国最寒冷的时期。该时期，我国气象灾害频发，气候寒冷，水旱灾害连连，恶劣的气候环境导致农业生产的衰败和农业产出的减少，进而诱发了一系列社会问题乃至社会动乱。

对于地处华北的豫东地区来说，它的气候变迁同样受全国气候变化的影响，但由于区域面积较小，以往学者也尚未有论述。那么，该区域内的气候变化又是怎样的呢？

鉴于小冰期是一次大范围的普遍事件，在豫东地区势必有相互佐证的史料。从豫东各县的方志上能够找到印证。如《中牟县志》载："康熙元年六月，河决黄练集，淹没田庐无算。城西、南、北三面皆水，兼霪雨月余，城多崩缺。冬万盛镇后白衣堂积水结冰花，蔓延如莲叶，茎皆具。市人聚观，传以为异。"刚入冬，中牟万盛镇出现了积水结冰，不同于往常，故而"市人聚观，传以为异"。又《中牟县志》云："康熙六十一年三月十八日地震，四月二十八日雨雹大如拳。"[①]四月二十八日已开春日久，出现"雨雹大如拳"的天气说明当时气候寒冷。且这种现象在道光十一年之后再度出现。《中牟县志》载："（道光）十一年三月二十八日大雨雹，是年春多怪风，无麦。"[②]道光以后，降温的记载仍有一些。《中牟县志》载："（同治）七年五月十二日雨雹尺余，竟有大如斗者，田禾如削。"[③]

从中牟一地的史料看，频繁出现的寒冷事件能大致反映出清初和清末处于气候寒冷的冷期阶段，而清中叶从物候资料看关于气候寒冷的记载条目数量不多。

---

① 萧德馨等修，熊绍龙等纂：《中牟县志》卷一《天时志·祥异》，民国二十五年石印本，台北：成文出版社，1968 年，第 43 页。

② 萧德馨等修，熊绍龙等纂：《中牟县志》卷一《天时志·祥异》，第 45 页。

③ 萧德馨等修，熊绍龙等纂：《中牟县志》卷一《天时志·祥异》，第 46 页。

豫东地区其他州县的同类记载也有不少，作表 1–2 以示之。

表 1–2　清代贾鲁河流域气候寒冷事件统计一览表

地名	史料	出处
郑州	清顺治九年四月大雨雹，麦禾尽伤。	民国《郑县志》[①]
	（乾隆）七年秋八月大雨雹，郑州北乡田禾多伤。	
	（光绪）十三年正月元旦，雪花大如掌，树木花果冻多死。	
	（光绪）三十二年五月初三日大雨雹，禾稼多伤。	
通许	光绪二十年五月十二日雨雹大如卵，积数存，坏房屋，伤人畜，田禾被害甚钜。	民国《通许县新志》[②]
考城	（顺治）十四年四月考城大雨雹，大者如斗，小者如杵，入地尺余。	民国《考城县志》[③]
	（康熙）三十三年五月初九日考城大雨雹。	
宁陵	（咸丰）四年四月震、电、大雨、雹。	宣统《宁陵县志》[④]
夏邑	崇祯十三年，八月陨霜杀禾，大饥。	民国《夏邑县志》[⑤]
	同治五年丙寅四月雹。	
商水	（康熙）十八年三月二十七日天雨雹，大者如拳，小者如卵。	民国《商水县志》[⑥]
	（康熙）二十九年十一月，雨雪寒沍，冰坚至次年二月始解，计六十余日，人畜果木冻死无数。	
	（光绪）三十一年三月二十七日申时，天雨雹，大如拳，小如卵。	

① 周秉彝等修，刘瑞璘等纂：《郑县志》卷一《天文志・祥异》，民国二十年重印本，台北：成文出版社，1968 年，第 91–99 页。

② 张士杰修，侯崑禾纂：《通许县新志》卷一《舆地志・祥异》，民国二十三年铅印本，台北：成文出版社，1976 年，第 76 页。

③ 张之清修，田春同纂：《考城县志》卷三《事纪》，民国十三年铅印本，台北：成文出版社，1976 年，第 156、157 页。

④ 肖济南修，吕敬直纂，河南省宁陵县地方志编纂委员会校注：《宁陵县志》卷终《杂志・灾祥》，清宣统三年刊本，郑州：中州古籍出版社，1989 年，第 514 页。

⑤ 韩世勋修，黎德芬纂：《夏邑县志》卷九《杂志・灾异》，民国九年石印本，台北：成文出版社，1976 年，第 1178、1179 页。

⑥ 徐家璘、宋景平等修，杨凌阁纂：《商水县志》卷二十四《杂事志・祥异》，民国七年刻本，台北：成文出版社，1975 年，第 1231、1232、1241 页。

（续表）

地名	史料	出处
淮阳	（顺治）十五年夏雨雹。	民国《淮阳县志》[1]
	（康熙）三十四年夏四月地震，麦大稔，六月雨雹。	
	（康熙）五十三年春三月雨雹。	
	（乾隆）五十年三月雨雹。	
	（道光）十一年四月初八大雨雹损麦。	
	光绪元年端午日雨雹，大者如碗，碎木杀禾。	
	（光绪）六年三月雨雹。	
	（光绪）九年四月三次雨雹。	
	（光绪）三十二年夏四月十八雨雹。	
	（光绪）三十三年夏五月雨雹，大如鸡子，伤禾杀鸟。	

在表 1–2 中，从豫东地区的开封府、归德府和陈州府选取了 7 县作为研究对象，其中开封府有 2 县，归德府 3 县。算上中牟，开封府计有 3 县，结合县志编纂情况把这几个县作为参照点，根据各县志所载的冰雹异常天气可资判断各地及相邻地区当时的气温状况。

从上述史料来看，各地在三、四月份出现降雹，这种现象频发指示着气候较他年寒冷。从降雹频数来看，也多集中在清前期的顺治、康熙朝和清后期的咸丰、光绪朝，见图 1–1。虽然有个别案例出现在乾隆年间，但不影响整体判断，因为各地的气候变迁并非完全同步，大体上还是遵从上述基本规律和一般认知的。

上述史料一般置于县志的《祥异》卷，因其异于往常，故能留存，虽然有些县志语焉不详，比如宁陵和通许，只略记了咸丰和光绪朝，但其所记现象所反映的气候变化仍落入我们上述的推断之中。

上述结果验证了清代豫东地区气候变迁的过程和华北地区有着同样的规律，即清朝建立到康熙五十九年间的清前期和道光十年后的清后期阶段对应着气候变迁的冷期阶段。

---

① 郑康侯修，朱撰卿纂：《淮阳县志》卷八《杂志 · 灾异》，民国二十三年铅印本，台北：成文出版社，1976 年，第 909、911、913、915、917、919 页。

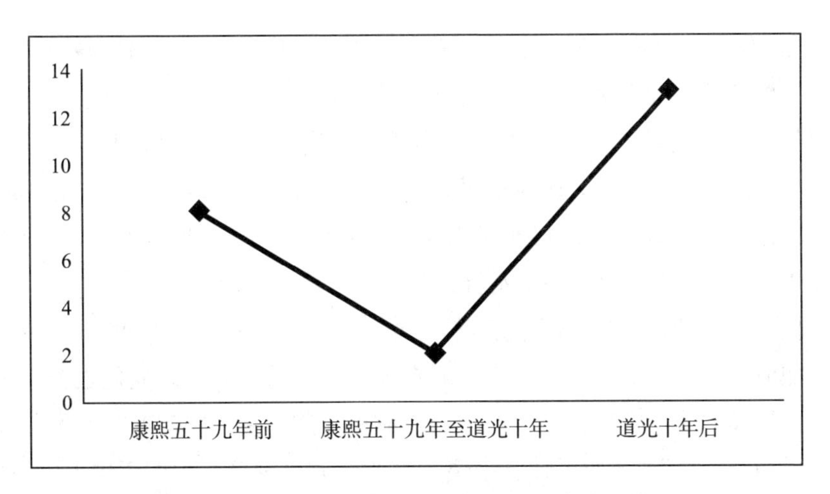

图 1-1　清代豫东地区雨雹事件频数统计折线图

清前期和后期极端寒冷天气和异常降水的频发不仅说明区域内灾害多发，且指示着降水变率的不稳定，表现出气候转向干旱化的趋势。[①] 这对于盐碱地的形成和发育具有推动作用。前文有述，本区域地处半湿润季风气候区，气候的干旱化无疑会加剧水汽蒸发，客观上有助于盐碱地的形成。

我们从豫东地区气候变迁的过程中还发现一个问题，即清中期自康熙五十九年至道光十年间为明清小冰期的一个暖期，在该段时间内发生了乾隆元年（1736）河南境内关于盐碱地的大规模蠲免事件。

盐碱地的蠲免首先得益于清政府财政收入的充盈。史志宏通过对清前期银库收入占全国财政收入的比重分析，指出："（雍正）经过此一番雷厉风行的整顿和改革，清王朝财政的面貌终于发生大的变化，反映到中央财政上，就是户部银库库存大为增加，空前充裕"。[②] 在此基础上，至乾隆，清王朝进入鼎盛时代。乾隆继位后于乾隆元年就大举永久蠲免河南 42 州县的盐碱、飞沙等不可耕种地亩。另一个原因与乾隆帝个人有关。乾隆帝为政尚宽，一改雍正严苛峻急的作风，处处仿效康熙，蠲免盐碱地也能体现其所谓使百姓

---

① 关于干旱化与异常降水的复杂关系，列举几篇。刘可晶、王文等：《淮河流域过去 60 年干旱化趋势特征及其与极端降水的联系》，《水利学报》2012 年第 10 期，第 1186 页。作者指出降水变率不稳定使得降水不均衡，出现降水集中，加大了发生气象干旱的可能性。另张金平、李香颜：《豫北地区气温、降水变化的时空分布特征》，《气象科技》2016 年第 6 期，第 985-990 页；张耀宗、张勃等：《近 50 年陇东黄土高原干旱化特征及未来变化趋势分析》，《干旱地区农业研究》2017 年第 2 期，第 263-270 页；马柱国、符淙斌等：《关于我国北方干旱化及其转折性变化》，《大气科学》2018 年第 4 期，第 951-961 页也有相关论述。

② 史志宏：《清代户部银库收支和库存统计》，福州：福建人民出版社，2008 年，第 44 页。

"感皇恩浩荡"，为体现其"仁政"而有意为之。再一个原因与盐碱地"不可耕种"的客观情况有关。从河南巡抚富德和雅尔图的奏折中皆言明盐碱地的利弊得失，说它是"徒劳之功"，既如此，蠲免盐碱地又何尝不可？盐碱地的蠲免之所以集中发生在乾隆朝的最主要原因还是社会经济原因，即清政府在乾隆朝时期财政充盈，其他朝代或处于清前期政局未稳，国库入不敷出，或处于清后期政局动荡，各地动乱纷起，财政收入下降。

值得思考的是，这一段时期正处于清中期所谓明清小冰期的一个暖期阶段。如何解释二者的关联呢？李忠明在《论明清易代与气候变化之关系》中认为"气候的非正常变化对农业生产造成重大破坏……同时连锁产生了各种社会不稳定因素"。① 竺可桢、王绍武等的研究也发现，中国历史上的秦汉、隋唐等强盛王朝的兴盛期与古气候序列中的暖期相对应。章典、詹志勇等对中国历代战争和朝代变迁与气候变化的研究也认为："冷期战争率显著高于暖期，70% ～ 80% 的战争高峰期，大多数的朝代变迁和全国范围动乱都发生在气候的冷期"。②由于冷期温度下降，影响农业产出，或曰土地生产力下降，引起生活资料的短缺，在这种情况下，极易诱发社会动乱。

天文地质学家关于全球气候变化的研究已有相当基础。米兰科维奇假说认为，对全球气候变化起主要作用的是夏半年获得的太阳辐射量的多与少。③这对于未深入接受地学知识的传统历史学者来说，过于复杂。生态学生态系统中关于能量传递的知识有助于我们从一个抽象层面去理解它。④ 太阳辐射是一种能量，除了折射和散射的太阳光未能达到地表以供植物吸收转化为其他能量，基本上地球上的生物都仰赖于太阳能。据此可以认为，米兰科维奇所谓的夏半年获得太阳辐射量的减少势必导致地球生物吸收太阳能的减少，在这种情况下，植物包括农作物的产出总量自然会减产。减产会引起农业歉收，如此，就与上文所述联系起来。

实际上，地学工作者们对这些背景知识相当了解，他们在讨论气候变化和人类社会的互动上往往无意忽略了对这些基本架构的解释，当他们在研究历史时期的气候变迁与人类社会的关系时便会遇到传统史学工作者的一些误解。

---

① 李忠明、张昳丽：《论明清易代与气候变化之关系》，《学海》2011 年第 5 期，第 159–160 页。

② 章典、詹志勇等：《气候变化与中国的战争、社会动乱和朝代变迁》，《科学通报》2004 年第 23 期，第 2468–2473 页。

③ 徐道一、杨正宗等：《天文地质学概论》，北京：地质出版社，1983 年，第 158 页。

④ ［美］E.P. 奥德姆著，孙儒泳、钱国桢等译：《生态学基础》，北京：人民教育出版社，1981 年，第 37–50 页。

另外，二者的研究角度、侧重面也有不同。传统史学者更侧重于从人类社会对环境的响应出发，或者说立足于从人的视角来看待气候的变化。而自然科学工作者们往往容易忽视人类社会对于环境的积极响应，其表现在片面强调气候变化、环境变迁对于人类社会的强大决定性作用而弱化了人类社会对于环境的改造及人类在环境变迁中所发挥的作用。特别是在史料较为欠缺的早期人类时期，由于环境信息如植物孢粉、湖泊沉积等资料较易获得，而关于人类活动的信息较难取得，在分析结果上过度单方面强调环境对人类社会作用的相关言论事实上是不利于正确认知早期人类社会的方方面面的。

且在气候变迁与社会动乱的关系上，也存在一些逻辑上的混乱。笔者称之为“史学逻辑的混乱”，造成这种认识混乱的起因主要是因为近年来随着多学科交叉研究方法在史学领域的发展，目前缺乏对于研究此类问题方法论的统一认识和辩证的逻辑思维。

如有学者认为，气候变迁与社会动乱和王朝更替是一种线性的逻辑发展关系，概言之，一如“气候变迁—社会动乱—王朝更替”这种单线发展模式。然而事实上，历史上的社会动乱和王朝更替属于人类社会系统内部事件，单纯的气候变迁能否每一次都能影响社会稳定和王朝更迭需要认真讨论。比如历史上不少王朝在经历了大的社会动乱后却未发生王朝更替，这就说明人类社会系统内部有其自身的调节功能并发挥了稳定社会的功用。并非气候变迁一定会引发社会动乱，社会动乱也并非一定会造成王朝更替。事实上，历代王朝在出现社会动乱后，朝廷往往都会采取各种应对措施以达到维持社会稳定的态势。只有破坏社会稳定的作用力超过维持社会稳定的作用力并使得局势不可逆转之时，社会系统的自我调节宣告失败才会导致王权朝代的更替。这种模式如下图中所示：

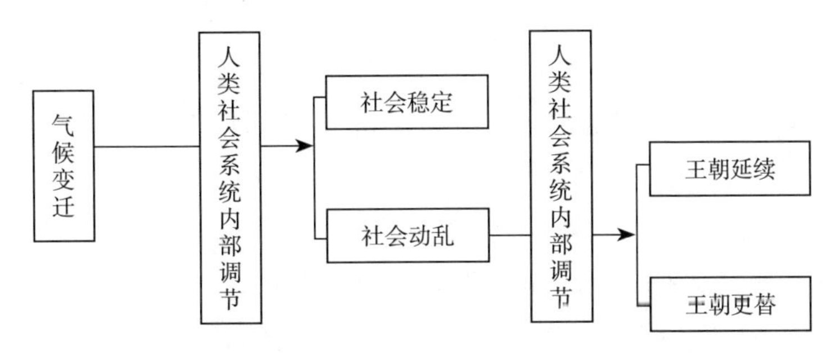

图 1–2　气候变迁与社会动乱和王朝更替的关系简图

气候变迁属于自然环境系统的变化，而人类社会生存于自然环境中，显然也受其变化的影响，但这种影响的作用过程并不能用一种简单的线性发展关系来衡量。图中“人类社会系统内部调节”实际上反映了人类对自然环境的反作用或者称“响应”。在自然对人类社会作用和人类社会对自然反作用的共同作用下，会产生不同的结果，其中一种可能是不利的结果即“社会动乱”，而即使引发了“社会动乱”，也不一定必然走向“王朝更替”。那种线性逻辑只是一种简单的归纳而并非普适性的总结。图 1–2 所示有助于从逻辑上明晰它们的关系。

还要注意到，“气候变迁”与“社会动乱”之间并非因果关系。“假如原因没有作用或停止起作用，那么，它就不是原因。”[①] 很多时候，我们容易把时间相邻前后发生的事件联系起来，但二者有没有因果关系是值得思考的问题。参考黑格尔对因果的定义和二者关系的讨论，再来看“气候变迁”和“社会动乱”的关系会更有启发。气候变迁属于自然环境系统的变化，它首先影响的是自然环境，比如动植物、山川河流、风等。说“气候变迁”影响农业生产是可以的，但越过这一环节直接谈论与社会动乱的关系，似乎从逻辑上讲不通。它们之间是有一定的联系，但严格意义上讲并不是先后发生的因果关系，所以在行文中有必要注意逻辑关联。

以上论述了气候变迁与社会发展的关系，关于个中问题也提出了笔者的思考和一些不成熟的想法。还要指出，图 1–2 所示的模式也未能完全揭示人类社会系统对自然环境系统的作用和影响，实际上，人类活动如开垦土地、修筑堤坝、植树造林、围湖造田等都能极大地改变局部的微地貌和生态系统，那么受此影响，势必也会在一定程度上改变局地的自然环境包括对气候的影响。所以，它们之间的关系是一种复杂的交互关系，笔者所考虑的因素也过于简化。这里只是侧重于从自然环境对人类社会系统的影响而言，故未深入探讨，我们将在后续章节中展开论述。

回过来看在乾隆朝发生的盐碱地大规模蠲免，其根本原因还是要归结于社会经济原因，即乾隆朝经济强盛，而经济强盛的原因与当时的农业生产和社会经济发展密切相关。

那么气候处于暖期阶段与此有何关联呢？上文米兰科维奇的理论及古气候学家的研究成果都表示，暖期阶段有利于农业生产。进一步，农业生产

---

① ［德］黑格尔著，杨一之译：《逻辑学》，北京：商务印书馆，2006 年，第 322 页。

的大发展显然有利于乾隆朝财政经济的繁盛，从而才使得在乾隆朝发生了大规模蠲免盐碱地的事件。通过这个实例把气候变迁与社会经济系统之间的关系联系起来，也能看出它们之间是如何发生关联的，且它们之间的联动是通过有因果关系的事件才发生关联，而不能直接从气候温暖联系到盐碱地的蠲免，否则从逻辑上很难解释得通——乾隆朝时期处于清代气候的暖期阶段与在乾隆朝发生了大规模盐碱地蠲免事件的关系。

综上，根据史料，用物候学的方法通过对清代豫东地区极端寒冷天气和异常降水的频次统计和分析，可以看出气候变迁在区域上的具体表现。清前期和后期寒冷干燥的气候对农业生产是不利的，虽然清中期温暖湿润气候下农业生产获得一定程度的大发展，但总体上清代处于“明清小冰期”，气候寒冷干燥。极端寒冷天气和异常降水的频发都指示着气候向干旱化发展的趋势。这对于盐碱地的形成和发育都有助推作用。在气候变迁与社会经济系统互动的问题上，我们既要看到事物发生联系的普遍性，同时也要注意事物发生联系的局限性及其条件。

二、清代豫东地区的水文系统

盐碱土发生的机制根源在于水盐关系的失衡。所以，讨论盐碱地的形成必然要探讨水文状况。水文系统是指“地球大气圈环境内由相互作用和相互依赖的若干水文要素组成的具有水文循环（演变和转换）功能的整体。如一组河网的水体汇集运动，一个流域和一个区域的降雨径流过程等。”[①] 贾鲁河和涡河现皆属淮河支流，它们的河道和流域在历史上有一个发展和变迁的过程，在不断地变迁中两河的水文系统趋于紊乱，进而为盐碱地的形成提供了自然条件，使得盐碱土不断发育并积累。

“至正四年夏五月，大雨二十余日，黄河暴溢，水平地深二丈许，北决白茅堤。六月，又北决金堤。并河郡邑济宁、单州、虞城……郓城、嘉祥、汶上、任城等处皆罹水患……妨国计甚重。省臣以闻，朝廷患之。”[②] 元至正四年（1344），黄河大决，泛滥达7年之久，危害甚重。九年冬，脱脱复为丞相，始议治河。十一年四月初四日，元惠宗下诏中外，命贾鲁以工部尚书为

① 叶守泽、夏军编：《水文系统识别（原理与方法）》，北京：中国水利水电出版社，1989年，第2页。

② 宋濂等撰：《元史》卷六十六《河渠三·黄河》，北京：中华书局，1976年，第1645页。

总治河防使，发汴梁、大名十三路民众十五万人及庐州等守军二万人堵口治河。是月二十二日鸠工，七月疏凿成，八月决水归故河，九月舟楫通行，十一月水土工毕。“河乃复故道，南汇于淮，又东入于海”。①

上述史料讲述了元代黄河决口，贾鲁在堵口黄河时，曾疏浚汴河，后人因功念之，称为贾鲁河。乾隆《郑州志》：“汴河，今名贾鲁河，又名小黄河，以元臣贾鲁尝濬之。而北与黄河相表里也，受西南诸山谷之水，为中州一巨川。源发于郡之坤隅，离郡城五十余里，其源不一。”②乾隆《祥符县志》：“河沟者，鸿沟也，一名阴沟。《水经注》云，阴沟本蒗荡渠，在浚仪县北，自王贲断故渠引水东南出以灌大梁，谓之梁沟。于是水出县南而不迳其北，遂名梁沟为蒗荡渠，亦曰鸿沟。浚仪故县在今开封府西北大梁城，魏所都也。此河与汴分之始。”③

“鸿沟”之名见于正史《史记·河渠书》，云：“自是之后，荥阳下引河东南为鸿沟，以通宋、郑、陈、蔡、曹、卫，与济、汝、淮、泗会。”④此指荥阳以下引北边的黄河水以与宋、郑等国交通并与济、汝、淮、泗等河实现水运上的连通。司马贞索隐曰：“楚汉中分之界……一东经大梁城，即鸿沟，今之汴河是也。”《水经注》有载：“《竹书纪年》梁惠成王三十一年三月，为大沟于北郛，以行圃田之水。《陈留风俗传》曰县北有浚水，像而仪之，故曰浚仪。余谓故汳沙为阴沟矣。”⑤此言谓魏惠王三十一年（公元前340）开挖鸿沟于当时大梁城外北郭以通圃田泽。可见，鸿沟之形成早于秦将王贲断区引水以攻大梁之前，将水利设施用于军事也凸显了战国时代战争的残酷性。

上文中的“汳沙”，郦道元称之为“阴沟”，当为鸿沟之另一别名。何以见得？盖史料中“汴水”亦有不少作“汳水”的。《说文解字》有云：“汳，汳水。受陈留浚仪阴沟，至蒙为雝水，东入于泗。”段玉裁注曰：“曰阴沟，曰蒗荡渠，曰汳水、获水……《方舆纪要》曰：汳水，或为即《禹贡》之雝

---

① 宋濂等撰：《元史》卷六十六《河渠三·黄河》，北京：中华书局，1976年，第1646页。

② 张钺修，毛汝诜纂：《郑州志》卷二《舆地志》，页6，清乾隆十三年刻本。（笔者查阅的未出版的文献和方志页码采用引文所在该卷目的位置页码，格式如此条，下同。）

③ 张淑载、鲁曾煜纂：《祥符县志》卷三《河渠》，页2，清乾隆四年刊本。

④ 司马迁撰，裴骃集解，司马贞索隐、张守节正义：《史记》卷二十九《河渠书》，北京：中华书局，1963年，第1407页。

⑤ 郦道元撰，谭属春、陈爱平点校：《水经注》，长沙：岳麓书社，1995年，第335页。

水,《春秋》之邲水，秦汉之鸿沟。上与河泲[①]通，下与淮泗通。隋以前自归德府至萧县、砀山县间入泗。隋以后则自归德至泗州两城间入淮。宋时东南之漕，大都由汴以达畿邑，故汴河之经理为详。自后则湮废矣。”[②]汴水一物多名，此种现象在郑樵谈论“汉水”之时便有论断。他认为“汉水名虽多，而实一水说者纷多。”谈及“汴水”，郑樵曰：“汴水，一名鸿沟，一名官度水，一名通济渠，一名莨荡渠。或云莨荡渠别汴首，受河水自汜水县东南过荥阳、陈留、睢陵、符离至泗州入淮。”[③]由此可见,《水经注》卷二十三所谓“阴沟水、汳水、获水”实际上是古人当时对同一河流不同河段的不同称谓，说它出“阳武莨荡渠”也好或者说它又“东至梁郡蒙县为获水”也罢，只是不同的称谓而已。

至于因何改“汳”作“汴”，段玉裁曰：“变汳为汴，未知起于何代。恐是魏晋都洛阳，恶其从反而改之。”这虽然只是段氏的一种推测。但“汴水”在正史中出现较早的记载是《三国志·武帝纪》，晚于《说文解字》的成书年代。许慎称之以“汳”也说明当时通行的称谓并非是“汴”。

乾隆《杞县志》：“汳水,《河南通志》出莨荡渠，亦名丹水，即汴水也。经陈留之饼乡亭东迳鸣雁亭……《水经注》汳水东迳雍邱县故城北迳阳乐城南城，在汳北一里许。雍邱县界南通睢水，又迳外黄县南，又东迳考城县故城南，由睢阳蒙县合淮水东入于泗。旧志即今俗谓沙河也。自祥符陈留入县境楚家寨、焦家寨、花园铺、潘家寨迳城扎五里许，东南迳小河裴村入睢州……乾隆六年遣使查勘开浚，两岸筑堤植柳，更名惠济河。”[④]

上述史料揭示惠济河在清乾隆六年因汴河故道开挖，别称沙河。那么贾鲁河和惠济河的关系又如何？据乾隆《杞县志》载：“贾鲁河，查自荥阳县大周山索水发源，由郑州、中牟、祥符之朱仙镇下达尉氏、扶沟、西华、淮宁之周家口、商水、项城、沈丘一带至江南之太和县入洪泽湖。惠济河，查自中牟县迤西从贾鲁河分支直达祥符、陈留、杞县、睢州、柘城、鹿邑至江南之亳州汇入洪泽湖。”从《杞县志》可知，当时惠济河的上游与贾鲁河共

① “泲”同“济”，按郑德坤纂辑：《水经注研究史料汇编》(上)，台北：艺文印书馆，1984年，第67页，有云：“济为河乱久矣，至东汉而河南之济尽亡。赖水经悉载其故渎，后世因此略知古济之所行”。段氏此处所谓即东汉以前河南境内的古济水。

② 许慎撰，段玉裁注：《说文解字注》，上海：上海古籍出版社，1981年，第899页。

③ 郑樵：《通志》卷四十《地理略》，北京：中华书局，1987年，第542页。

④ 周玑修，朱璀纂：《杞县志》卷四《地理志下》，清乾隆五十三年刊本，台北：成文出版社，1976年，第295–296页。

用一河道，在中牟县分开，最终皆汇入洪泽湖。

依据现代自然地理中关于河流区划和水系的分类，贾鲁河属于淮河水系，是淮河重要支流沙颍河的支流。但依《杞县志》所说，其上游自荥阳合索河而下，原系济水流域。又按郑德坤引赵一清所谓“至东汉而河南之济尽亡”，可以得知，历史上随着济水的消亡，淮河的流域面积得以扩大并接纳了贾鲁河，以后贾鲁河的河道和水系分布在空间上亦归属于淮河水系了。

提到济水，历史上也曾赫赫有名。古之所谓四渎“江淮河济”，在古代享有崇高的祭祀地位，所谓“五岳四渎”是也。济水发源于河南省济源市王屋山上，流经黄河下游，对早期先民的社会生活产生过重大影响，沿途就分布有诸如仰韶、大汶口、龙山、岳石等文化遗址。济水之名谓与齐地关联甚大。① 济水流经河南、山东两省入海，随着历史的推移，至东汉王莽时发生淤塞，唐高宗时复通旋即又复枯。关于济水的消亡时间，王育民认为“在唐代时济水的下游河道还存在。北宋以后，受黄河决徙的影响，伪齐刘豫导引泺水东行，入济水故道，于是济水的下游河道便分别被大清河、小清河所占夺……从此，济水已不复存在了”。②

一如张新斌在述及“河济关系”时所言“研究济水，离不开研究黄河”。③ 事实正是如此，济水的湮废说到底还是因为黄河的改道和决徙。黄河决溢袭夺了济水干支流的河道，又黄河泥沙淤积过多，泛滥过后往往造成被袭夺河流的河道淤积不堪。在这样的外力作用下，济水终于不复千里。所以，在前述中已多次强调，黄河是本区域地貌和地质活动中的绝对主角，其意义正在于此。

贾鲁河的命运与黄河也是息息相关。清道光二十一年、二十三年，同治七年（1868），光绪十三年（1887）、十五年、二十七年，黄河六次决口，大

---

① 王乃亮、姜磊：《齐名之源考辨》，《管子学刊》，2014 年第 1 期；王明信：《略谈济水的称谓》，《济源职业技术学院学报》，2015 年第 2 期。古之先民对“五岳四渎”的崇拜和祭祀也反映了原始朴素的自然崇拜观念，除此之外，也揭示出当时人类社会活动的主要区域。

② 王育民：《中国历史地理概论》（上册），北京：人民教育出版社，1985 年，第 92 页。

③ 张新斌等：《济水与河济文明》，郑州：河南人民出版社，2007 年，第 1 页。

溜屡经贾鲁河，[1] 泥沙沉积河道淤塞严重，虽经光绪十五年、1915 年两次修浚，而成效甚微，舟楫不再复通。

历史上的贾鲁河在黄河决溢的胁迫下，河道也多有变迁。概言之，贾鲁河的河道在元代贾鲁疏浚汴、蔡河的基础上历经明清两代而屡次变更。早在明正统十三年（1448），五月黄河河水泛滥，冲决陈留金村堤；七月荥泽孙家渡决口，河水东南漫流至开封、祥符、扶沟、通许、陈州、商水、西华等十数州县。[2] 王永和奉命治河，未竟全功。弘治六年（1493），黄河又从祥符孙家口、杨家口、车船口和兰阳铜瓦厢决为数溜，俱入运河，形势严重。七年五月，在都御史刘大夏等人从孙家渡引黄河水东南流，沿宋代汴水的上游，下接蔡河故道，经郑州北的双桥北、张桥、姚店堤，入中牟县的张胡桥、中牟县城北、板桥、店李口入开封，下接西蔡河故道，经朱仙镇至夹河集入尉氏，由白潭入扶沟县，接东蔡河故道，至商水县汇颍水，使黄河水分沿颍水、涡河和归徐故道入淮。[3] 这一条新的水道即为明代贾鲁河的河道，实际上我们说的贾鲁河其称谓正得于此。

乾隆、嘉庆以后，因黄河决口泛滥，贾鲁河淤塞严重，加上海运的发展，会通河的开通，南北交通不走贾鲁河，贾鲁河逐渐淤废。1927 年，河南省政府督率民众沿着道光二十三年黄河冲刷的故道改挖贾鲁河。从此，贾鲁河不再绕经朱仙镇，而迳由开封县的仇店、肖庄入尉氏，经歇马营、芦馆、梅庄到荣村再东南流至王寨注入贾鲁河故道，到白潭出境入扶沟，当时称为新贾鲁河。1938 年蒋介石下令扒开花园口黄河大堤，从贾鲁河行洪入颍河。1943 年 5 月，洪水又从尉氏县荣村东南冲决南岸堤防，迳入扶沟县境，[4] 给多灾多难的河南人民带来了巨大的伤痛。今日的贾鲁河是 1946 年花园口堵口后，历经疏浚而成的新河道。

总之，旧时贾鲁河河道的变迁原因既有天灾又有人祸。在自然因素和人

---

① 黄河水利委员会黄河志总编室：《黄河大事记》，郑州：河南人民出版社，1989 年，第 75–77、80、85–86 页。光绪二十七年的河决在《黄河大事记》里记述简略，又参沈怡、赵世迟等：《黄河年表》，军事委员会资源委员会，1935 年，第 247 页有云："河溢，兰仪考城二县成灾"。再查张之清修、田春同纂：《考城县志》卷三《事纪》，民国十三年铅印本，台北：成文出版社，1976 年，第 189–190 页曰："六月河溃堤灌城，城外水深八九尺，淹没八十余村，壤庐舍无算"。可知此次河决对兰仪、考城及周边地区损害甚大。

② 黄河水利委员会黄河志总编室：《黄河大事记》，第 37–38 页。

③ 黄河水利委员会黄河志总编室：《黄河大事记》，第 40 页。

④ 尉氏县志编纂委员会：《尉氏县志》，郑州：中州古籍出版社，1993 年，第 56 页。

为因素的作用下，贾鲁河的河道屡次变迁，给豫东人民带来了灾难，也只有在中华人民共和国成立后的新时代下它迎来了稳定发展的新里程。

涡河，古为鸿沟一支流，其河道也多有变迁。清人许鸿磐云："古涡水出于阴沟水。《水经注》云：'阴沟始乱蒗荡终，别于沙而涡水出焉。'涡水受沙水于扶沟县，是涡水本自沙水分流。沙水，古鸿沟也。今涡河出太康县东南，非古出鸿沟之涡水矣。"[①] 今涡河发源于河南省开封县郭厂村贾鲁河左堤脚下，经开封、通许、扶沟、杞县、太康、柘城、鹿邑、亳州、涡阳、蒙城至怀远城东入淮河。[②] 按水系划分，涡河是淮河的第二大支流，位于淮河左岸。其主源为运粮河，流向东南，至朱仙镇南纳一支河，以下河段始称涡河。涡河地跨豫皖两省，小支流较多，其中不乏人工开凿的河道沟渠，比如运量河、惠济河、惠贾渠等。

古时涡河为历代漕运要道，是中原连通外界最繁忙的重要水道。明清时期为保障漕运，在涡河上游亳州一带配有专门的灌运船只。船只主要往返于寿州、凤台、怀远、定远、六安、霍山、英山、颍州、颍上、霍邱、太和、蒙城等州县。漕粮分兑于怀远、临淮关、寿州、正阳关等处。可以说，亳州历史上的繁荣，多赖其便利的水运交通。和贾鲁河的命运相似，自南宋初年黄河河道南移夺淮以来，黄河也曾多次袭夺涡河河道。据韩昭庆考证，发生在明代的黄河夺涡事件就有四次，清代有七次之多。[③] 黄河夺涡的影响虽确如韩昭庆所言，并未改变涡河的主干河道，但受黄河泛滥挟带泥沙淤积的影响，涡河的上游也有类似贾鲁河淤废的情况发生。虽然明清时经人工开浚、疏导后重又恢复了水文系统的运转，但也使得涡河的上游河道在局部地区屡有变化。每一次变化其实对区域的水文系统都有深厚的影响。

具体来说，由于受黄河泛滥的影响，相邻的河沟相互串流，受淤阻塞，泥沙沉积，沿岸低洼地区被淤平，使得泄洪量下降，一遇洪水，内涝严重，引发洪灾，给当地百姓带来巨大灾难。坑洼地形的破碎分布和微地貌的改变使得涡河流域的水盐平衡非常脆弱，也为盐碱地的发育提供了条件。

总之，从历史发展来看，贾鲁河和涡河水文系统的变迁依 1128 年大致可分为两段：前段由于黄河未改道南徙，贾鲁河和涡河的水文系统运转良

---

① 许鸿磐：《方舆考证》卷五十一《颍州府·山川》，页 7，清咸丰八年济宁潘氏华鉴阁本。

② 王景深、韩新庆：《涡河流域水文特征分析》，《治淮》2007 年第 7 期，第 21 页，引文中"淮远"应为"怀远"，即安徽怀远县，乃作者笔误。

③ 韩昭庆：《黄淮关系及其演变过程研究》，上海：复旦大学出版社，1999 年，第 59、67 页。

好，为当地的水运交通提供了很大便利；后段由于黄河河道南迁，动辄袭夺贾鲁河和涡河的河道，影响了贾鲁河和涡河的水文系统的稳定性，既扰动了水文生态，也给当地百姓的日常生活和社会经济发展带来不利影响。

三、黄河在豫东地区的决溢

豫东地区水文格局的变动与黄河的决溢和改道关联甚密，尤其是黄河泛滥对贾鲁河、涡河及其支流河道的侵夺是历史时期对本区域水文环境影响最大的一环。

述及黄河的改道和决溢，对于此问题的研究已有相当多的论述，但关于豫东地区黄河的改道和决溢尚属少见。为方便一览，根据《黄河年表》[①]的相关记载并辅以《黄河大事记》作表 1–3。

表 1–3　1644 ～ 1911 年黄河在贾鲁河流域的决溢统计一览表

年代	公元	性质	纪事	备考
顺治二年	1645	决	河决考城县之流通口。	《河南通志》
顺治四年	1647	溢	秋八月十五夜罗家口田家庙土楼三处河溢。	《虞城县志》
顺治五年	1648	决	河决兰阳。	《河南通志》
顺治七年	1650	决	八月河决荆隆口，南岸漫单家寨西堤，北岸漫朱源寨小长堤。南岸旋塞，全河尽入北岸决口，转向东北流。	《杨方兴列传》[②]
顺治九年	1652	决	河决祥符之朱源寨。	《目游四海记》[③]
		决	河决封丘大王庙口，冲毁封丘县城。	《河南通志》
顺治十一年	1654	涨	河趋阳武县西南潭口寺，势与堤平。	《目游四海记》

① 沈怡、赵世迟等：《黄河年表》，军事委员会资源委员会，1935 年，第 133–249 页。因系摘录，为尊重原著，附表中未有修改，在检核到有关内容存有错录之处已作注并对《黄河年表》引文出处作有考释。

② 赵尔巽等撰：《清史稿》卷二百七十九《列传六十六》，北京：中华书局，1977 年，第 10110 页。沈氏《黄河年表》所记在《清史稿》基础上有所增详。

③ 傅泽洪：《行水金鉴》卷九《河水》，台北：商务印书馆，《景印文渊阁四库全书》（第 580 册），1986 年，第 205 页，有云："是年河决濮阳之观城界楚里村堤，阎咏目游四海记"。《清史稿》卷四百八十一《阎若璩传》，第 13178 页载："子咏。康熙四十八年进士，官中书舍人，亦能文"。此引文也见于《豫河志》。

（续表）

年代	公元	性质	纪事	备考
顺治十四年	1657	决	河决祥符之槐疙疸。	《豫河志》①
		决	黄河南徙，陈留孟家埠口溃决。	《目游四海记》
顺治十五年	1658	决	河决阳武县南慕家楼。	《河南通志》
顺治十七年	1660	决	决陈留郭家埠，河道总督朱之锡塞之。	《河防纪略》
		决	河决虞城之罗家口，随塞之。	《河南通志》
		决	河决。睢州、杞县、虞城、拓城、永城、夏邑等处水。	《清通志》②
康熙元年	1662	决	六月，河决开封黄练口。淹祥符、中牟、阳武、杞县、通许、尉氏、扶沟七县。	《淮系年表》③
康熙三年	1664	决	河决杞县，塞之。	《河渠纪闻》④
		决	决祥符县阎家寨内堤，旋塞。	《山东通志》
康熙四年	1665	决	虞城、永城、夏邑三县庐舍田禾多被淹没。	《河南通志》
康熙六年	1667	溢	秋，黄河水溢。	《虞城县志》
康熙九年	1670	大涨	五月暴风雨，淮黄大涨。	《扬州府志》
康熙十一年	1672	溢	虞城黄河水溢。	《河南通志》
		河患	祥符县南岸黑堽河患。	《两河清汇》⑤
康熙十二年	1673	河患	考城芝麻庄河患。	《两河清汇》
康熙十七年	1678	大决	黄河大决，大王庙高家堂土楼等处溃，水势滔天。	《虞城县志》
康熙三十五年	1696	大涨	七月，黄淮大涨。	《淮系年表》

① 吴筼孙主编，黎士安等纂：《豫河志》卷五《工程上之一》，页1，民国十一年铅印本。

② 沈氏所谓《清通志》即《钦定皇朝通志》。引文出自清乾隆三十二年敕撰：《钦定皇朝通志》卷一百二十三《灾祥略二·地类》，台北：商务印书馆，《景印文渊阁四库全书》（第645册），1986年，第639页。

③ 吴同举纂述：《淮系年表全编》（第三册），民国十七年铅印暨影印本。《淮系年表》共四册，有关清代河防事略自顺治起至宣统止载于第三册，前文出自《淮系年表十一》，记载了顺治、康熙、雍正朝的黄河、淮河及运河水文变迁和相关河防事务、水利建设等。

④ 康基田：《河渠纪闻》卷十四，清嘉庆九年霞荫堂刻本，第417页。

⑤ 薛凤祚：《两河清汇》卷六《本朝治河》，台北：商务印书馆，《景印文渊阁四库全书》（第579册），1986年，第445页。

（续表）

年代	公元	性质	纪事	备考
康熙四十五年	1706	涨	黄淮睢泗汶沂诸水同时并涨。	《淮系年表》
康熙四十八年	1709	决	六月大雨，河涨漫溢兰阳县北岸雷家集堤工二十六丈及仪封北岸洪邵湾堤工二十一丈。水驿堤断口四十三丈八尺。	《河南通志》
雍正元年	1723	决	六月十一夜，河溢中牟县，十里店大堤漫口十七丈，娄家庄大堤漫口八丈，由刘家庄南入贾鲁河。	《河渠纪闻》
		决	九月廿二日狂风水涌，决郑州来童寨民堤。郑民挖阳武故堤放水。	《河渠纪闻》
雍正二年	1724	决	虞城县于八月初四日因黄家庄漫溢，将南岸待宾寺迤西大堤漫决丈余。	《豫河志》
雍正六年	1728	抢险	兰阳县北岸耿家寨地方二月二十八日塌卸堤顶一丈余。抢筑平稳。	《豫河志》
雍正八年	1730	抢险	六月河水陡涨，大溜顶冲祥符南岸程家寨月堤，漂走四埽，堤工坍塌过半。	《河南通志》
雍正十一年	1733	决	七月十二日，河决陈留七堡九堡，总督王士俊募夫堵筑。	《豫河志》
乾隆十六年	1751	决	六月河决阳武、祥符，朱水自十三堡口门经太平镇分为二道，自口门沿堤东流。	《豫河志》
乾隆十八年	1753	溢	四月阳武五堡民埝十二堡大地漫溢，创筑断流。	《豫河志》
		决	九月，河水骤涨，漫开阳武汛内五堡三坝及格堤横坝，冲决十三堡大堤四十二丈。	《豫河志》
乾隆十九年	1754	徙	河南祥符县，北岸平家寨新开引渠，天然成河。大溜直定中泓，化险为平。	《河渠纪闻》
乾隆二十年	1755	涨	淮黄异涨，较之[①]八年水大二尺不等。各处出槽漫滩，两岸堤工有低出水数寸及与水相平者。	《河渠纪闻》

① 沈怡、赵世暹等：《黄河年表》，军事委员会资源委员会，1935年，第178页。查《河渠纪闻》卷二十三，原文为“按是年黄淮异涨，较十八年水大二尺不等”。此当沈氏抄录之误，“之”当为“十”。

（续表）

年代	公元	性质	纪事	备考
乾隆二十六年	1761	决	秋汛沁黄并涨，水势异常。北岸武陟、荥泽、阳武、祥符四汛漫决内外堤十五处。	《祥符县志》
		决	中牟头堡杨桥七月十九日漫决，宽二百七十丈。漫水入颍郡涡淝等河，由淮河汇入洪泽湖。	《治水述要》①
乾隆三十六年	1771	河变	八月河东总河姚立德奏报疏消积水及仪封八堡十三堡一带河分三股情形，加筑草坝挑护事宜。	《河渠纪闻》②
乾隆四十三年	1778	决	六月河南祥符南岸时和驿堤工平漫三十余丈。	《河渠纪闻》
		决	闰六月二十八日豫省黄河南岸仪封汛十六堡十七堡二十二堡二十四堡三十六堡漫水六处，考城汛三堡五堡漫水三处。	《河渠纪闻》
乾隆四十四年	1779	溃	春夏仪封大坝屡筑屡蛰，是时黄水助清，清更刷黄，海口通畅。	《淮系年表》
乾隆四十五年	1780	决	考城汛五堡七月十八日漫溢。	《兰仪厅册》
		决	九月初一初二涨水不消，考城张家油房新刷清槽二道，河分两股进口，坝堤一百四十余丈。掣大溜七分，未几全俱夺。	《河渠纪闻》
乾隆四十六年	1781	决	七月初五日南岸祥符汛迤东焦家桥堤顶漫水二十余丈，刷宽三十余丈。	《河渠纪闻》
		溃	九月大学士阿桂奉旨来豫驻工督办青龙岗堵筑事宜。四十六年一月、十一月，四十七年正月、二月、四月五次未成。	《河渠纪闻》
乾隆四十七年	1782	溃	二月青龙岗大坝蛰塌。四月又蛰塌，漫口形势败坏已极。不得已停筑坝工，议疏黄水去路，以保运。	《淮系年表》
乾隆五十年	1785	倒灌	六七月黄水倒灌，清口淤平……又启放祥符五瑞二闸减黄助清。	《淮系年表》

① 周馥纂：《治水述要》卷六《乾隆十四年至五十九年》，页12，民国十一年石印本。

② 康基田：《河渠纪闻》卷二十六，北京：北京出版社，《四库未收录辑刊》（一辑·二十九册），1997年，第668页，此处引文为“是年九月河东总督姚立德奏报疏消积水及……”与《黄河年表》所记“八月”不同，又查嘉庆九年霞荫堂刻本，见两本同而知沈怡《黄河年表》此处当系误记。

（续表）

年代	公元	性质	纪事	备考
乾隆五十二年	1787	决	六月河南睢州南岸决口二处，漫水二十余丈……水由睢州、宁陵、商丘一带，从涡淝诸水入淮。	《豫河续志》①
乾隆五十五年	1790	水灾	永城、夏邑二县东北乡猝被水淹。	《南河成案》②
嘉庆四年	1799	决	河决仪封。	《豫河志》
嘉庆八年	1803	决	祥符下汛六堡时和驿七月十九日漫缺十余丈，旋即挂淤断流。	《续行水金鉴》③
		决	九月十三日衡粮厅属封丘汛衡家楼堤工蛰陷过水三十余丈。	《河北道册》
嘉庆二十四年	1819	决	陈留汛七八堡内七月二十日异涨，漫决大堤二处。	《续行水金鉴》
		决	祥符上汛六堡青谷堆七月二十三日异涨平漫，刷宽七十余丈，旋堵。	《祥符县志》
		决	考城汛异涨漫缺十三堡牛寨迤西楼堤，抢筑稳固。	《豫河续志》
		决	七月二十三日兰阳大堤坐蛰。二十四日申刻夺溜成河。	《南河册稿》④
		决	七月二十三日仪封上汛三堡大堤漫口一百十余丈，中间水深四丈余尺，掣溜五六分。	《南河册稿》
		决	中牟上汛八堡即十里店七月二十六日异涨，漫堤刷成缺口宽五十五丈。	《续行水金鉴》

① 陈善同主编，王荣搢等纂：《豫河续志》（上函）卷六《沿革》，页25，民国十五年铅印本。《黄河年表》参引《豫河续志》，但沈氏并非照录原文，其所记比《豫河续志》详细，当亦有参考他书或改编。

② 佚名：《南河成案》卷五十二《攒办砀山王平庄民堰进水沟槽并宿州永城夏邑被水情形》，页87，清刻本。

③ 黎世序、潘锡恩撰：《续行水金鉴》卷三十一《河水·章牍》，北京：北京出版社，《四库未收书辑刊》（七辑·六册），1997年，第491页。

④ 吴世雄、朱忻修，刘庠、方骏谟纂：《徐州府志》卷十三上《河防考·黄河》，清同治十三年刻本。引文在记嘉庆二十二年睢工合龙、二十五年马营坝工合龙皆注引《南河册稿》。“嘉庆二十四年兰阳大堤坐蛰”及“仪封三堡大堤决”还见于《南河成案续编》《南河编年纪要》，另《徐州府志》也云“是年（嘉庆二十五年）河南仪封三堡复决”与《黄河年表》引《南河册稿》所记相合。

（续表）

年代	公元	性质	纪事	备考
嘉庆二十五年	1820	决	三月引河开放后，奔腾下注。十二日将仪封三堡以下无工处所，乘风扫击，坐蛰堤身三十余丈。	《南河册稿》
道光十二年	1832	溢	八月豫省祥符下汛滩水漫堤。	《开归道册案》①
道光二十一年	1841	决	六月十六日黎明决祥符三十一堡张家湾。漫口三百丈。	《祥符县志》
		溃	黄河决口去岁动工用银五百余万，业已告竣，蜡底又复决口。	《曾文正公家书》②
道光二十三年	1843	决	六月中牟下汛九堡漫口三百六十余丈，水历朱仙镇及通许、扶沟、太康等县，入涡会淮。	《开归道册稿》
		溃	冬中牟坝工筑复蛰。	《河南通志》
道光二十四年	1844	溃	春中牟坝工屡蛰。	《河南通志》
咸丰五年	1855	决、徙	六月黄河大决兰阳铜瓦厢，溜分三股：一股由曹州赵王河东注，赵王河头在考城县北，后渐淤。两股由东明县南北分注……时军务繁兴，不塞遂徙。	《淮系年表》
同治三年	1864	抢险	九月论：中河十三堡存滩被刷，骤出奇险，现虽抢办，渐臻底定。	《豫河志》
同治四年	1865	抢险	八月河督张之万奏：祥河厅祥符汛十五堡顺堤七八两埽陡蛰入水，其八埽后起至十六埽后止大堤裂缝七十余丈。	《豫河志》
同治七年	1868	决	七月河决荥泽县之房庄溢入郑州、中牟、祥符、陈留、杞县数县。	《祥符县志》

① 嘉庆年间河南省内设有五道分管各辖区，见周勇进：《清代地方道制研究》，南开大学博士学位论文，2010年，第120页。其中开封府、归德府、陈州府和许州直隶州合称开归陈许道，简称开归道；怀庆府、彰德府和卫辉府被称为河北道。“道册”和地方志有相同功用，可供地方官员了解民情、舆地、形势等，如阮元修，陈昌齐等纂：《广东通志》卷一百三十七《建置略十三·番禺县》，清道光二年刻本，页35有曰：“乾隆九年改由粮道稽察，添设监院一员，于各学教官内遴委二十六年、三十三年、嘉庆十四年相继酌定规条”，注曰“道册规条详经政略”。紧接前文陈述重修府志，可见“道册”功用之一斑。“开归道册”和“河北道册”皆见于同治《徐州府志》，《黄河年表》所谓“开归道册案”“开归道册稿”应系“开归道册”的泛称，盖“道册”因时而动，因势而变。《黄河年表》所记这三则嘉庆和道光年间黄河决溢事件可与《黄河大事记》互证。

② 曾国藩：《曾国藩全集·家书（一）》，长沙：岳麓书社，1994年，第21页。

（续表）

年代	公元	性质	纪事	备考
光绪九年	1883	抢险	鹿传霖奏：荥泽县保和寨东北，黄流南圈，陡生险工。	《豫河志》
光绪十三年	1887	决	八月郑州下汛十堡地名石桥漫决，口门五百四十七丈。中牟、祥符、尉氏、陈州府、扶沟、淮阳十数处皆被淹没。	《祥符县志》
光绪二十三年	1897	抢险	南岸荥泽县民埝告险。抢厢埽工十六段，石坝十道，石垛二十八个。	《豫河志》
光绪二十四年	1898	抢险	兰仪县黄河南岸，河势南圈，逼溜生险。	《豫河志》
		抢险	南岸荥泽县伏秋汛内异常盛涨。	《豫河志》
光绪二十七年	1901	溢	河溢，兰仪、考城二县成灾。	《淮系年表》

根据表1–3的统计，可知清代黄河在贾鲁河流域出现水文险情包括决口、河溢、河患、倒灌等共计77次，自1644年起至1911年的268年间平均每隔三年半就会出现1次黄河险情。其中史料明确的黄河在本区域的决口（表1–3中的“决”“大决”、1855年的“决徙”）次数达46次，占总水文险情次数的比重达59.74%（见图1–3），平均每6年就有一次黄河决口。

表1–4　1644～1911年豫东地区水情统计简表

黄河水情	次数
决、大决、决徙	46
河患、河变	3
抢险	8
涨、大涨	5
溢	6
倒灌	1
水灾	1
溃	6
徙	1

表 1–4 系笔者统计的本区域黄河水情表。又朱士光根据郑肇经的《中国水利史》记载，统计了黄河下游地区黄河溢、决、徙的次数并有数据列表。①1644 ～ 1911 年，黄河下游地区黄河决口次数共计 383 次，黄河迁徙 14 次。从表 1–3 和表 1–4 的统计结果来看，在豫东地区黄河决口次数占整个下游地区决口总次数的 12.01%，黄河迁徙次数占总次数比重的 14.29%。

结合前述关于清代气候的分期，从黄河决溢发生的年份来看，自顺治元年至康熙五十九年间，黄河决溢（包括涨、河患等）的次数共计 26 次；康熙五十九年至道光十年间共 35 次；道光十年至宣统三年共 16 次。

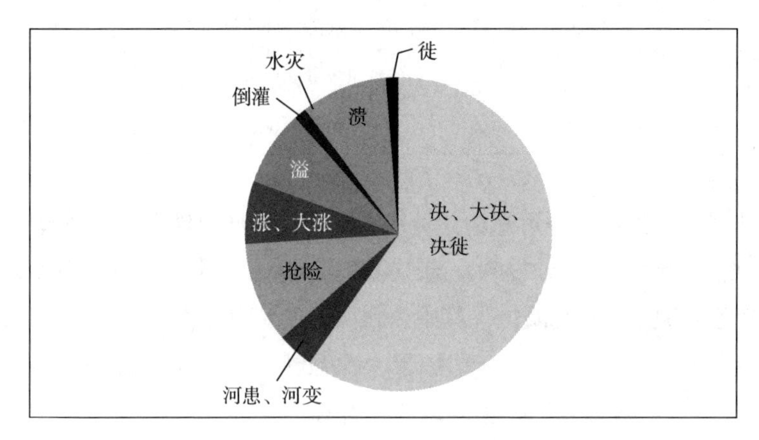

图 1–3　1644 ～ 1911 年豫东地区黄河水情示意图

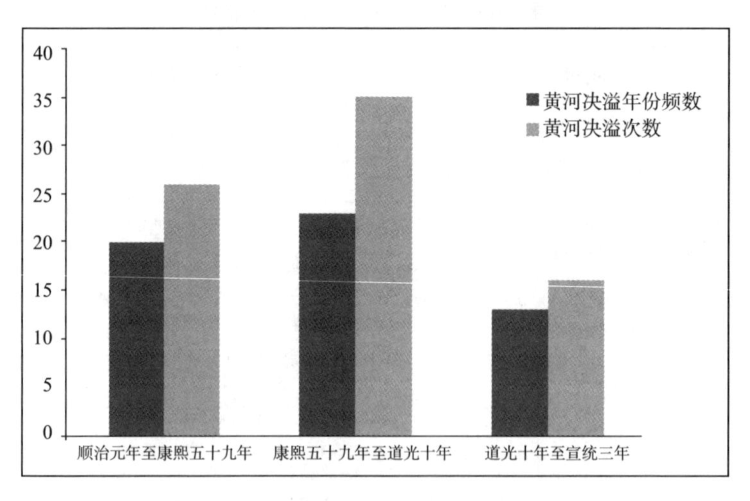

图 1–4　1644 ～ 1911 年豫东地区黄河决溢年份与次数统计图

① 朱士光：《清代黄河流域生态环境变化及其影响》，《黄河科技大学学报》2011 年第 2 期，第 17 页。

如图 1–4 所示，从黄河决溢年份的频数来看，康熙五十九年（1720）至道光十年（1830）这一段所谓清代的一个暖期阶段黄河决溢的年份的频数要高于清前期和清后期；道光十年后豫东地区发生黄河决溢的年份次数比之前时段都要少。

柱形图中黄河决溢年份的频数和决溢次数的差值能指示单位时间内黄河决溢的次数，差值越大表示单位时间内黄河决溢的次数越多。它反映的是康熙五十九年至道光十年间，在较多年份发生了一年内黄河多次决溢的事件。比如雍正元年一年两决，乾隆二十六年和四十三年出现一年两决，更有甚者如嘉庆二十四年黄河一年六决。

道光十年后，黄河在豫东地区的决溢次数陡降，其主要原因是 1855 年兰阳铜瓦厢决口后，黄河河道发生了大的迁徙，不再夺淮入海，而改由从山东大清河入海。因黄河主溜已不再经行贾鲁河流域的大部分地区，笔者统计的在贾鲁河流域发生的黄河决溢次数自然就减少了，反映在图 1–4 中就是黄河决溢年份的频数和决溢次数均比先前要少了一些。

自利津入海后，冀鲁两省的河患陡增，从《黄河年表》的记载中即可窥见。黄河改道后，两岸河堤直至光绪二年（1876）始，陆续修筑完竣，黄河北流之势始定。不过，其间仍有人提议使黄河归复徐淮故道，[①]这实际上也反映了 1855 年以后清政府在黄河治理方针上关于河道走向的不同倾向。

此前，黄河一直走“南道”，自商丘过徐州入泗水再南流入淮海再入东海，这条河道也即《南河成案》《南河志》等河防水利典籍上所称的“南河”。不过，黄河自夺淮入海以来，这条河道经年累月淤积十分严重，下游河段多为地上“悬河”，所以一旦降雨异常或河情有变，常有水患水灾。当时就有士人议论河道改迁的利弊，如魏源在其《筹河篇》[②]中就提出让黄河改走“北道”。1855 年铜瓦厢决口后，洪水汇入大清河，由山东入海也算是实现了魏源先前之构想。

黄河走“北道”从山东入海，客观上减轻了苏皖地区的水灾，但却加重

---

① 《清德宗实录》卷二百四十七，乙丑谕内阁成孚倪文蔚奏会勘堵筑事宜一摺：“……河东河道总督成孚等奏下汛十堡漫溢成口掣溜南越，请暂行缓议挽归故道”。光绪十三年郑州决口，黄河再度夺颍入淮，清政府委派吏员堵口之初就有关于“河归故道”的论争。

② 魏源：《古微堂集》（外集）卷六《筹河篇》，清宣统元年国学扶轮社铅印本。《筹河篇》分上、中、下三篇，上篇魏源就治河之难、河费叠增耗民伤财展开议论，中篇述及河决北岸和南岸的利弊，下篇分析历史上黄河河道的变迁及治河经验。最后魏源借批驳“黄强清弱”的谶语并提议黄河改走山东大清河。

了冀鲁地区的河患。《清史稿·志一百一·河渠一》有载："前抚臣李秉衡历陈山东受河之害，治河之难，谓近几无岁不决，无岁不数决。"[①] 出于保护地方利益，同治年间山东巡抚丁宝桢等就认为"黄河北走……诸多窒碍……归复徐淮故道为佳"。[②] 遭到李鸿章的上书反对："如欲挽河复故，必挑深引河三丈余，方能吸溜东趋……若挽地中三丈之水，跨行于地上三丈之河，其停淤待溃，危险莫保情形，有目者无不知之……今即能复故道，亦不能骤复河运，非河一南行，即可侥幸无事。此淮、徐故道势难挽复，且于漕运无益之实在情形也。"[③] 李鸿章认为挽复故道的工程浩大难以实施，且于漕运无益。接着他以"河自北流"后在抗击"粤、捻鼠逆"中"北岸防守有所凭依"为据，认为"河在东虽不亟治而后患稍轻，河回南即能大治而后患甚重"[④]。

李鸿章所言看似从实情和国家大局考量，但考虑到他是安徽合肥人，淮军出身，很难说没有家乡利益的权衡。因为从史料中也能看出，1855 年改道后的黄河俨然成为一个"烫手山芋"，各省督抚苦于河患难平，皆欲远离。到光绪十三年六月，"河决开州大辛庄，水灌东境"。[⑤] 十月，山东巡抚张曜言再议"请乘势归复南河故道"。观此可知，黄河自铜瓦厢决口后清政府对于黄河河道走向的争论是持续不断的。[⑥] 清政府在河道走向上之所以迟疑不定看似因朝堂争执不下，实际也是个中利弊难以权衡，各地皆不愿接管黄河的防务和治理。

而之所以最终缓议"河归故道"，除了李鸿章所述外，还有一个重要原因即魏源所说的徐淮故道早已淤积不堪，对于当时财政疲敝的清王朝来说，大张旗鼓地挽复故道在经济上难以承受，既如此何不换一条新的河道？自光绪二年来，黄河沿岸新河堤陆续施工，朝廷耗银无数，加之徐淮故道早已干涸，不复正河，这些实情也是清政府最终搁置"河归故道"的缘由。

1855 年黄河铜瓦厢决口是历史上黄河距今最近一次影响最大的改道。说它影响最大，除了影响到社会经济、政治文化等方方面面，对豫东地区自然

---

① 赵尔巽等撰：《清史稿》卷一百二十六《志一百一·河渠一·黄河》，北京：中华书局，1977 年，第 3763 页。

② 武同举：《再续行水金鉴》，南京：水利委员会，1942 年，第 2573–2574 页。

③ 赵尔巽等撰：《清史稿》卷一百二十六《志一百一·河渠一·黄河》，第 3747–3748 页。

④ 赵尔巽等撰：《清史稿》卷一百二十六《志一百一·河渠一·黄河》，第 3750 页。

⑤ 赵尔巽等撰：《清史稿》卷一百二十六《志一百一·河渠一·黄河》，第 3756 页。

⑥ 王林、万金凤：《黄河铜瓦厢决口与清政府内部的复道与改道之争》，《山东师范大学学报（人文社会科学版）》2003 年第 4 期，第 88–93 页。

环境的塑造和改变也影响深远。图 1–4 中所反映的现象只是直观地展现黄河改道后对豫东地区的水文影响。

四、异常大气降水

黄河是影响本区域地表径流最主要的河流。如果按现代自然地理学对于水圈系统的定义来看，影响区域地表径流的还有来自气候系统的降水因素。不同于现代有仪器观测等诸多数据可供查验，古代对于降水的记载往往只关注异常天气，而这些又和洪涝灾害相关联，一般可见于古籍的《祥异》篇中。我们可检索有关方志一窥清代豫东地区降水异常事件对于区域的影响。

以郑州为例，清代以来在顺治九年、顺治十一年发生大暴雨。[①] 乾隆四年夏五月、秋七八月“霪雨，山水涨”，七年秋八月大雨。道光十五年六月十五日大雨，山水暴发。光绪十三年八月初一日起初十日止十昼夜大雨如注，二十四年夏大霪雨。光绪三十二年五月初三日大雨。[②]

从文意来看，这些“淫雨、大雨”动辄造成“伤禾稼、淹没庐舍”，从结果上判断皆应属于降水强度异常的天气，应视之为大暴雨。从方志记载来看，郑州在有清一代，共计发生过 10 次大暴雨天气。

再比如鄢陵县。顺治十五年冬霪雨自十月至明年三月，河水大溢。[③] 康熙四十八年大雨连绵，麦禾尽没。雍正八年大雨连绵，秋禾淹没。乾隆七年六月大雨田禾多没，二十二年三月多雨，夏大水平地深丈余。[④] 乾隆五十三年三月二十二日雨雹积三寸，麦禾被损。乾隆五十四年正月十三日大雪，六十年十二月二十五日大雨有雷声。嘉庆十二年五月霖雨。道光八年夏六月大雨，十年六月大雨雹伤禾，十一年冬大雪，十二年六月至八月雨不止，大水

---

① 周秉彝修，刘瑞璘等纂:《郑县志》卷一《天文志 · 祥异》，民国二十年重印刊本，台北：成文出版社，1968 年，第 91 页。对于异常降水的判断，笔者主要根据文中是否出现有“雨”字，部分记载如“大水”因难以判断是否因降水形成水灾的，未做统计。因为降水是一种天气现象，而洪水的发生不一定都发生在雨天，虽然二者在自然中常常是伴随有关联，一遇大雨往往易发生大水，但限于文本记载模糊，笔者所查仅为保守统计。特作说明，下同。

② 周秉彝修，刘瑞璘等纂:《郑县志》卷一《天文志 · 祥异》，第 95、96、98、99 页。

③ 靳蓉镜、晋克昌等修，苏宝谦、土介等纂:《鄢陵县志》卷二十九《祥异志》，民国二十五年铅印本，台北：成文出版社，1976 年，第 2048 页。

④ 靳蓉镜、晋克昌等修，苏宝谦、王介等纂:《鄢陵县志》卷二十九《祥异志》，第 2049–2051 页。

民歉食。咸丰十年冬大雪平地深二三尺不等。光绪七年三月十七日大雨冰，麦禾枯萎；十二年冬大雪寒甚。光绪十五年夏大雷雨，十九年元旦大雪，二十年六月太白星昼见霪雨为灾，二十一年二月阴雨连绵，二十三年春二月连将大雪，二十四年夏四月大雨雹继以霪雨。光绪二十四年夏六月二十六日大雨倾盆河水涨溢，二十八年夏四月大雷雨霹雳数百邑。①

鄢陵出现异常降水的天气次数合计 24 次，比郑州要多不少。这与各地地方志记载的详细程度和纂者对于异常天气的关注及理解不同都有关系。另外，《郑县志》中有不少记载“大水”的记录，因其未能推断和降水的关系，鉴于笔者采用的标准所限也未计算入内。

再看中牟，顺治十一年霪雨连月，水灾减地粮。康熙元年六月霪雨月余，城多崩缺。康熙四十八年九月十三日雹，六十一年四月二十八日雨雹大如拳。雍正六年四月二十一日风雨大作，城东雨雹。乾隆四年七月大雨七昼夜，田禾尽没。乾隆十二年五月二十一日县东板桥南北数十里风雷冰雹。道光十一年三月二十八日大雨雹。同治七年五月十二日雨雹尺余，竟有大如斗者。②

中牟出现异常降水的天气次数也较少，据统计在清代仅有 9 次，与郑州接近。如果排除上文推测的易造成文本记录差异的因素，这说明在降水天气的异常所反映的气候变化上，郑州和中牟具有一定的相似性。因为郑州和中牟的空间距离本来就近，天气变化的同步性显然要比距离远的两地要高。这与自然地理学的相关理论也是契合的。

再以夏邑为例。顺治四年戊子大雨水，十年癸巳大雨水，十一年甲午五月二十四日大风雨毁禾拔木，十二年乙未冬雨水鸟兽冻死盈野。康熙元年壬寅大雨水，二十四年乙丑大雨水，二十八年己巳大雨伤穀。道光元年辛巳大雨水，疫。咸丰元年辛亥六月霪雨；十年庚申十二月大雪。同治五年六月大雨，城河溢几浸垛。光绪十三年丁亥四月朔日雨雹；十六年庚寅五月二十一日大雨，池水溢堤。光绪二十四年戊戌五月大水；三十二年丙午大雨水，沟河漫溢。宣统元年己酉六月大雨伤禾，二年庚戌夏秋雨霪成灾。③根据方志记载，归德府夏邑县在清代发生降水异常的次数共计有 17 次。

---

① 靳蓉镜、晋克昌等修，苏宝谦、王介等纂：《鄢陵县志》卷二十九《祥异志》，民国二十五年铅印本，台北：成文出版社，1976 年，第 2052–2061 页。

② 萧德馨等修，熊绍龙等纂：《中牟县志》卷一《天时志 · 祥异》，民国二十五年石印本，台北：成文出版社，1968 年，第 43–46 页。

③ 韩世勋修，黎德芬纂：《夏邑县志》卷九《杂志 · 灾异》，民国九年石印本，台北：成文出版社，1976 年，第 1186–1191 页。

再以淮阳为例。顺治三年正月雨雪震电，十五年夏五月大雨淹麦毁民舍。康熙十六年夏大雨弥旬，水溢入城；二十二年冬十二月雷电大作，大雪百余日。康熙四十五年夏六月大雨水；四十八年秋七月大雨；五十三年春三月雨雹。康熙五十四年霪雨，沙河决。雍正元年秋九月霪雨，河决入邑境。乾隆四年夏秋霪雨，沙河贾鲁河皆决；七年六月大雨，贾鲁河决害稼。乾隆十年秋七月大风雨拔木发屋，二十六年夏六月大雨，五十年三月雨雹。嘉庆元年大雨伤禾稼，二年九月大雨水；二十四年十二月雨冰，木尽折。道光十一年四月初八大雨雹，二十二年秋大雨淹禾稼，二十三年四月霪雨。咸丰八年秋八月大雨，平地水深数尺；十年冬大雪，平地深七尺，淹民庐舍。同治三年正月大雨雪，十一年秋霪雨伤禾；十二年秋霪雨弥月，乘舟入城。光绪元年端午日雨雹，大者如碗；六年三月雨雹；二十一年五月十一日雨雹，大如鸡子。光绪二十二年夏雨淹禾，二十三年大雨水，二十四年夏四月大雨淹麦。光绪三十二年夏四月十八雨雹；三十三年夏五月雨雹，大如鸡子；三十四年雨水淹禾稼。宣统二年秋大雨淹麦。[①]要之，陈州府淮阳县的记载更为详细，其在清代发生异常降水天气的次数共计35次。

异常天气的出现往往导致自然灾害的发生，其频度越高指示当地自然灾害发生的概率和频率更高。上述的异常降水天气，往往易引发河流泛滥成灾。从统计结果来看，贾鲁河郑州－中牟段在清代异常降水天气次数较少，循着东南流经中下游地区如鄢陵、淮阳等地则异常降水次数较多。

究其原因，主要是因为自然地理条件使然。潘欣在《淮河流域极端降水演变特征及模拟》一文中认为："淮河流域极端降水空间分布的差异性主要受海陆分布、纬度等地理条件及台风梅雨等气象因子影响"。[②]潘氏的结论与笔者上文的统计结果相合，与现代自然地理学的相关认识能够相互印证，同时也说明方志中的记载其可信度是有保证的。

异常降水造成了流域内各地区自然灾害频发，特别是连绵不绝的暴雨往往引发当地河流水涨，方志中的"水涨""水溢"也多与这些异常降水天气并联。对农业生产来说，人们当然希望降水频率和降水量能够保持多年稳定，而这些异常降水天气对农业生产的危害尤其严重。另外，由于气候系统

① 郑康侯修，朱撰卿纂：《淮阳县志》卷八《杂志·灾异》，民国二十三年铅印本，台北：成文出版社，1976年，第909–919页。

② 潘欣：《淮河流域极端降水演变特征及模拟》，南京信息工程大学硕士学位论文，2018年，第24–25页。作者认为淮河流域西南和东南地区的极端降水频次多于流域北部区域。

的调节作用，异常降水频发之后常常会接着发生干旱灾害。这从上述地方志的记载中也可尽览。

总之，清代贾鲁河流域受气候和水文条件的影响，其自然面貌不断被塑造，表现在地表地貌的改变、河流水道的变迁、气候系统的形成等方面。地表地貌的改变如黄河的淤积和冲积作用形成了广袤的黄河下游平原，在诸多相关历史地理论著中对此问题都有探讨，这里不再赘述。就盐碱地的形成来说，地表地貌的塑造为盐碱地的形成提供了条件，特别是坑洼不平的地貌；河流水道的变迁如黄河夺泗入淮，形成徐淮故道，在此过程中袭夺了一些河流的河道，迫使它们改变原有的河道甚或淤积消失；[①]气候系统的形成与当地自然地理条件密切相关，它也和下垫面有关系。区域内的地貌形态不停地在发生变化，反过来也影响着区域内的气候系统。

就区域内盐碱地来说，它的形成是诸多因素综合作用的产物，在此过程中黄河发挥了至关重要的作用，盖因历史上黄河对于本地区自然环境各要素的影响甚大。

五、清以前豫东地区盐碱地的历史变迁

历史研究尤重起源问题。前文重点分析了盐碱地产生的原因和影响盐碱地产生的因素，没有回答关于清代豫东地区盐碱地产生的起源和历史变迁。清代豫东地区的盐碱地最早产生于何时？是否在清初才形成的呢？

盐碱地的形成受诸多因素影响，而各因素间关系又错综复杂，割裂开来也难以说明问题，必须用系统的眼光去辩证地分析看待。抓住事物的主要矛盾和矛盾的主要方面，运用这一辩证思维来看这个问题，无疑，黄河水文特别是黄河河道的变迁可作为我们判断盐碱地分布和形成历史的主要根据。

黄河河道的历史变迁史，据邹逸麟《黄淮海平原历史地理》中对于黄河下游河道变迁的总结，他认为三千多年来黄河行水共有 12 条泛道，其中行水时间最长的东汉漯水泛道自形成至北宋庆历八年（1048），行水约 10 个世纪；汴泗泛道开始于 12 世纪后期，完成于 14 世纪中叶的贾鲁河，延续至清

① 黄河改道对区域内水文系统影响不仅限于对淮河及其支流，周边湖泊也会受其影响，如喻宗仁、窦素珍等：《山东东平湖的变迁与黄河改道的关系》，《古地理学报》2004 年第 4 期，第 470–478 页。又如邹逸麟：《黄淮海平原历史地理》，合肥：安徽教育出版社，1997 年，第 107 页，有云："古代著名大陆泽、巨野则、梁山泊……都逐渐湮废"。

代后期，[①]计有七百年。[②]

从邹氏对“汴泗泛道”的分析来看，黄河自经行此道开始便对下游地区的水文系统格局产生重大影响，也可以如此认为，即从12世纪后期至1855年是贾鲁河流域甚或豫东地区水文格局的发展和成型期。

不过，就黄河河道进入所谓“汴泗泛道”的时间起点，不能以12世纪后期起算，而应以南宋建炎二年杜充人为决堤致使黄河离开此前“漯水泛道”为准。杜充扒开河堤促使黄河下游河道开始向南或东南摆动，其意义对于本区域的水文格局来说，在于它开启了一个新的时代。纵然在1128年至金章宗明昌五年（1194），黄河的河道仍有摆动和变迁，但从整体来看，将豫东地区水文格局受黄河强烈影响的起点定于1128年更为妥当。

需要说明一点，难道黄河在北流入渤海期间淮河流域就不受黄河影响了吗？事实并非如此，因为在地理空间上，黄河流域和淮河流域紧邻，不能说二者就没有相互影响。况且早在西汉时期黄河就有过夺淮入海之事，[③]上文所

---

① 按，1855年黄河铜瓦厢决口后，一改南流之势，邹逸麟此处所指截止到1855年。

② 邹逸麟：《黄淮海平原历史地理》，合肥：安徽教育出版社，1997年，第105页。

③ 汉武帝时瓠子决口，“河侵汴济注淮泗六十余年”，见傅泽洪：《行水金鉴》卷十四《河水》，台北：商务印书馆，《景印文渊阁四库全书》（第580册），1986年，第276页。又据邹逸麟所考，他认为汉文帝十二年（公元前168）黄河首次夺淮入海。按邹氏此论有可疑之处。《史记》《汉书》皆有言曰：“孝文时河决酸枣，东溃金堤”，未言及河决详请。张守节、颜师古皆曰金堤在东郡白马界，裴骃注酸枣古城在滑州。查谭其骧：《中国历史地图集第二册：秦、西汉、东汉时期》，北京：中国地图出版社，1996年，第19–20页，知西汉时酸枣于今延津县西南，白马在酸枣东北方。李濂：《汴京遗迹志》卷五《河渠一·黄河》，民国十一年刻本，有云：“汉文帝十二年河决酸枣，东南流经封丘入北直隶长垣县界，至山东东昌府濮州、张秋入海。”吴山辑：《治河通考》卷二《河决考·附录》，明崇祯十一年刻本。在“长垣县”后少一“界”字，其余同。顾炎武：《肇域志》卷三十，清抄本仅改“北直隶”为“大明”几字，余同《汴京遗迹志》《治河通考》。除此，有周城辑：《宋东京考》卷十八《河渠》，清乾隆间刻本。内容与《汴京遗迹志》同。检索史籍，除李濂、吴山、顾炎武和周城外鲜见论述汉文帝十二年河决后河流之走向，这四人所述黄河决口酸枣后河流走向其实也是邹逸麟所谓“漯水泛道”，也确如他所言“没有改道”。至于是否如邹氏所说“洪水东南流，顺着泗水南流入淮”，未见其详细论述，其文下注引《汉书·文帝纪》也未有相关细节。再查邹逸麟：《中国历史地理概述》，上海：上海教育出版社，2005年，第29–31页及邹逸麟：《椿庐史地论稿》，天津：天津古籍出版社，2005年，第1–3页，此两书中皆有论及黄河下游河道变迁，但未有关于汉文帝十二年河决酸枣是否夺淮入海之论述。比照《中国历史地图集》，发现汉文帝十二年决口酸枣，若按李濂等人所述此次河决过程，应是黄河在酸枣决口后东南流向封丘再折往东北至长垣县，再北流至濮阳再东北流至张秋，此流向实为西汉大河走向。河决酸枣后向东南流，也确有东南泻水之倾向。不过，不同于瓠子决口，因史乘明载“东南注巨野”，而巨野泽通于淮泗，则黄河夺泗水入淮可为明证。其实，封丘地近古济水，而巨野则又为济水所汇，若能结合考古勘察验明河决酸枣后东南流经封丘的具体地望，或可为这一问题下确凿结论。

谓的“受黄河作用”意指黄河此后在很大程度上和很长一段时间内左右了淮河流域的水文格局，这种影响相比之前要明显和重要得多，并且呈现出一种常态化。

按邹逸麟之说，南宋以前，淮河有自己的入海河道，因为独流入海，水文水情较为稳定。在黄河夺淮以前，不仅没有成为一条灾河，而且能造福国家和人民，是一条富饶的河。在黄河夺淮之前，一直盛传“两淮水利甲天下”，素有“江淮熟，天下足”的美誉。

历史上黄河中下游河道多次出现改道，特别是黄河的夺淮夺泗入海，淤塞了下游入海通道，洪水排泄不畅，四处泛滥。黄河侵夺了淮河的入海河道，使得原本稳定的淮河水系出现紊乱，从而导致自然灾害频繁发生，或涝或旱。

对豫东地区来说，若以黄河河道的变迁为对象，其发展历史可大致分为四段，如表 1–5 所示。

表 1–5　1128 ～ 1949 年黄河河道变迁史分期简表

阶段	时间（年）	标志性历史事件
开始	1128 ～ 1194	杜充决堤，此后黄河下游分为数股汇泗入淮
紊乱	1194 ～ 1351	贾鲁治河
稳定	1351 ～ 1855	潘季驯治河后河走徐淮故道，河道稳定单股入淮
再趋稳定	1855 ～ 1949	1938 年花园口决堤

1128 ～ 1855 年是黄河河道南移并最终夺淮入海的历史时期。黄河在这段时间内对于淮河流域的地貌、水文、土壤、植被生物、气候等都有相当大的影响。而 1128 年杜充扒开黄河堤坝，最终使黄河改道南流。杜充决黄河自泗入淮以阻金兵，“乃决黄河入清河”，清人毕沅感慨“自是河流不复矣”。[①]

黄河改道南流后对淮河流域的自然环境展开了长时期具有深远影响的塑造，在此过程中，盐碱地的大面积形成和扩散不断发酵。魏源说道：“河北自卫辉南境凡沙河所经，如原武、阳武、延津、封丘、考城直走山

① 毕沅撰，冯集梧等递：《续资治通鉴》卷一百二《宋纪》，页 12，清嘉庆六年刻本。

东，皆历年河决正溜所冲之地，非沙压即斥卤”，[①]可见清人对此也有深刻的认识。

从史料来源上看，有不少州县的地方志编纂于顺治、康熙朝，当时就有记载当地的盐碱地亩，这也表明，这些地方的盐碱地绝非是清初才形成的。因为盐碱地的形成其本身也有一个过程，这也符合我们对事物发展的辩证认识。再从史料的丰歉变化来看，南宋之前关于盐碱地的记载数量较少，之后数量越来越多。且事物的发展都是动态的变化过程，因此我们也能得出一个推论：从 1128 年始，贾鲁河流域的盐碱地开始不断发育，在早期是零星地散布在不同地区，以后随着盐碱化的加深，盐碱地的面积不断扩大，直至清代盐碱地的面积颇为广大。

总的来说，豫东地区盐碱地的分布变化是从零星到成片相连，面积从小到大。文焕然在述及先秦两汉华北平原分布的盐碱地时所列举的史起治邺、郑国修渠及其他先秦典籍对于“斥卤”的释名，反映出早在先秦两汉时期整个华北都有一些盐碱地。但这些盐碱地从总体上来看，不像清代这样面积广大、成片相连地分布。

上文的认识只是客观地把盐碱地的发展过程动态地展现出来。简单来看，明清小冰期的气候变迁、黄河改道、异常天气灾害频繁等都属于古人所谓的“天灾”，难道在盐碱地的产生中就没有“人祸”的因素？其实不然，杜充决堤就是一次典型的人类活动所触发的“蝴蝶效应”而对区域内盐碱地的扩大担有重大影响的“人祸”。当然，杜充算不得清代人，那么 1855 年铜瓦厢决口后一段时间内清政府置民于不顾，置河于不治，无疑又是一次严重的人为事件。再比如 1938 年国民政府为阻日军，令花园口决堤，形成大片的黄泛区，[②]从而改变了当时贾鲁河流域的水文面貌。在改变自然环境的同时，也对人类社会产生了诸多影响，如洪水冲毁房舍淹没田地，黄泛区内人民生活困苦、卖儿鬻女。

当然，1855 年黄河铜瓦厢决口属于自然原因，但在这次事件的处理上，人类活动特别是主政者清政府的响应和应对上存在不少问题，使得黄泛区面

① 魏源：《古微堂集》（外集）卷六《筹河篇中》，页 4，清宣统元年国学扶轮社铅印本。

② 此问题论述颇多，仅举几例，徐有礼、朱兰兰：《略论花园口决堤与泛区生态环境的恶化》，《抗日战争研究》2005 年第 2 期，第 147–165 页；汪志国：《抗战时期花园口决堤对皖北黄泛区生态环境的影响》，《安徽史学》2013 年第 3 期，第 108–113 页。徐文中提及“花园口决堤造成黄河历史上第一次人为的改道”，此论有疑。黄河历史上人为决堤并非只有杜充、蒋介石，造成人为改道的也绝不止此二人。

积扩大，这样一来，无疑加速了盐碱地的进一步形成和盐碱区生态环境的恶化。

在清代还有一次影响较大但不为人熟知的人为决堤，这次事件也引发了黄河短暂的改道。道光十二年八月，吴城以西泗阳境内的黄河南堤在于家湾决口。《光绪丙子清河县志》：“（道光）十二年八月桃源奸民决河入湖，湖暴涨……于家湾下黄河断流二十余里”。[①]《淮系年表》：“八月桃源县民陈端谋于地亩，偷挖于家湾黄河南堤。掣动大溜，水入洪湖”。[②]事件的起因是桃源县民陈端等艳羡滩田膏腴，希望挖堤放水以使自家田地受淤。造成的结果是黄河南堤在于家湾决口，水入洪湖，黄河下游干流干涸断流。这次事件情节恶劣，系清政府先前未见，是故《清史稿》称之为“南河掘堤案”。随着动工堵口的完成，“河身已复故道”。[③]

对这次案件的处置，从道光帝对朱士彦的谕中“如缉捕松懈致要犯日久稽诛，陶澍、林则徐恐不能当此重咎也”可以看出，道光对此案尤为重视。最终，陈端等因“强挖官堤分别拟以斩绞”[④]。此案的处置也为后来李鸿章处理“直隶聚众挖堤案”提供了法理成案和处置依据。关于此案对于清朝的政局和社会影响，张崇旺认为其“影响历久而弥远”。[⑤]

总之，从盐碱地的发展史来看，大致以南宋初为界线，可明确分为两段。前段自三代始，从史料上看，盐碱地的记录并不多，分布零散。进入后段以来，特别是随着黄河在区域内的决溢泛滥越来越频繁，区域水文系统走向崩溃，盐碱地自此加速扩展。可以说，盐碱地的发展史与黄河的泛滥史具有时间上的同步性。

谭其骧在《何以黄河在东汉以后会出现一个长期安流的局面》中，指出：“唐代后期黄河中游边区土地利用的发展趋向，已为下游伏下了祸根”。[⑥]他指的“祸根”说的是黄河中游边区和河套地区的农业生产方式从牧业定型

---

① 胡裕燕修，吴昆田、卢蒉等纂：《光绪丙子清河县志》卷五《川渎中·黄河淮河运道中河》，页45，清光绪五年刻本。

② 吴同举纂述：《淮系年表全编》（第三册）《表十三》，页27，民国十七年铅印暨影印本。

③ 王先谦编：《东华续录》（道光朝）《道光二十七》，页2，清光绪十年长沙王氏刻本。

④ 朱寿朋撰：《东华续录》（光绪朝）《光绪一百十六》，页11，清宣统元年上海集成图书公司本。

⑤ 张崇旺：《道光十二年江苏桃源县陈端决堤案述论》，《淮阴师范学院学报（哲学社会科学版）》2008年第5期，第632页。

⑥ 谭其骧：《何以黄河在东汉以后会出现一个长期安流的局面》，《长水集》（下），北京：人民出版社，1987年，第30页。

为农业。由于农业垦殖、林木砍伐、对黄河中游地区的水土破坏，从而使得黄河在五代开始决溢次数增加。这与此前的“安流”局面截然不同。而且此后，黄河在明清时期的决徙更甚。从长尺度来看，黄河的泛滥史也可以分为两段，以唐末为界。此前相对安澜，在东汉王景之后更有长期的“安流”时期，此后则给北方地区特别是华北平原的人们带来了诸多灾害。

结合谭其骧之说，唐后期随着农耕生产方式在黄河中游边区和河套地区的定型，黄河结束了此前的安流局面，随后本区域水文系统的不断紊乱，虽有潘季驯等竭力治河以稳定区域水文系统，然仍未能阻止盐碱地面积加速扩大之势。如果割裂地只看明清时期黄河的泛滥成灾，单纯地联系“明清小冰期”、频发的自然灾害等自然因素，我们很容易会认为造成本区域盐碱地加速发展的原因更多是自然因素。但若我们把时段上溯到唐代，不难发现，人类活动却是引导这一系列变动的一个主要原因。这种认识是有充分现实依据的，当代黄河中游地区的退耕还林、水土保持工作对黄河的综合治理效果已经证实了谭其骧的观点。如此来说，正是因为农耕生产方式在唐代的过度推进打破了此前生态系统的稳定，从而诱发了此后一系列的生态巨变。

值得一提的是，本区域盐碱地面积的加速扩大与唐宋社会变革的历史浪潮如影随形。社会经济系统在此期间发生了巨变，可以看到，自然生态系统也与之保持着同步的发展态势。

唐宋之际一个重大变革是社会经济重心的转移，它其实与自然环境的不断恶化有很深的关联。邹逸麟认为：“两宋以后，黄河流域环境恶化，再加上长期处于战争状态，城市的规模和效应远不如唐代。[①]”黄河流域环境恶化的突出表现就是黄河在宋代决徙的次数远超前代，据王星光、张强等人的统计，北宋统治的168年间黄河决溢泛滥达73次，包括南宋在内黄河决溢竟有175次[②]。前代最多也不过三四十次，宋代的数据所指示的变化显然是具有质变性的。

北宋时期黄河泛滥次数在数量级上的突然增多，与植被或者说林木资源的消耗达到一定程度也有密切关系。有学者提出“宋代的燃料危机”问题[③]，

---

① 邹逸麟：《历史时期黄河流域的环境变迁与城市兴衰》，《江汉论坛》2006年第5期，第98页。

② 王星光、张强、尚群昌：《生态环境变迁与社会嬗变互动——以夏代至北宋时期黄河中下游地区为中心》，北京：人民出版社，2016年，第346页。

③ 仅举几例，许惠民：《北宋时期煤炭的开发利用》，《中国史研究》1987年第2期，第141–152页；赵九洲：《古代华北燃料问题研究》，南开大学博士学位论文，2012年，第84–92页。

他们认为北宋时期北方地区的天然林木资源被砍伐殆尽。对比联系谭其骧分析东汉后黄河何以安流的原因，不难看出，北宋时期黄河水情的剧变是有先兆的，它与森林植被的急剧减少是紧密相关的。化用生态系统的术语来说，就是黄河流域内原生森林系统被破坏到临界点，甚至局部已出现崩溃情形，那么随之生态系统内的其他要素必将随之联动，表现在黄河中游水土流失恶化，下游地区黄河泛滥次数突增，豫东地区水文系统受此影响开始紊乱，盐碱地面积的扩大开启加速发展模式。

唐宋间社会经济系统出现重大变革，史学界称之为“唐宋变革”，以往论述唐宋变革多从社会经济系统内部各因素出发来讨论其对整个社会经济系统的作用。事实上，还应该看到，自然生态系统在唐宋之间也有着同步变化的步调。因为随着“人化自然”模式的不断演进，社会经济系统和自然生态系统交相混融，且二者无时无刻不在相互作用。

分开来看，社会经济系统相对于自然生态系统来说，是一种外力，反之亦然。社会经济系统面对因自然生态系统变化而带来的压力时，社会经济系统自身也有一个不断调整的过程，根据调整结果的不同会出现不同的相应后果。这个过程是需要时间的，有时也会出现反复波动，无疑，这种反应模式的机理是复杂的，也是难以精确预测和反向推导的。这必定会加大环境史学工作者对史料的阐释难度。所以，我们更有必要深化认识“系统论”的思想和社会经济系统与自然生态系统相互作用的机理。生态学者马世骏、王如松提出的“社会－经济－自然复合生态系统”[①]颇有高屋建瓴之意义。上文即是笔者根据他们的相关阐释对具体案例所做的尝试性分析。

总之，盐碱地的产生乃至生态环境的改变除了自然界生态系统的运转会随着历史的脚步不断发生变迁外，人类活动也是改变生态环境的一大因素。因为人类本身也属于生态系统中的一个因素，人类社会自从产生伊始就不断地开始对自然环境产生影响，在某些历史事件中，人类活动甚至在某一时间节点上扮演了至关重要的角色，比如杜充。站在环境史的角度，把自然环境要素和人类活动要素都置于平等地位，再加以考察，便不难得出上述认识。

自然环境各要素的相互作用产生了盐碱地，盐碱地形成后影响人类生活。通过观察盐碱地的形成和发展过程，我们可以看到，自然环境无时无刻不在影响人类社会。因为人类社会生存于自然环境中，它从诞生的那一刻

---

① 马世骏、王如松：《社会－经济－自然复合生态系统》,《生态学报》1984 年第 1 期，第 1–8 页。

起就融入生态系统中了。随着人类的不断发展和壮大，社会生产力的不断提高，人类改变和塑造自然环境的能力与日俱增，对于自然环境的影响也越来越强烈。自然环境中也越来越少见没有人类活动参与的“自在自然”，比如，人类砍伐原生的天然植被，然后辟为农田，把原先的森林生态系统转变为农田生态系统。作为一种人工生态系统，就抵御自然灾害的能力来说，毫无疑问，森林明显比农田更具有优势。[①] 自然生态系统比人工生态系统也具有更强的维持生态平衡的能力。在越来越多的地区，随着人们只顾以实现人类价值为导向不停地把自然生态系统转化为人工生态系统，生态系统总体的稳定性和维稳能力是在不断下滑的。

总之，把先秦到清末作为一个整体时段来考察的话，由于人类活动对于自然环境的影响越来越大，“人化自然”对于生态系统的影响越来越大，人类不自觉地把自己凌驾于生态系统之上，而忘了人类自身也是生态系统中的一环。当生态系统的某一环出现失衡，其恶果必将反噬人类社会。随着农耕生产方式的过度推进，破坏了黄河中游地区的森林植被，水土流失陡然加剧促使黄河下游地区的水文系统持续紊乱，其最终也导致盐碱地的面积越来越多。

当然，当人类的生存受到危害时，人类势必会想尽办法去应对不利条件。这种应对也是人类与环境的互动，套用生物学的术语，笔者称这种关系为“共生”关系，尽管在很长一段时间内当人类尚未进入“智人”阶段时，人类看起来像是寄生在地球中，但人类毕竟不同于普通动物，其有着高等的智慧和极强的创造能力，也正是这种可以改造自然的能力使得人类文明和人类社会不断向前发展。

---

① 吴东雷、陈声明等编著：《农业生态环境保护》，北京：化学工业出版社，2005年，第5页。

第二章　清代开封府各属县的盐碱地面积

第一节　盐碱地面积的计算方法及说明

上文分析了盐碱地的成因和历史变迁，接下来重点解决的一个问题是豫东地区的盐碱地分布问题。具体来说，首先根据史料对各县有无盐碱地进行考证分析；然后对有盐碱地分布且有确切面积数据的诸县作盐碱地面积大小属性上的判别分析；最后选取适当标准，以各县盐碱地大小为参考作空间分布地图，遵照自然地理区划的理念把整个研究区域划分成有差别的小单元。我们可以从其空间分布的位置及联结性上观察规律性。

以往学者在研究盐碱地的分布问题上，大多只是根据古籍方志上的记载对有无盐碱地作笼统地描述性分析，很少关注盐碱地的面积问题。一般来说，我们常用面积来衡量土地的大小，当我们有确切的面积数据时，方能进行数值上的比较和其他运算。

在讨论盐碱地面积之前，有必要回顾清代土地数据的性质和度量问题。清代土地数据的性质问题关乎如何看待史料文献记载的土地数据。目前，主要有三种观点，第一种认为清代的土地数据与真实的土地数据无关，土地数据是一笔糊涂账，不可信，在实际研究中并无多少价值；第二种认为这些土地数据较为精确，即使存在着一些失实之处，并不影响其使用价值；第三种认为土地数字性质复杂，与实际耕地面积有相当差距。所以不能盲目相信，但同时也不能轻易放弃，而是要在对其进行辨析的基础上再加利用。

笔者赞同第三种观点。如果弃之不用，那么相关问题的研究岂不是无本之木，难以开展？当然，清代土地数据肯定会有失实之处。纵使以遥感技术辅助测量土地数据，也难说测量出的数据完全代表实际。况且随着人类的活动的展开，土地数据是在一直变动的。比如，刚测量好的耕地数据上报之后，不久就有人把树林辟成田地又没及时上报。在这种情况下，我们统计的耕地面积显然与实际不能完全相符。所以，我们需要具体问题具体分析，对这些数据进行梳理，在辨析的基础上合理利用。对于一些复杂问题，如果我们能够得出符合史观和传统认识的结论，不妨以此为基础开展相关研究，至于数据的精确还原，可以在以后再继续完善。

学界关于清代土地数据的研究已有多年积淀，以梁方仲、何炳棣、江太新、陈锋等学者为代表，纷纷就清代土地亩制和田赋制度等发表了深有影响的论著。[①] 清代土地数据的核心问题就是折亩。关于折亩，傅辉指出“折亩的表现实质上是弓尺的变化”。[②] 当前对于清代土地数据的诸多争论主要集中在各地方的折亩率上。鉴于尚缺少权威的各州县折亩率的统计，使我们在复原清代各州县税亩上困难重重，遑论科学计量实际耕地面积。

以开封府来说，所辖各州县的折亩率大小不一，有的行小亩，有的行大亩。小亩以 240 步为亩制，大亩亩制多有不一。[③] 这种情况下，虽然各州县地亩皆以“顷、亩”为单位，但实际单位不统一，其代表的土地面积自然不能用于直接比较。目前虽有学者尝试用各种方法深入研究清代地方的折亩方法和细则，希望用现代科学方法初步复原各州县的实际地亩，目前来看也主要集中在微观的个案研究上，从中观尺度选定某一区域开展相关工作还需要加大力度。

傅辉《河南土地数据初步研究——以 1368—1953 年数据为中心》一文为我们提供了一个很好的研究方法。即对研究地区各县的折亩率先行考证再辅以各历史时期土地数据做对比并校正误差，在此基础上可望得出较接近历史实际的土地数据。运用科学的定量计算方法有益于推动此问题的深入研究，也是历史学科学发展的一个方向。

---

① 以上学者的论著仅举几例，梁方仲：《中国历代户口、田地、田赋统计》，上海：上海人民出版社，1980 年，第 386–390 页；何炳棣著，葛剑雄译：《明初以降人口及其相关问题 1368—1953》，北京：生活 · 读书 · 新知三联书店，2000 年，第 118 页；江太新：《关于清代前期耕地面积之我见》，《中国经济史研究》1995 年第 1 期，第 45–49 页；陈锋：《清代亩额初探——对省区“折亩”的考察》，《武汉大学学报（社会科学版）》1987 年第 5 期，第 76–82 页。

② 傅辉：《河南土地数据初步研究——以 1368—1953 年数据为中心》，《中国历史地理论丛》2005 年第 1 期，第 109 页。

③ 小亩常以 240 步为一亩，如王荣陛修，方履籛纂：《武陟县志》卷十三《田赋志 · 田赋》，清道光九年刊本，台北：成文出版社，1976 年，第 534 页载：“田以二百四十步为亩”；行大亩如于沧澜修，蒋师辙纂：《鹿邑县志》卷六上《民赋》，光绪二十二年刊本，页 13 有载：“民地六百步为一亩”。

具体就各地折亩率的计算来说，并不是所有州县皆行折亩，且有些州县在方志和正史及其他诸如文书、文集的记载中难以查询该地完善的折亩记录。另外，有州县的地亩一直处于频繁的变动中，比如收并临县土地或者拨去土地，虽然方志有载收并土地的面积，但若割裂地只计算该县土地，恐也会影响到计算的准确性，这就要求凡有土地归属转移的州县，在计算折亩率时有必要一并同时考量。这无疑加大了问题的复杂性和难度。但这并不意味着，清代官方的统计数据完全不可信。如江太新所言："采用官方统计数据是在当前没有掌握清代更精确数据之前不得已而为之的办法。"

由于存在折亩且各县折亩率不一定相同，也就是单位不同，所以各县方志记录的盐碱地面积从数学意义上讲，不是一种准确的绝对值，数据不具有可比性。如果要求得土地面积的绝对值，的确需要从折亩上入手。但部分县志没有记载如何折亩或者有的县志计算折亩的土地信息不全，所以用折亩率求土地面积的绝对值目前来说难度很大。

既然我们不能获知确切的土地面积数据，那么有没有其他替代方法呢？对本文来说，我们只是想找到一个在数理上能够相互比较，同时又能指示土地面积大小的参照物，鉴于此，笔者提出可以用求比重法的方法代替，用求取的比值表示土地面积的相对大小。

具体来说，就是求各县盐碱地面积占该县总行粮地面积的比重。这个比值代表的含义是单位面积下该县盐碱地的分布密度，比值越大表示单位面积内盐碱地分布越多。它可以从相对意义上表示盐碱地的面积大小，还能指示各州县内的盐碱地分布和扩散程度，也可以来衡量各县盐碱地盐碱化的程度。

其数理意义如同森林覆盖率的含义。森林覆盖率是用一地的森林面积除以该地的总土地面积，其实是表示单位面积内该地森林面积的大小。不同地方的森林覆盖率可以相互比较，比如日本的森林覆盖率比我国的大，也就是说同样的单位面积情况下，日本的森林面积是要高于我国的。但日本的森林面积总值小于我国，这是因为我国的国土总面积要远远超过日本，因此拿我国的国土总面积乘以我国的森林覆盖率而得出的森林面积绝对值反而高于日本。

但要注意，这个例子中的中国和日本的国土面积的绝对值及其单位是确定和统一的。对于清代土地数据来说，由于折亩不清楚，单位不统一，各县的土地面积不能比较，因此，尽管用求比重法可以求取一个能够相互比较有数学意义的数值去度量盐碱地的面积，但这是一种相对意义上的参考指标，不能确知各县盐碱地面积的绝对数值，这种情况相当于只知道日本的森林覆盖率比中国的高，又不了解中日两国的国土面积大小时会产生误判。但若只看地图，对于国土面积差别不是很大的两地，如果只知道森林覆盖率的情况下，那么是可以作为一种粗略的判断依据的，因为毕竟没有其他方法可以用来进行定量计算和比较。

求比重法的可行性依据是虽然各县折亩情况不同，但在各县内部其折亩标准是一致的①。何炳棣在论述折亩的理论和实际时，引顾炎武《日知录》说"故各县地之折算虽有多寡，而赋之分派则无移易，宜无不均也"。②也就是说，各县不同科则的土地其折算的折亩率不同，但该县缴纳的田赋总额不变。对于一县来说，在官府制定好土地科则之后，不同科则土地间的折亩率是固定的。它们之间的换算标准在一县内是统一的。

需要注意，清代的在册行粮地作为纳税单位，自明万历朝清丈以来，很多地方沿用旧册的原额，据何炳棣分析，明清和近代土地数字是小于实际耕地面积的。③又不同两县同一类型的土地其折亩率不一定相同，对于盐碱地来说，其地力贫瘠，按则例数亩折一亩，假如以同样的弓尺，A 县按 8 亩折一亩，B 县按 7 亩折一亩折算，即使 A、B 两县盐碱地的册亩数相同，这样计算出来的两县的盐碱地比重其大小或许不能反映实际。

若欲准确还原土地数据，我们应该依照折亩率逐一把该县所有类型的土地亩数换算出来，然后求得总耕地的面积，再来计算某类土地面积所占的比重。依照这个步骤，我们的确可以获知该县所有的土地数据信息。但是，由于研究区域不少州县的土地数据缺失，甚至部分仅能查到行粮地和盐碱地的土地面积，该县完整的折亩率序列有很多缺环，无法进行定量计算。而本文

---

① 陈锋：《清代亩额初探——对省区"折亩"的考察》，《武汉大学学报（社会科学版）》1987 年第 5 期，第 79 页；傅辉：《河南土地数据初步研究——以 1368—1953 年数据为中心》，《中国历史地理论丛》2005 年第 1 期，第 107 页。虽然在一邑内部，不同土地类型如民地、卫地或更民地之间的折亩率不尽相同，如民地以 240 步为一亩，更名地以 480 步为一亩，这种情况在有些州县内部也有存在；但同一种土地类型的折亩率相同，比如民地分上、中、下三等，折亩以上等民地为准；不同类型的土地折亩率也有统一的标准，比如更名地折亩成民地，在本县内部其折亩标准应是统一的，这是可以肯定的。所以，理论上一县在上报地亩时其依据的这一套折算体系和折亩标准应是统一的。

② ［美］何炳棣：《中国古今土地数字的考释和评价》，北京：中国社会科学出版社，1988 年，第 67 页。

③ ［美］何炳棣：《中国古今土地数字的考释和评价》，第 86 页。

的后续工作需要对盐碱地的空间分布进行量化比较和分析，用在册行粮地和盐碱地的土地数据求其比重是一种权宜之计。况且，用比重代表盐碱地盐碱化的程度，这个数据还有数学意义。今后，若我们选取一些有完整折亩率系列的州县，准确复原出所有土地数据，再运用笔者提出的求比重法，可以进一步促进相关问题的量化研究。

综上所述，笔者提出的求比重法，实质是计算在册的各县盐碱地面积占总行粮地面积的比值。它是一种仅从史料入手量化盐碱地空间分布大小的估算方法，虽然存在一些不完善的地方，但却是一种符合数理，可以定量计算的方法。还要注意的是，古籍方志记载的盐碱地数据只是当时某一时刻的土地记录，求比重算出的结果反映的是某一时间断面上的信息，是一个静态的观察数据。

在计算之前，须考虑到土地数据存在着虚报、隐匿、复垦、新增等情况，且本文研究对象是以县为单位，各县的土地数据也未经过核实。为此，我们首先考证核实了各县方志所载的在册盐碱地面积，作为基础数据；然后再统一选定某一时间节点以各县的盐碱地面积除以各县的总行粮地面积，求取其比重，以备后用。

第二节　清代开封府各属县的行粮地和盐碱地

开封府，“清初，河南省治，仍领州四，县三十。雍正二年，陈、许、郑、禹直隶，割县十四隶之。延津、原武属卫辉、怀庆。乾隆中，禹及密、新郑还隶；河阴省；阳武、封丘属怀庆、卫辉；仪封为厅，后亦省。北至京师千五百八十里。广三百七十里，袤三百六十里”。[①]《清史稿》言其“领州一，县十一。”计有祥符、陈留、杞、通许、尉氏、洧川、鄢陵、中牟、兰封、禹州、密、新郑。此行政区划实乃光绪三十年所置以至清末。乾隆《续河南通志》云：“旧领四州三十县……今禹郑二州仍隶开封府……乾隆二十九年……计所属共二州十七县，其道里疆域悉从新定。”[②]二州为禹州和郑州，禹州为领州，郑州曾一度在直隶州和散州位置上反复升降，此时隶属开

① 赵尔巽等撰：《清史稿》卷六十二《志三十七》，北京：中华书局，1977 年，第 2068 页。

② 阿思哈、嵩贵纂修：《续河南通志》卷六《舆地志》，上海：上海古籍出版社，《续修四库全书》(第 220 册)，2002 年，第 117 页。

封府。又“三十年裁河阴县。四十八年，以阳武县改属怀庆府，封丘县改属卫辉府。四十九年，升仪封县为厅。今领州二、厅一、县十四。”[①]道光四年，开封府裁仪封厅并入兰阳县，改兰阳县为兰仪县。[②]又光绪三十年（1904），复升郑州为直隶州，析开封府属荥泽、荥阳、汜水三县属之。[③]如此，《清史稿》所记即为历代沿革之后当时开封府之行政区划。

开封府所属州县历经沿革，若计算开封府总的盐碱地分布势必要确切说明各个历史时期。查清代河南方志，留存的主要以顺治、康熙和乾隆为多，可以《续河南通志》的成书为界，辅以乾隆二十九年河南的行政区划为准。[④]以后章节与此同。在乾隆二十九年（1764）之后，若涉及有关州县区划变革的，再作具体说明。

总之，在乾隆二十九年时开封府所辖州县计有郑州、禹州、祥符县、陈留县、杞县、通许县、尉氏县、洧川县、鄢陵县、中牟县、阳武县、封丘县、兰阳县、仪封县、荥阳县、荥泽县、汜水县、密县、新郑县。

一、郑州

乾隆《郑州志》言郑州“郑土狭隘介在嵩少轩箕之艮隅，其势西南高而东北下，高者沙薄，下者碱卤”。[⑤]此处虽言其概况，却未有关于盐碱地面积和分布的详情。乾隆《郑州志·食货志》有几处记载豁免当地盐碱地田赋的史料：

> 乾隆元年四月内知州陈廷谟详请抚宪富，具题奉旨豁除仓口熟地碱沙地四百三十四顷一十二亩二分四厘二毫。
>
> 乾隆五年九月内知州张钺详请豁除河坍沙压民田一等上地二百五十

① 清仁宗敕撰：《嘉庆重修一统志》卷一百八十六《河南统部·开封府一》，上海：上海书店出版社，1984年，第2页。

② 《清宣宗实录》卷七十六，道光四年甲申十二月己未条：“裁开封府属仪封厅通判所辖村庄并归兰阳县管理，改兰阳县为兰仪县……从巡抚程祖洛请也。”

③ 《清德宗实录》卷五百三十七，光绪三十年甲辰十一月乙亥：“河南巡抚陈夔龙奏祥符清赋东乡煽抗一案……又奏郑州一缺，原隶开封……请改为直隶州，就近控制，即以荥泽、荥阳、汜水三县拨归州属，径隶开归陈许道统辖……依议行。”

④ 河南行政区划变迁具体可参见林涓：《清代行政区划变迁研究》，复旦大学博士学位论文，2004年，第134–139页。

⑤ 张钺修，毛汝诜纂：《郑州志》卷二《舆地志》，页1，清乾隆十三年刻本。

顷七十七亩四分七厘一毫八丝，以上除荒。并豁除碱河、堤压、柳占、沙压共地一千八百八十一顷九十四亩七分九毫八丝八忽八微。

乾隆元年四月内知州陈廷谟详请抚宪富，具题奉旨豁除碱沙地二十三顷五十九亩五分六厘八毫。

乾隆五年九月内知州张钺详请抚宪雅，具题奉旨豁除河坍沙压民田一等上地银一千六百四十五两七钱五分八毫。以上除荒。并豁除碱沙及堤压柳占沙压共银一万五千五十一两四钱八分九毫一系七忽二纤。

乾隆元年四月内知州陈廷谟详请抚宪富，具题奉旨豁除更名碱沙地银一百八十八两七钱一分四厘二毫。①

毛汝诜在乾隆《郑州志·艺文志》“题请豁粮修河感恩碑”篇道：“于是力陈于朝豁除碱地三百九十顷八十七亩八分四厘，沙地六十六顷八十三亩九分七厘。”② 毛汝诜写此碑文是在陈廷谟和张钺奏请朝廷免赋之后，此前为勘察地情，开封府曾派开封府司马黄公履郑实地勘察。“黄公来郑，自州北而东而南，悉勘。”故碑文所记的盐碱地应为当时勘察后的实际情况。明清时期，士大夫雅称同知为司马，同知为知府的副职，掌管地方盐粮、捕盗、水利河工诸事，经查，“黄公”当为乾隆开封府同知黄法。《续河南通志》载，黄法为浙江平湖人，贡生，雍正十二年任军捕同知。上述五条记述前三条为豁除的田地面积，条陈后文注“有感恩碑见艺文”和“有免粮记见艺文”指的就是毛氏这篇碑文，后两条为豁除的田赋。但前三条中未有详细区分盐碱和沙地及其他田地。如毛汝诜题碑文所记不谬，则史料所载，郑州在乾隆初年的盐碱地面积当为三百九十顷八十七亩八分四厘。

民国《郑县志》除了引述乾隆《郑州志》所载的豁免盐碱地内容，另有记述道光二十三年豁除盐碱地的信息，《民国郑县志·食货》：“道光二十三年，抚部院具题，豁除盐碱共地一百零三顷二十六亩七分二厘。”③

上述史料引出一个问题：民国《郑县志》记述的一百零三顷二十六亩多的盐碱地与乾隆《郑州志》所查出的三百九十顷八十七亩多盐碱地的关系如何？

---

① 张钺修，毛汝诜纂：《郑州志》卷四《食货志》，页9，清乾隆十三年刻本。

② 张钺修，毛汝诜纂：《郑州志》卷十一《艺文志》，页24，清乾隆十三年刻本。

③ 周秉彝修，刘瑞璘纂，李红岩点校：《民国郑县志》(上册)，郑州：中州古籍出版社，2005年，第109页。

王一帆、傅辉发文指出，“清代赋税蠲免包括临时蠲免以及与气候灾荒更直接的地亩科则的永久豁免”。[①] 按上述，临时豁免主要针对行粮熟地和未开垦荒地。于熟地而言，常年有人耕种，无论丰歉，只要不是受灾而减产，田赋自当缴纳，而一旦遭受水旱或蝗灾等灾害，地亩减产，须经当地政府官员上表朝廷请示予以豁免，经核准后下行地方，豁免后可推延若干年，但积欠的赋税仍需要缴纳。未开垦荒地在清初鼓励垦荒的施政方针下也多有临时豁免的案例，此不赘言。

永久豁免主要与土壤肥力低下的土地有关。这类土地往往与气候灾荒有密切联系，如上文乾隆《郑州志》提到的“碱沙地、沙地、河坍、沙压、堤压”等田地。郑州因位于黄河南岸，河漫滩沙地自然较多，河道坍塌造成河水漫溢土地沙化也是常见现象。堤坝是为了阻挡河水泛滥，也会使得周围土地不适宜长期耕种。而黄河的决溢显然又与气候变化有一定关系。所以，从这个角度来说，王一帆等所说颇有道理。

但需要指出的是，这些“碱沙地、沙地、河坍、沙压、堤压、柳占”等地并非属于不可耕种地。比如沙压地，《清高宗实录》：“黄河涨水过后……粗沙停积，田地被压，名曰沙压”。[②] 沙压地此前为熟地，有人耕种，只不过因黄河水溢而使得这部分田地被积沙所压。另外，从毛汝诜《题请豁粮修河感恩碑》文中所记“且将雍正十三年旧欠悉行豁免，数年之拖累以去”来看，所豁免的这些盐碱地、沙地此前也当缴纳田赋。他县亦有此类记述，在怀庆府温县的方志中同样可见对盐碱地、沙地的赋税登记。顺治《温县志》：“沙地每亩征麦二升五合，半沙半碱地每亩征麦三升，全碱地每亩征麦八合七勺。”[③] 此外，长葛县亦有缴纳碱地田赋的科则。

碱地和沙地此类土壤肥力低下之壤土亦归于当地田赋纳科之列，盖因清初为稳定局势，与民生息，快速恢复生产而沿袭旧制田赋有关。加之，各地丈地和折亩工作尚未完全展开，对各地此类低产甚或不毛之地未能确册。因此，乾隆朝以前的志书上也鲜见豁免此类土地。

何以判断乾隆《郑州志》所载的盐碱地被永久豁免呢？其一，如王一帆

---

① 王一帆、傅辉：《清代河南四府赋税豁免时空特征及其机制研究》，《兰州学刊》2011 年第 6 期，第 191 页。

② 《清高宗实录》卷一千一百四，乾隆四十五年庚子夏己酉：“谕军机大臣曰荣柱奏履勘各属涸复地亩一折，据称有沙压之地……”。

③ 李若廙修，吴国用纂：《温县志》卷上《贡赋》，页 3，清顺治十五年剜改明版印本。

等所言，乾隆朝将河南 42 州县“盐碱飞沙、河坍水占”两千三十余顷地亩赋税永远豁免，此事载于《清高宗实录》。[1]乾隆元年和乾隆五年郑州知州陈廷谟和张钺具题详请豁除的这些盐碱地当在其中。其二，根据民国《郑县志》里关于郑州地亩的变化也可从中窥出蛛丝马迹。

表 2-1 民国《郑县志》所载郑州地亩变化

年份	除荒地	豁除地	行粮熟地
顺治三年	有主荒地一千一百六十六顷三亩八分三厘一丝六忽，无主荒地六十七顷八十四亩六分		
乾隆元年		熟地碱沙地四百三十四顷一十二亩二分四厘二毫，临河南岸堤压柳占地八顷一十六亩五分六厘五毫九丝二忽八微	三千五百六顷四十三亩七分九厘二丝一忽二微
乾隆五年		河坍沙压民田二百五十顷七十七亩四分七厘一毫八丝，更名地一十一顷三十二亩二分三厘	三千七百六十四顷三十六亩四分一厘二毫二丝一忽二微
乾隆五十二年		堤压冲没夹塘共地一百五十顷零十四亩九分七厘三毫	
道光二十三年		盐碱共地一百零三顷二十六亩七分二厘	三千五百零六顷二十八亩五分八厘二毫八丝四忽
光绪三十三年		京汉、汴洛铁路占用地二十三顷四十二亩零一厘九毫六丝九忽	
民国四年		陇秦、豫海铁路占用地十八顷七十八亩九分四厘五毫七丝二忽	民田更名籽粒共上地三千四百六十四顷零七亩六分一厘七毫四丝三忽

郑州原额折上地五千三百八十八顷三十八亩五分，顺治十六年奉旨丈地，知州刘永清以荒多熟少，改中下地为上中地。顺治十七年（1660）至康

① 《清高宗实录》卷二十六，乾隆元年丙辰九月壬辰：“除河南荒弃地亩额赋谕，朕御极以来仰体皇考圣心……将额赋永远豁除以副朕惠，鲜怀保之意。”

熙二十九年（1690），接年开垦自首及收并宣武卫籽粒，折上熟地四千一百六十二顷四十三亩七分一厘。顺治三年除有主荒地约1166.03顷（单位取到顷，后面分厘毫不计）①和无主荒地约67.84顷，共约1233.87顷。乾隆元年后除了豁除碱沙、河坍、沙压、柳占等地及新垦少量籽粒退滩地，郑州的地亩基本上稳定在3500多顷，道光二十三年后稳中有降。从《郑县志》的记载来看，盐碱地豁除后应无复垦，属于永久豁免。值得注意的是沙地，“光绪三十一年，经知州裘章镐禀报，开垦成熟地……荥郑等工沙压共地六百五十五顷零五亩零五厘四毫七丝七忽。以上除缓征外……”②这一信息也反映了清政府对在册土地的永久豁免是较为慎重的。③

为何对盐碱地有此惠民政策呢？从河南巡抚富德于乾隆元年奏折里能看到原因。富德言：“顾名思义，何为盐碱？是枉费工本，徒累官民，固不待迟至五年而后知其不可垦者，应请圣恩豁免，尽为开除……幸而原准部议，已免升科。”④因盐碱地系不毛之地，人力难施，垦殖实乃徒劳之功。在此背景下，乾隆帝于乾隆元年九月诏谕永久豁除河南省内42州县境内的盐碱地。

表2–1中顺治三年见除的有主荒地和无主荒地，其去向是个问题。清初，由于战乱，土地荒芜众多，清政府也出台了许多鼓励垦荒的政策。《清世祖实录》：“察本地无主荒田，州县官发给印信执照，开垦耕种，永准为业。俟耕至六年之后，有司官亲察成熟田数，抚按勘实，奏请奉旨，方议征收钱粮。”⑤此即为“六年升科。”但清政府当时国库空虚，实际上除四川一省实行五年升科外，其他各省奉行三年升科。按江太新之说，“对个别因长期战乱，人口伤亡十分严重的省份，清政府则实行不论有主、无主荒田，一概由垦户

① 关于清代度量衡亩制的换算，见吴慧：《中国历代粮食亩产研究》，北京：农业出版社，1985年，第236页。清代田亩计量基本沿袭明代，清代田亩1亩等于市制0.9216市亩，亩一百进位为顷，即“亩百为顷”。因文中只是粗略计算，且《郑县志》所载俱为有清一代之地亩沿革，不牵扯到现代市亩的换算，故单位只取到顷，数据后面的分厘毫等也未计入和转换，下文同，特作说明。

② 周秉彝修，刘瑞璘纂，李红岩点校：《民国郑县志》（上册），郑州：中州古籍出版社，2005年，第110页。

③ 王一帆在其文中也提及，清政府在此后对严格审查地亩，区分“挂淤”和“沙压”，勘丈河南临河沙压地亩。

④ 中国科学院地理科学与资源研究所、中国第一历史档案馆：《清代奏折汇编——农业·环境》，北京：商务印书馆，2005年，第1页；另河南巡抚雅尔图在乾隆六年的奏折中也提及“碱地则土性苦咸，无复滋生之望……题请豁除在案。”

⑤ 《清世祖实录》卷四十三，顺治六年四月壬子条。

自由插占，并永准为业"。[1] 据此分析，顺治三年郑州这些有主荒地和无主荒地理应遵照惯例，复垦之后当开科缴纳田赋，然从乾隆《郑州志》和民国《郑县志》的地亩记载上看到的情况却并非如此。顺治十七年至康熙二十九年，郑州地亩折上熟地 4162 顷多，若加上顺治三年见除的 1233.87 顷，可与原额地相差不多。此后的地亩变化中，也丝毫找不到这 1200 多顷。那么这些田地到底去了哪里？

从方志所载，可明确判断这些荒地应未作为民地或民田。至于其究竟是作为官田还是卫所军屯地还需要进一步分析。乾隆《郑州志》此条记述略详，言"顺治三年正月内巡按甯具题奉旨见除……"。方志中只提及此人乃河南巡按，姓宁。经查，此人当系山东道监察御史宁承勋，雍正二年巡按河南。史学界一般认为，清代巡按仅存顺治一朝。巡按御史品秩较低，巡按制度存在时间短暂，宁承勋在《清史稿》中无传，仅在他人志传中留存一二事迹。《清实录》中记载有宁承勋上疏旌表明末河南抵抗"闯贼"的官绅之事及奏疏应制定赋役书册令州县有司遵照。《清史稿》载宁承勋在河南任巡按期间，奏请堵塞黄河决口。宁承勋为崇祯时举人，明季曾任巢县县令，因功德被当地立祠，是为宁公祠。据此可略知，宁承勋当为一位有政绩造福一方的地方官员，顺治二年他身为河南巡按按察河南，乾隆《郑州志》为避讳而隐去其全称。

顺治元年九月，宁承勋呈上的一道揭帖或可解释顺治三年郑州被除的那些荒地去向。《山东道监察御史宁承勋揭帖》："然土著流寓移徙同，而情各异。彼流寓者，特行李一更置。其土著者，则弃其世业辗转寄居，且素不务耕。以生理糊口则仰给房租。即欲蠲其地租而无地可蠲。是终虚皇上之恩波也。合无敕。下五城察其原系土著，移会户部按弃产而量给官地，俾其认佃纳税，则畿民不至流徙，而国家收人、土财用之效。庶有稗于裕国足民之计也。"[2]

宁承勋据其巡查情况，指出当地土著民户不务耕种之弊并建言按其"弃产而量给官地"。顺治年间，各地荒田甚多。清政府为了垦荒，招徕流民是其中之一，发动士绅地主积极垦荒也是常用政策。然而，实际上往往会存在宁承勋所说的这种情况，地主素不务耕，仰给房租而置地于荒芜。宁承勋针

① 江太新：《清代地权分配研究》，北京：中国社会科学出版社，2016 年，第 7 页。

② 国立中央研究院历史语言研究所：《明清史料丙编》（第 3 本），上海：商务印书馆，1936 年，第 241 页。

对此情势便提出了他认为的解决之道。据此，可推论雍正三年（1725）郑州那些有主和无主荒地很大可能被划归官地移作他用，是故方志中田赋卷里以后无所记载。

盐碱地虽然其肥力低下，但从史料看，至少在乾隆元年大规模豁免河南盐碱地之前，盐碱地是作为一种耕地类型而存在的。[①] 即使在现代，随着盐碱地改良技术的进步和发展，盐碱地也并非完全都是不毛之地、不可耕种，它属于低产待改良土壤，所以理论上可以结合前文对郑州盐碱地面积的考察计算出乾隆初年郑州盐碱地占总行粮熟地的比例。乾隆初年郑州盐碱地的面积为三百九十顷八十七亩八分四厘，以表 2–1 中乾隆元年为准，郑州当时实际行粮熟地为三千五百六顷四十三亩七分九厘二丝一忽二微。以盐碱地面积加上实际行粮熟地面积为 3897.315 顷（换算到亩，小数点取 3 位）。计算得出当时盐碱地所占耕地比例为 10.029%（小数点后取 3 位，4 舍 5 入）。

又据方志所载，道光二十三年（1843）郑州又豁免了一百零三顷二十六亩七分二厘的盐碱地。仅从方志来看，到了道光年间郑州的盐碱地面积仿佛又增加了。然而，实际上却不能简单地累加。因方志田赋里只记述地亩豁免的信息，对于乾隆朝 390 多顷的盐碱地以后其面积是减少还是增加，无从判断。可以明确的只是道光二十三年郑州又有豁免盐碱地田赋一事。

道光二十一年，黄河决口南泛，波及苏、豫、皖三省，以豫、皖受灾最重。河南惠济河两岸及附近祥符、陈留、杞县、通许、太康、睢州、柘城、鹿邑等地受灾最重，贾鲁河 – 沙河一带的灾情次之。[②] 就开封来说，从道光二十一年六月决口到翌年二月合龙，河水围城 8 个月。[③] 这次黄河决溢也是历史上黄河泛滥影响较大的一次。虽然清政府采取了一系列措施进行应对，但紧接着道光二十三年一场大暴雨又使得灾情再度紧张，黄河于中牟九堡决口，河走贾鲁河，贾鲁河河道全部淤没，前文有述。中牟以下 28 个州县受

---

① 清乾隆十二年奉敕撰：《钦定大清会典则例》卷三十五《户部 · 田赋二》，台北：商务印书馆，《景印文渊阁四库全书》（第 621 册），1986 年，第 70 页："又覆准甘肃中卫县……全碱地照依中卫旧额每亩征银一分三厘，半碱地照依中卫旧额每亩征银六厘五毫"。这是乾隆三年对甘肃中卫县白马寺滩新垦升科地亩中盐碱地征纳赋税的批复，可见作为一种耕地类型，只要有人耕种，没有特殊情况下盐碱地也是需要纳赋的。

② 陈业新：《道光二十一年豫皖黄泛之灾与社会应对研究》，《清史研究》2011 年第 2 期，第 90 页。

③ 田冰、吴小伦：《道光二十一年黄河水患与社会应对》，《中州学刊》2012 年第 1 期，第 141 页。

灾。[①]郑州也是受灾区。

道光二十三年郑州豁免的这100多顷盐碱地的产生应与此次黄河决溢直接相关。黄河决溢后河水往往在低洼地带积涝，由于排水不畅，地面水大量补给地下水，抬高了地下水位，使得土壤里的盐分随着毛细管上升富集到地表，从而造成土地盐碱化。由于此次事件，郑州在方志上有了新增豁免盐碱地的记载，可以预见，在其他州县也会有所反映。

二、荥泽

“荥泽属河南开封府郑州。雍正二年，改郑州为直隶州，县属焉”。其疆域，“旧治东至郑州界花园一十八里……南至郑州界五里，至郑州治四十里”。[②]据史志所述，旧治大致在郑州西北位置。

乾隆《荥泽县志·赋役志》也有乾隆元年豁除临河南岸堤压柳占地及临河坍塌熟地的记录，而未有关于豁除盐碱地的记录。[③]

荥泽县“见种行粮额内熟地并旧管康熙九年起至康熙四十六年止劝垦自首入额，共地二千九十顷二十六亩二分九厘四毫二丝三忽。见种额外新增两项数地五十七顷二十三亩三厘。通计额内及额外新增地共见存二千一百四十七顷四十九亩三分二厘四毫二丝三忽。”即荥泽县于乾隆初年时其行粮熟地约为2147.493顷。

河阴县，乾隆二十九年并入荥泽县。方志中也无记载河阴县的盐碱地蠲免情况。其地亩，康熙《河阴县志》：“自秘范一令始，上地一百五十顷三十二亩八分五厘。每上地一亩折中地一亩六分九厘七毫七丝，共折中地二百五十顷二十一亩三分。中地一千八十八顷四十八亩八分五厘。下地八百六十八顷九十四亩三分八厘。每下地一亩折中地三分四厘二毫三丝二忽，共折中地二百九十八顷三十一亩八分一厘。见在上中下熟地共折中地一千五百一十五顷一十六亩四分四厘五毫一丝。”[④]

---

① 武敬心：《道光二十三年中牟大工及其影响研究》，陕西师范大学硕士学位论文，2018年，第14页。

② 崔淇修，张万钧、李刚太点校、经书威主编：《乾隆荥泽县志点校注本》（上册）卷二《地理志》，郑州：中州古籍出版社，2006年，第14页。

③ 崔淇修，张万钧、李刚太点校、经书威主编：《乾隆荥泽县志点校注本》（下册）卷七《赋役志》，第287–295页。

④ 申奇彩修，毛泰征纂：《河阴县志》卷之二《赋役二》，页2，清康熙三十年刻本。

按文中所述，河阴县上地和中地的折亩率约为1.69，下地和中地的折亩率约为2.94。然核对文中数据，下地八百六十八顷九十四亩多按2.94折亩率计算的话，应为295顷多，实际上笔者在计算上单位只取到厘，若将后面的毫丝忽也算上，下地和中地的折亩率应小于2.94。

“秘范一令”指的是顺治年间任河阴县知县的范为宪。他在任内的主要事迹是奉旨丈地。[①] 康熙《河阴县志·职官》卷三《知县》及《民国河阴县志》卷十二都有记载。谈到河阴地亩，高廷璋等指出，康熙《河阴县志》所载与确册数据不合，因为在康熙二十六年又劝垦有29顷多未有计入，并注曰：“盖确册据后日垦熟升科之地言，各志则当日之实情耳。”此分析符合实际，虽各地有新垦荒地，但清初为鼓励垦荒，有三年、五年升科之说，但各地方志记载是依据当时之实际情况，与随后清政府颁布的确册数据有异也属正常。

《民国河阴县志》的地亩记载在“滩田”条里记述了康熙之后的丈地、豁除塌山地、沙压水占地的情况，因未有盐碱地信息，不再赘述。

据上，若以康熙《河阴县志》所载加上康熙二十六年新垦的二十九顷一十五亩六分六厘五毫四丝（按，折中地），则乾隆初年河阴县的地亩约为1544.32顷。

地亩本身是为了交租纳税，并非专门统计土地类型和面积，是故方志中有的就没有本地各等土地面积的记载，只是笼统记载折上地多少，如郑州、荥泽等地方志。另外，河阴的地亩是按折中地计算，不同于前述的郑州（按，折上熟地），所以在登记史料和统计计算时更应注意。又前文有述，各地的地亩折算率也不同，这些因素在涉及计量时都必须考虑。

三、荥阳

民国《续荥阳县志》：“自晏曲以东至京须河则土薄水浅，色微黑……则禾稼浸死，其中涵有盐硝等质，即所谓卤土也。”[②] 晏曲，旧址在今荥阳市晏曲村。索河发源于荥阳西南山区，须河发源于荥阳贾峪北，两河在岔河村交

---

① 高廷璋修，蒋藩纂，杨琳、刘惠霞校点：《民国河阴县志》，郑州：中州古籍出版社，2006年，第92–93页。

② 卢以洽等纂，张沂等辑：《续荥阳县志》卷二《舆地志》，台北：成文出版社，1968年，第172页。成文出版社所出《续荥阳县志》封皮页记编者为“民国卢以洽”，查该书卷一《序》第26页“纂修”为“卢以洽”，又据《中州名典》，实当为“卢以洽”。

汇，汇合后称索须河，即《续荥阳县志》所言："至岔河京须索合流而止。"京河，"京水出嵩渚山中支西涧……至白寨村南与须水合流。须水出嵩渚山中支东涧……至白寨村南，京水西来，既合流，随与俱东"。[①]也就是说，须河和京河先行汇合后再与索河汇合。"京须河"当指白寨村以南至岔河村这一河段。

虽然《舆地志》简略描述了荥阳盐碱土的空间分布，但却没有具体的面积大小。也无记载盐碱地的豁除情况。仅《续荥阳县志·食货》载："乾隆九年确册，上自山川沟涧，下逮城郭村镇以至道路阡陌，织悉不遗。官民田地按上中下三则折合上地三千七百四十四顷二十五亩八分四厘三毫八丝五忽……民国二年……现在起科实地三千七百二十三顷八十四亩四分五厘三毫八丝。"[②]依此判断，荥阳县于乾隆初年时其行粮熟地约为3744.258顷。而关于盐碱地，只能判断有盐碱地分布，但面积大小无从计算。

四、汜水

乾隆《汜水县志》无载汜水县盐碱地的分布及豁除信息。乾隆《汜水县志·赋役》载："乾隆四年确册原管民田并额外河滩共地二千七百七十五顷三亩四分四厘，内除荒芜民地一百一十六顷八十二亩二分二毫七丝一忽，现在行粮熟地二千六百五十八顷二十一亩二分三厘七毫二丝九忽。"[③]从这则记录里可以得到汜水县的行粮地面积。

值得注意的是，民国《汜水县志》关于乾隆四年汜水县地亩的数据有很大改动。民国《汜水县志》："清乾隆四年确册，原管民田地二千三百九十九顷九十亩零六分九厘，内除荒芜民地一百一十六顷八十二亩二分二厘零。现在行粮熟地二千二百八十三顷零八亩四分八厘零。"[④]尽管修志者在文末注有"旧志"二字，然比对两志却发现，民国《汜水县志》记载的乾隆四年汜水县行粮熟地比乾隆《汜水县志》要少了约275.128顷，即少了约二百七十五顷十二亩八分。

① 卢以洽等纂，张沂等辑：《续荥阳县志》卷二《舆地志》，台北：成文出版社，1968年，第166页。
② 卢以洽等纂，张沂等辑：《续荥阳县志》卷四《食货》，第253–254页。
③ 许勉燉修，禹殿鳌纂：乾隆《汜水县志》卷十一《赋役·田制》，页2，乾隆九年刻本。
④ 田金祺等修，赵东阶等纂：《汜水县志》卷四《赋役志》，台北：成文出版社，1968年，第207页；赵东阶总修，李青、王娟、孙剑校点：《民国汜水县志》（上册），郑州：中州古籍出版社，2006年，第173页。

在“地亩增减”条末尾附有修志者的评论：“按，则壤成赋，本沿禹贡……我汜地瘠土狭，兼少膏腴。只折中地二千二百顷余。不但不能与南汝各属平均负担，即较东西临县面积差至三四之钜，而粮银相悬无几。均乎？否乎？是所望于秉国钧者之兼顾熟筹也。”此段话语再次表明汜水县的行粮地亩并无乾隆《汜水县志》所载那么多。

为什么民国《汜水县志》的地亩数据与乾隆《汜水县志》有如此大的差额呢？核查乾隆《续河南通志》，有载：“原管民田并额外河滩共地二千七百七十五顷三亩四分四厘……现在行粮熟地二千六百六十六顷三十九亩九分一厘五毫一丝九忽。”[①]也即乾隆《续河南通志》与乾隆《汜水县志》所载相差无几，而与民国《汜水县志》所载的乾隆四年地亩有一定差额。而乾隆四年至乾隆《汜水县志》成书这一段时间内，汜水并无地亩豁除和收并，也就是说这之间的差额要么是虚报，要么是当地少报。如前所述，考虑到在康熙及雍正年间的虚报浮夸风，应是当地政府在向上申报时有意虚报了汜水县的地亩。

要之，汜水县的地亩数据仍须以乾隆《汜水县志》所载为可信。即乾隆初年汜水县的行粮熟地约为 2658.212 顷。

仔细查看民国《汜水县志》乾隆朝以后的地亩数据，民国十二年汜水县实种民地二千二百九十一顷二十八亩九分八厘。与民国《汜水县志》所载乾隆四年确册的地亩数据相差不大。但同治、光绪、宣统、民国期间皆有蠲免事宜，如果按民国《汜水县志》所载来分析汜水县的田赋蠲免，会直观地判断汜水县的蠲免皆应系临时蠲免，然而实际情况果真如此？恐怕未必，盖因其早期的原始数据出现了变动以致会影响到我们的判断。

地亩数据是要作为后文进行量化计算的参考，予以考证辨明亦是必须，对于方志中的数据异常也需要研究者注意。

五、禹州

《禹州志》：“禹境山田十之三，土田十之七。周秦而后久称沃饶。”[②]禹州

---

① 阿思哈、嵩贵纂修：《续河南通志》卷二十六《食货志·田赋》，上海：上海古籍出版社，《续修四库全书》（第 220 册），2002 年，第 285 页。

② 朱炜等修、姚椿等纂，宫国勋增修、杨景纯等增纂：《禹州志》卷十《田赋志》，页 1，清同治九年增刻道光本。同治增刻本在道光《禹州志》二十六卷后增修二卷，前二十六卷实为引述道光《禹州志》。

之地分为平地、岗地和山地。清初沿袭明万历旧额，《禹州志》载："原额平岗山三色共地一万三千四百一十顷。"其中，平地一万一千四百三十八顷四十八亩八分五厘；岗地一千三百七十一顷六十六亩二分五厘；山地五百九十九顷八十四亩九分。

顺治三年正月河南巡按宁承勋奉旨免荒，除荒芜无主平地四千七百九顷七十六亩六分一厘六毫，除荒芜无主岗地九十六顷七十七亩六分五厘四毫，除荒芜无主山地一十三顷八十六亩六分五厘。

乾隆元年九月河南巡抚富德奉旨豁免水冲平岗山三色共民地一十一顷九亩九分七厘。

顺治三年除荒并乾隆元年水冲共地四千八百三十一顷五十亩八分九厘。经计算，此处多算了约 11.1 顷，而文中却无记载。

土地新增发生在雍正八年劝垦山地，[①] 雍正九年劝垦山地、暂就山则平地、暂就山则岗地，雍正十年劝垦暂就山地、劝垦山地，雍正十二年垦老荒平地、老荒岗地、雍正十三年劝垦暂就山则平地、劝垦山地、老荒平地、老荒岗地、老荒山地。以上新增地中限满起科最晚至乾隆十年，又《禹州志》："见种行粮成熟并康熙九年起至雍正六年止劝垦自首及雍正十三年夹荒入额共地八千五百七十八顷四十九亩一厘。"其中平地三千二百九顷二亩九分五厘四毫，岗地一千二百七十三顷一十亩五分六毫，山地五百八十五顷八十三亩四分五厘。

民国《禹县志》的纂者发现了一处问题，在"嘉庆道光两朝免荒征熟等则额数表"里"征熟"一栏注曰："按此数较前表少三千五百六顷九十五亩八分二厘一毫，未知何故。"[②]

禹州的数据前后相差如此之多，原因何在？江太新在谈及乾隆年间的垦政时指出，康熙、雍正两朝在垦荒中都存在捏报和虚报之风。"虚报情况在安徽、四川、广西、福建、山西等省都存在"，[③] 而河南尤甚。顺治十四年，清政府为调动各级地方官员督垦的积极性，拟定了《垦荒劝惩则例》。在此背景下，地方官员出于考成所需，往往弄虚作假。乾隆帝登基后颇为重视，各

---

① 朱炜等修、姚椿等纂，宫国勋增修、杨景纯等增纂：《禹州志》卷十《田赋志》，页 3 有载："又劝垦山地一十九亩至乾隆庚申年十年后限满起科"，推得劝垦山地之事当发生在雍正八年。

② 车云修、王琴林等纂：《禹县志》卷六《赋役志》，台北：成文出版社，1976 年，第 480 页。

③ 江太新：《清代地权分配研究》，北京：中国社会科学出版社，2016 年，第 26 页。

省进行了一系列清理工作，纠正了虚报的地亩，对减轻农民负担也有积极作用。那么禹州这多出的3500多顷是否也属于地亩虚报呢？

还有一种可能，《禹州志》所载多出的这3500多顷是否是由于土地归并而引起的呢？考虑到禹州在雍正二年曾升为直隶州，辖密县和新郑，其后于雍正十二年复降为散州，那么这多出的3500多顷是否是当时密县和新郑的行粮地面积呢？

雍正《河南通志》："密县，原管折实一等上地一千五百六十八顷一十二亩三分六厘二毫……现在行粮熟地一千二百四十六顷七十六亩八分六厘三毫三丝八忽"。[①]

又雍正《河南通志》："新郑县，原管折实一色民地并更民地熟荒……现在行粮熟地二千五百二十九顷八十九亩二厘五毫六丝"。[②]

将雍正十年时密县和新郑县的行粮地面积相加，约略与3500顷相近，有理由相信这应是当时密县和新郑县行粮地面积的加和。此应该是民国《禹县志》修志者产生疑惑的根源。盖因雍正十二年后禹州又降为直隶州，不再管辖密县和新郑，而《河南通志》所载反映的是雍正二年到雍正十二年间的禹州土地情况。

但这个数额是在雍正朝就产生的，其与民国《禹县志》所推算的结果仍然有约269.7顷的差值。

就禹州来说，禹州在乾隆初年时行粮熟地约为8567.39顷。方志中未有盐碱地的史料，不再赘述。

六、密县

康熙《密县志》："康熙三十四年见入确册行粮熟上地一千一百八十二顷七亩七分二毫。"[③]密县的地亩在顺治十六年确册时行粮熟地仅八百七十二顷八十八亩多，后经劝垦，在康熙四年时，确册的行粮熟地已达到一千三十六顷一亩多，其后一直稳中有升。

嘉庆《密县志》："三年（按，顺治三年），奉旨恩准，免荒征熟。除密

① 田文镜、王士俊等监修，孙灏、顾栋高等编纂：《河南通志》卷二十二《田赋下》，台北：商务印书馆，《景印文渊阁四库全书》（第535册），1986年，第650页。

② 田文镜、王士俊等监修，孙灏、顾栋高等编纂：《河南通志》卷二十二《田赋下》，第650页。

③ 袁良怡修，李士招纂：《密县志》卷三《赋役》，页14，清康熙三十四年刊本。

县荒芜土地三百一十八顷九分四厘”。[①]在《密县志·田赋志》“恩旨”条中，记有顺治三年密县除荒的记录，这也能解释康熙《密县志》记载顺治十六年确册的行粮数地何以仅872顷多。

又“恩旨”中记载乾隆元年蠲免密县水冲地二十二顷三十一亩五分，此事件当与乾隆元年九月豁除河南42州县“飞沙水冲盐碱沙压地”有关。此后，自乾隆元年到嘉庆十九年（1814）的历次“普蠲、缓征”，关乎密县的均有记录，但无豁除地亩的记载。

据上，以康熙《密县志》所载康熙三十四年密县确册行粮熟地面积减去乾隆元年豁除的水冲地，可得乾隆初年密县的行粮熟地面积为1159.762顷。

七、新郑

康熙《新郑县志》：“以上堪颇平走四色照则共折一色堪地六千二百五十一顷八十九亩九分七厘。”[②]此为顺治十六年修旧志时入册地亩数。新郑县的土地分为堪、颇、平和走四等，堪地相当于“上地”。至康熙三十二年止，“以上新旧成熟二项共折一色堪地二千二百一十三顷三十五亩三分九毫，现俱起科。实免征荒芜共折一色堪地四千三十七顷五十四亩六分六厘一毫”。[③]

乾隆《新郑县志》：“雍正十年，现在成熟折成一色堪地二千五百二十八顷六十七亩七分九厘六丝。”[④]又引《赋役全书》所记乾隆七年豁除河坍民田折成堪地二十顷四十三亩七分四厘二毫，本年（按，乾隆八年）现在成熟民田共二千五百八顷二十五亩四厘八毫六丝。

至乾隆八年，新郑除荒并豁除共地六千五百三顷八十五亩四厘七毫四丝，折一等堪地三千七百四十二顷一十一亩八分五厘九毫四丝。

据上，乾隆初年新郑的行粮熟地面积约为2508.25顷。

又彭雨新据《河南通志》所载，指出禹州直隶州在雍正十年行粮熟地为一万二千二百七十一顷二十五亩。[⑤]禹州在雍正二年升为直隶州，辖禹州、

---

① 景纶修，谢增纂，李化民等校注：《密县志》卷十《田赋志》，郑州：中州古籍出版社，1990年，第499页。

② 朱廷献修，刘日烓纂：《新郑县志》卷一《田赋志》，台北：成文出版社，1976年，第108页。

③ 朱廷献修，刘日烓纂：《新郑县志》卷一《田赋志》，页14，清康熙三十二年刊本。

④ 黄本诚纂修：《新郑县志》卷九《赋役志》，页13，清乾隆四十一年刊本。

⑤ 彭雨新：《清代土地开垦史资料汇编》，武汉：武汉大学出版社，1992年，第274页。

密县和新郑。雍正十二年，禹州降为散州，与所领二县俱往属许州府。乾隆六年，又改禹州、密县和新郑归属开封府，此后至清末未有变更。将禹州、密县和新郑的行粮熟地面积相加，即可得禹州直隶州的地亩数据。经计算，与《河南通志》所记雍正十年禹州直隶州行粮熟地相差约35.598顷。

八、祥符

顺治《祥符县志》："明原额地二万八千七百五十八顷二十四亩一分三厘二毫六丝七忽。崇祯十五年兵残河决，地土全荒。国朝初辟，百垦一二。自顺治三年至十二年……渐增至熟地八千七百六十顷一十八亩八分二毫二丝。"①

"以上除劝垦及十六年自首未经起科外，实新旧熟地共一万八千四百四十七顷九十五亩七分五厘二毫二丝。内好地一万四千五百六十九顷七十六亩五分四厘八毫二丝，沙地三千八百七十八顷一十九亩二分一厘四毫。"②

"外新并宣武卫原额军屯地共三百一十二顷三十八亩二分七厘七毫。内熟地五十二顷二十五亩五厘五毫。"③

据此推算，顺治十六年时祥符县的实际行粮熟地约为18500顷。

查其他方志，乾隆《祥符县志》里仅有税银数据而无详细的地亩数据。④

光绪《祥符县志》："至乾隆二年，现在成熟行粮共二万三千六百六十七顷一十七亩八厘九毫二丝一忽。"⑤然而，把下文所记的康雍乾三朝历年劝垦、收并的新地加上旧管地，地亩数据却小于上文所述。具体数据见下表。

表2–2 康、雍、乾三朝祥符县地亩数据表

年份	新增地亩及旧管地亩	地亩数（单位：顷）
康熙八年	新收更名好地现十一顷二十三亩一分五毫	11.231
康熙九年至十九年	开垦并自首现正管好地一千三百四十九顷五十九亩五分六厘二毫六忽	1349.595

① 李同亨修，张俊哲等纂：《祥符县志》卷二《田土》，《天津图书馆藏稀见方志丛刊》，天津：天津古籍出版社，清顺治十八年刻本影印，第139页。

②③ 李同亨修，张俊哲等纂：《祥符县志》卷二《田土》，第140页。

④ 张淑载、鲁曾煜纂：《祥符县志》卷十《田赋》，页1–20，清乾隆四年刊本。

⑤ 沈传义等修，黄舒昺等纂：《祥符县志》卷八《田赋》，页6，清光绪二十四年刊本。

（续表）

年份	新增地亩及旧管地亩	地亩数（单位：顷）
康熙二十年至雍正八年	开垦并自首现管好地九百九十六顷九十四亩四分五厘八毫八丝；收并宣武卫沙地现三十五顷一十五亩五分一厘九毫	996.944+35.155=1032.099
雍正七八两年	劝垦地十三顷七十二亩九分俟十年后入则起科	13.729
乾隆二年	正管好地现一万五千七百五十八顷五十六亩；正管沙地现四千六百二十二顷七十亩七厘八毫一丝四忽；寄庄好地现四百七十三顷三十六亩五分六厘六毫；寄庄沙地现三百四十四顷三十一亩六分三厘二毫	15758.56+4622.70+473.365+344.316=21198.941
乾隆十九年	新收自首正管沙地五顷三十亩	5.30

将新、旧熟地相加，合计 23610.895 顷。若以乾隆二年止，合计为 23605.595 顷。当然，由于计算时地亩数据单位只取到分，此数据要略小于全额计算的数值，但与“二万三千六百六十七顷一十七亩八厘九毫二丝一忽”还是有一定差额。

雍正《河南通志》：“祥符县，旧管民卫地除新安社改属山东曹县……雍正三年豁除被水沙滩地……现在行粮地二万三千九百九十顷三十七亩九分二厘五毫四丝一忽。”①

乾隆《续河南通志》：“祥符县，旧管民卫地除辛安社改属山东曹县……乾隆元年起至二十九年止豁除堤压柳占……现在行粮地二万三千四百二十一顷八十四亩八分五厘五毫五丝一忽。”②

通观雍正《河南通志》、乾隆《续河南通志》和光绪《祥符县志》的地亩数据，基本上是可信的。从雍正时期的二万三千九百多到乾隆二年的二万三千六百多再到乾隆三十年的二万三千四百多。前文已有所述，清代的土地开垦到乾隆朝时基本上已无地可垦，在断续豁免劣质低产难垦土地的情况下，按理应该会有所减少。

在“豁免拨去地亩”条中提到盐碱地的有“雍正四年豁免沙碱地一千

① 田文镜、王士俊等监修，孙灏、顾栋高等编纂：《河南通志》卷二十一《田赋上》，台北：商务印书馆，《景印文渊阁四库全书》（第 535 册），1986 年，第 571 页。

② 阿思哈、嵩贵纂修：《续河南通志》卷二十六《食货志 · 田赋》，上海：上海古籍出版社，《续修四库全书》（第 220 册），2002 年，第 282 页。

一百九十一顷三十二亩五分五厘二毫。”[①]“又乾隆元年豁免堤压柳占地四十二顷七十三亩四分五厘二毫二丝，又豁免沙碱水占地二百六十三顷四十九亩一分二厘一毫。”[②]以后至光绪二十四年止未有豁免其他盐碱地记载。

“沙碱水占地”有263.491顷，应视为全都是盐碱地。如果分开句读为“沙碱、水占地”于理不通，水占地如果不是盐碱性质的，把水排干是可以耕种的。联系前文，水冲地是受水灾冲毁的田地。与水冲地不同，沙碱水占地有“沙碱”二字，也不会是沙地，从表2–2记载的地亩信息里也可看出。

道光二十一年黄河决溢，对祥符县危害也较为严重。光绪《祥符县志》：“按二十一年河决护城堤内，危害最大。田庐之淤有深至二丈者……境中沃壤悉变为沙卤之区矣。”[③]黄河溢入祥符城内，此次河决事件使得“沃壤变为沙卤”，虽在光绪《祥符县志·河渠》有载，但未有详细的数据，难以再进一步量化研究。

要之，祥符县在乾隆初年的行粮熟地面积为23605.595顷。雍正四年登记在册豁除的盐碱地加上乾隆元年新豁除的盐碱地面积约为1454.816顷。则乾隆初年，祥符县盐碱地面积占当地总行粮地面积比重约为5.805%。

不同于郑州，乾隆之后方志中没有关于豁除祥符县盐碱地的史料，故只能统计到乾隆初年。

九、陈留

宣统《陈留县志》：“留邑地瘠民贫，合四境而论，东北地方胶淤洼下……且北跨黄河滩碱，更属不毛。”[④]《田赋志》开篇即直言陈留县境内东北地方属于盐碱区。

其地亩，“二十七年（按，康熙二十七年）劝垦地……现在行粮数地七千五百六顷六十三亩三分一厘七毫九丝五忽四微。”[⑤]

《河南通志》：“现在行粮地七千六百二十六顷二十一亩九分六厘三毫三

---

①② 沈传义等修、黄舒昺等纂：《祥符县志》卷八《田赋》，页9，清光绪二十四年刊本。

③ 沈传义等修、黄舒昺等纂：《祥符县志》卷六《河渠》，页37，清光绪二十四年刊本。

④ 武从超续修，赵文琳续纂：《陈留县志》卷八《田赋志》，页1，清宣统二年刊本。宣统《陈留县志》依康熙《陈留县志》体例，将能增补的内容加入重印，是故是书在文中续补部分有“续修陈留县志”的字眼。

⑤ 武从超续修，赵文琳续纂：《陈留县志》卷八《田赋志》，页6，清宣统二年刊本。

丝五忽四微。”①

《续河南通志》：“原管民田更名地七千八百四十六顷九十六亩六分七厘八毫，内除荒芜地二百二十顷三十一亩六分一厘六丝四忽六微。乾隆元年起至十年止豁除堤压柳占挖伤等地一十四顷四亩六分四厘……现在行粮地七千四百五十三顷一十七亩八分一毫八丝五忽四微。”②

若以乾隆元年为时间节点，则陈留县的行粮地为原管民田更名地减去除荒地再减去乾隆元年豁除地，算得 7612.604 顷。

到了宣统二年（1910），陈留县的地亩据武从超等所述，实在地亩仅 6114 顷多，除去沙压地 2756 顷多，余下实在行粮地仅 3136 顷多。

关于盐碱地的具体数据，由于方志所载内容寥寥，无从具体计算，可确定的是陈留县内存在盐碱地。

十、杞县

乾隆《杞县志》：“康熙三十三年奉文查报定额所有荒地尽行开垦成熟，照例起科，共地二万九百五十七顷五十三亩二分五厘五毫七丝，全熟。雍正十三年得夹荒地一顷一十亩二分三厘九毫，又收并祥符寄庄地五十八亩九分，新旧共地二万九百五十九顷二十二亩三分九厘四毫七丝……见在行粮熟地共二万五百八十二顷五十九亩一厘。”③

《河南通志》：“原管民卫地除拨给原任中允刘理顺祭田七十亩，实在行粮地二万一千八百六十一顷七十九亩七分八厘三毫七丝，全熟。”④

《续河南通志》：“原管民卫等地除拨给原任左中允刘理顺祭田七十亩。实在民卫等地二万一千八百六十四顷七十三亩六厘一毫七丝。内乾隆元年起至七年止，豁除盐碱挖伤等地一十二顷二十五亩四分五厘五毫……现在行粮

---

① 田文镜、王士俊等监修，孙灏、顾栋高等编纂：《河南通志》卷二十一《田赋上》，台北：商务印书馆，《景印文渊阁四库全书》（第 535 册），1986 年，第 572 页。

② 阿思哈、嵩贵纂修：《续河南通志》卷二十六《食货志 · 田赋》，上海：上海古籍出版社，《续修四库全书》（第 220 册），2002 年，第 282 页。

③ 周玑修，朱璿纂：《杞县志》卷七《田赋志 · 地亩》，清乾隆五十三年刊本，台北：成文出版社，1976 年，第 478–479 页。

④ 田文镜、王士俊等监修，孙灏、顾栋高等编纂：《河南通志》卷二十一《田赋上》，第 572 页。

地二万一千四百八十八顷八十亩七厘七毫”[①]

若以雍正十三年计，《河南通志》所载杞县行粮地亩与乾隆《杞县志》载雍正十三年的数据出现 900 多顷的差额。前文有述，雍正《河南通志》虽于雍正八年初刻，但最终修订定本成于雍正十三年。乾隆《杞县志》成书虽晚，但地方志的编纂皆有参考引述历代旧志之习，且从县志所载的历代地亩沿革无所缺漏，而通志记载简略无从上下比对。再细察《续河南通志》所载，无疑也是引用转述了《河南通志》的原始数据，虽其后变动有所不同，但那 900 多顷的差额还是一目了然的。

据此，应以《杞县志》所载为准，计算可得杞县在乾隆元年实际行粮地为 20959.223 顷。又乾隆元年豁除盐碱地四顷五十四亩。则乾隆二年杞县行粮地为 20954.683 顷。此后截至乾隆五十三年，杞县没有其他豁除盐碱地的记载。据此计算，乾隆二年杞县盐碱地面积占总行粮地比重为 0.022%。乾隆《杞县志》所载雍正十三年比《河南通志》少了 900 多顷，那么《河南通志》多的这些地亩都去了哪里？何平指出：“一些地区按现有耕田加赋，以多征之税，虚报肯田。”[②]乾隆帝登基不久就斥责王士俊所言：“并未开垦，不过将升科钱粮飞洒于见在地亩之中，名为开荒，实则加赋。”[③]此一言道出个中玄机。

那么此后乾隆帝有没有彻查全国此类事件呢？从建阳田赋案的处理来看，乾隆帝采取了从宽处理，如何平所说，乾隆帝在政策上采取了以稳定地亩为基础，把赋税征收额稳定下来，以期兑现“永不加赋”之策。

在此背景下，不难理解雍正《河南通志》和《续河南通志》所载的杞县地亩何以与《杞县志》有较大差额了。另外，乾隆《杞县志·田赋·地亩》在文末有一大段修志者的按语，个中情况也发人深思。明隆庆年间以王得林为首的仪封、商丘和宁陵三县民众侵占杞县地亩引起诉讼，时官府不察使得杞县“额地日促而额粮日重”。[④]时至乾隆朝，又在考城、宁陵出现了侵占田地之事，有感于斯，撰者哀叹“岂非踵明时奸民之故智乎”。这说明到了乾隆晚年，土地兼并在地方上已引发不少矛盾。又说杞县之赋重的一个原

① 阿思哈、嵩贵纂修：《续河南通志》卷二十六《食货志·田赋》，上海：上海古籍出版社，《续修四库全书》（第 220 册），第 282 页。

② 何平：《从乾隆建阳田赋案论清代的赋税管理》，《清史研究》2004 年第 2 期，第 76 页。

③ 《清高宗实录》卷四，雍正十三年十月乙亥条。

④ 周玑修，朱璐纂：《杞县志》卷七《田赋志·地亩》，清乾隆五十三年刊本，台北：成文出版社，1976 年，第 489 页。

因是杞县丈地独守官亩（小亩）而他州县折亩以大亩算起，由于亩制不一，以大亩起算则地少而轻科，如此使得杞县税赋多于他县。最后，给出建议："总之，地亩之大小，税粮之轻重，一以所在州县为主。其有地浮于粮者，不妨径割与之。粮浮于地者，不妨径蠲除之。"[①]

这两句话如何理解呢？联系上下文，说的是和临县存在土地纠纷并由此引发的杞县实际地亩小于在册纳税地亩，致使杞县出现了粮浮于地，即缴纳的税粮多于实际地亩。修志者认为这种情况不如把多出的税粮直接蠲免了；由于临县实际地亩多，而按旧地亩缴纳的税粮少，出现这种地浮于粮的情况，不如直接把原先挂名在杞县的地亩划归临县，以便让临县按实际地亩缴纳税粮。此例也反映出地权变动与地籍管理中的问题。

十一、通许

乾隆《通许县志》："乾隆四年四月内新收祥符县正管民田好地四十一顷五十二亩九分九厘九毫二丝……以上更名荒田并首报夹荒老荒以及寄庄等色共地八千五百八十九顷八十三亩五分三厘三毫二丝。"[②]

乾隆《通许县志》修于乾隆三十五年，故上述地亩数据是否是乾隆初年的还需要查证。

雍正《河南通志》："原管民卫地八千五百三十五顷二十二亩六分，全熟……共行粮熟地八千五百四十四顷七十七亩一厘四毫。"[③]

《续河南通志》与乾隆《通许县志》的修纂年份相近，查《续河南通志》："原管民田更名地八千五百三十五顷二十二亩六分，全熟……又祥符县寄庄地四十三顷三十五亩九厘九毫二丝。三共行粮熟地八千五百八十九顷八十三亩五分三厘三毫二丝。"[④] 二志所载地亩数据等同。

雍正十三年通许县行粮熟地约为 8544.77 顷，至乾隆四年新收祥符县民

① 周玑修，朱璿纂：《杞县志》卷七《田赋志·地亩》，清乾隆五十三年刊本，台北：成文出版社，1976 年，第 492 页。

② 阮龙光修，邵自祐纂：《通许县志》卷三《田赋志》，清乾隆三十六年刊本，台北：成文出版社，1976 年，第 113 页。

③ 田文镜、王士俊等监修，孙灏、顾栋高等编纂：《河南通志》卷二十一《田赋上》，台北：商务印书馆，《景印文渊阁四库全书》（第 535 册），1986 年，第 572 页。

④ 阿思哈、嵩贵纂修：《续河南通志》卷二十六《食货志·田赋》，上海：上海古籍出版社，《续修四库全书》（第 220 册），2002 年，第 282 页。

田好地，地亩数据才有变动，若以乾隆元年为节点，则通许县行粮熟地为8544.77 顷。

乾隆《通许县志》在“恤政”条中记有自康熙二十五年起至乾隆三十五年的蠲免事宜，惜无蠲免盐碱地信息。

不过，在民国《通许县新志》里找到一些关于当地盐碱地的信息。《通许县新志》:“清道光二十三年黄河决杨桥口，黄水漫湮。邑西北受患最巨，水平后，膏腴之田尽成沙卤。”[①] 盐碱地具体地亩虽无明示，但上下文记述详细，给出不少相关信息，可从中推算一二。

道光二十三年河决，通许西北受灾，不少田地变为沙卤。通许知县萧秀棠奏请沙压地停缓征税，后至咸丰元年再报请继续停缓征税这些沙地，计七百九十七顷九十三亩六分二厘九毫。光绪三十一年知县吕耀卿对境内沙地做了调查，根据土地产量将沙地分为成熟地和半成熟地。成熟地二百五十二顷零九亩一分六厘四毫，依赋役则例每亩派银与民田同。半成熟地一百九十七顷三十八亩零五厘九毫。沙地里，除“成熟地”与“半成熟地”，余下三百四十八顷四十六亩四分零六毫悉为蠲免。[②]

被蠲免的这 348.464 顷按吕耀卿调查结果属于“沙压未成地”。从“成熟”到“半成熟”再到“未成”，显然是指这 348.464 顷沙地难以垦种，也因此被蠲免。据此分析，这“沙压未成地”应为盐碱地。这些盐碱地的形成与道光二十三年的黄河决溢直接相关。

另一个问题：这些盐碱地为何晚至光绪三十一年才被蠲免？从《通许县新志》描述的细节来看，最初萧知县奏请缓征沙地，至咸丰元年继续奏请缓征。后至光绪三十一年，吕知县再度调查在册的沙地，并由此分为三类，才确定蠲免的地亩。

如前文所述，乾嘉之后清政府对土地蠲免是较为慎重的，对于申报蠲免的地亩都有勘丈清查。另外，区分“挂淤”和“沙压”及临河等地的目的是确保地亩总额与原额尽量保持稳定，其实质也是为了保证赋税稳定。既要达到均平，又要实现稳定，就不得不严格审查地亩的蠲免。从通许县的例子还能看出，清政府迟迟不予那些“沙压未成地”以蠲免，此例从侧面反映出清后期财政经济的窘迫。

---

① 张士杰修，侯崑禾纂:《通许县新志》卷三《田赋志·田税》，民国二十三年铅印本，台北：成文出版社，1976 年，第 129–130 页。

② 张士杰修，侯崑禾纂:《通许县新志》卷三《田赋志·田税》，第 130–131 页。

至光绪末年，通许“通共民田更首老荒……共地八千五百八十七顷八十三亩五分三厘三毫二丝。”[①] 即当时行粮地为约 8587.835 顷。

十二、尉氏

道光《尉氏县志》：“按，今良地三十四亩四分。上地五百四十九顷六亩六厘。中地六千一百六十六顷八十三亩八分一厘……共六色地九千四百二十顷一十四亩九分四厘。”[②]

《尉氏县志》关于地亩数据变动的记载简略。自清朝定鼎，只详细记述了顺治朝的垦荒亩数，也是因为尉氏县仅在顺治朝纂有《尉氏县志》四卷，此后历 170 余年无有修志。县志失修，自然康熙、雍正、乾隆朝的详细地亩变动难以考察。这与其他州县相比，情况是较为特殊的。结合文意，上文显然系道光年间尉氏县的地亩数据。

雍正《河南通志》：“原管民地一万二千五百六十七顷五十八亩三厘……现在行粮地九千三百六十四顷八十九亩三分一厘三毫六丝。”[③] 尉氏县的地亩科则分为五等，分别为“上则、中则、下则、黄岗则和荒岗则。”据道光《尉氏县志》所载明崇祯时《赋役全书》将尉氏县地分为五等，其中前三等为一等得收地、二等堪收地和三等颇种地，后两等名称与《河南通志》所载无异。但到了道光年间，又分为六色，不知依据若何。

又乾隆《续河南通志》：“原管民田等地一万二千五百八十六顷三亩八分五厘九毫五丝……现在行粮地九千四百四十一顷二十六亩一分二厘九毫六丝。”[④]《河南通志》和《续河南通志》里关于尉氏县地亩蠲免的仅涉及除荒地。既无收并、新垦地亩也无豁免沙压、水冲等地的记载。除荒地的面积也有变化，《河南通志》载 3200 多顷，而《续河南通志》载 3144 顷多。总之，实际行粮地基本上稳定在九千三四百顷左右。

若以乾隆元年为时间节点，不妨以《河南通志》所载地亩作为尉氏县的

① 张士杰修，侯崑禾纂：《通许县新志》卷三《田赋志 · 田税》，民国二十三年铅印本，台北：成文出版社，1976 年，第 131 页。

② 沈溎修、王观潮纂：《尉氏县志》卷六《赋役志》，页 2–3，清道光十一年刊本。

③ 田文镜、王士俊等监修，孙灏、顾栋高等编纂：《河南通志》卷二十一《田赋上》，台北：商务印书馆，《景印文渊阁四库全书》（第 535 册），1986 年，第 572 页。

④ 阿思哈、嵩贵纂修：《续河南通志》卷二十六《食货志 · 田赋》，上海：上海古籍出版社，《续修四库全书》（第 220 册），2002 年，第 283 页。

地亩数据，即此时尉氏县行粮地面积约为9364.893顷。

尉氏县的盐碱地，其具体面积由于县志无载，难以进行量化。在《尉氏县志·河渠志》："尉地西界中牟、洧川，岗阜蜿蜒而来，率皆沙卤……惠民河旧迹尚依约得之，南滨溱洧东贯惠民，北泻新沟，皆有疏洩之处。倘循其原隰经经纬维，俾无淋潦泛滥之患，则硗埆未始不可变为沃壤也。"[①]撰者指出尉氏县的盐碱地在尉氏邻近中牟、洧川县界的西部地区并给出了治理意见：引溱洧河的河水来疏导惠民河的旧河道，使积水积涝的问题得以排解。对于豫东平原来说，这是正确的治理盐碱地的方法之一。前文已有简述，疏通旧河道，解决当地长期的积水积涝现象，是行之有效的。另外，在引水导流中，也可以冲刷带走一些富集于地表的盐分。

十三、洧川

清代洧川境内也有盐碱地，《洧川县志》："时或变迁而幅员如故。倘守土者为保障，毋为茧丝，则斥卤硗角之区不永为乐郊乐土也邪？"[②]此语是建议为官者担起身为地方屏障的职责，重视民众疾苦，减轻赋税徭役，即使洧川盐碱地瘠也能成为一方乐土。

"茧丝"原指蚕结茧吐的丝。"丝"作为一种贡品早在《禹贡》里就被提到，如兖州和豫州皆上贡漆和丝。后引申为赋税之意，用"茧丝"这种实物指代"赋税"的用法首见于《国语·晋语九》：赵简子使尹铎为晋阳。请曰："以为茧丝乎，抑为保障乎？"简子曰："保障哉！"尹铎损其户数。[③]

同样在《洧川县志·籍赋志》也有提到盐碱地："(旧志)古称圃田泽为豫州薮……诚有见于土壤瘠卤，不足以艺禾稼，阜民生。故尔洧之为邑，瘠卤踞其大半。"[④]

洧川县的田亩分为五等：一等好地、二等薄地、三等沙地、四等湖陂地、

---

① 沈淮修、王观潮纂：《尉氏县志》卷三《河渠志》，页4，清道光十一年刊本。

② 何文明修，李绅纂：《洧川县志》卷一《疆域》，页5，清嘉庆二十三年刊本。

③ (旧题)左丘明撰，鲍思陶点校：《国语》，济南：齐鲁书社，2005年，第240页；曹建国、张玖青注说：《国语》，开封：河南大学出版社，2008年，第300页。二书此处"茧丝"皆注为"赋税"。《嘉庆洧川县志新注》将"保障"和"茧丝"释为"县官合理充分利用其地理优势，手脚不受约束"，其释读值得商榷，见夏志强总撰，李文建主编：《嘉庆洧川县志新注》，长春：吉林人民出版社，2011年，第5页。

④ 何文明修，李绅纂：《洧川县志》卷三《籍赋志》，页1，清嘉庆二十三年刊本。

五等飞沙不堪种地。至嘉庆时，洧川县地亩“现种行粮熟地三千三百三十顷六十八亩三分八厘”。

又雍正《河南通志》：“原管五色民地七千六百四十三顷一亩九分八厘七毫折成一等行粮实地五千三百四十五顷六十六亩三分八厘……现在行粮地三千三百二十四顷七十一亩八分九厘。”①《续河南通志》所载与嘉庆《洧川县志》所载地亩相同，洧川自乾隆元年九月和乾隆七年五月豁免“堤压水冲地”和“河塌堤压民田”共 14 顷多，至嘉庆二十三年止方志无其他除荒和豁免田亩的记载。

与前文所述的祥符县和尉氏县相比，洧川的田亩纳赋科则仅有民地一则，而祥符有二则，尉氏多达五则。这种情况也反映了官方的折亩在地方上实施起来的统一。在方志中也能看出，比如洧川就把其他四等地与一等好地的折亩情况明文写出来，而有的县志却无记载。另外，各地在折亩中所用的单位“亩”也不尽一致，如前文杞县修志者的按语所揭露的问题就是明证。

要之，乾隆初年时洧川实际行粮地约为 3324.718 顷。

十四、鄢陵

关于鄢陵的地亩，《鄢陵县志》载：“乾隆四年新收祥符县正管好地一十顷二十五亩七分三厘八毫……以上通共地九千五百二十四顷九十一亩四分一厘九毫六丝一忽。”②

又雍正《河南通志》：“原管民卫地一万一千一百四十八顷四十八亩八分二厘六毫三丝五忽。内荒芜地一千六百五十四顷一十八亩一分八厘三毫四丝九忽。现在行粮地九千四百九十四顷三十亩六分四厘二毫八丝六忽。”③

乾隆《续河南通志》：“原管民卫地一万一千一百五十九顷五十六亩三分一厘四毫三丝五忽。内除荒芜地一千五百七十九顷一十四亩六厘四毫七丝四忽，乾隆元年、七年两年豁除积水地五十五顷五十亩八分三厘，现在行粮地九千五百二十四顷九十一亩四分一厘九毫六丝一忽。”④

---

① 田文镜、王士俊等监修，孙灏、顾栋高等编纂：《河南通志》卷二十一《田赋上》，台北：商务印书馆，《景印文渊阁四库全书》（第 535 册），1986 年，第 572–573 页。

② 施诚纂修：《鄢陵县志》卷六《赋役志·田赋》，页 12，清乾隆三十七年刊本。

③ 田文镜、王士俊等监修，孙灏、顾栋高等编纂：《河南通志》卷二十一《田赋上》，第 573 页。

④ 阿思哈、嵩贵纂修：《续河南通志》卷二十六《食货志·田赋》，上海：上海古籍出版社，《续修四库全书》（第 220 册），2002 年，第 283 页。

比对三志，发现鄢陵的地亩数据也存有问题。雍正《河南通志》成书于雍正十三年，其后于乾隆元年豁免积水上、中、下三色共地 26 顷多，加上乾隆四年新收祥符县好地 11 顷多，在册的地亩数据总的来说是减少的。而乾隆七年又豁除积水上、中、下三色共地 29 顷多，此后至乾隆《鄢陵县志》的成书时间内鄢陵并无新的田亩开垦。何以乾隆《续河南通志》和《鄢陵县志》所载地亩数据反而上升了呢?

民国《鄢陵县志》的修志者发现了问题所在，在《政治志・田赋》卷引明万历鄢陵人韩程愈[①]的《鄢陵县增地议》载："康熙三年十月目邑侯缑公集绅衿于明伦堂，议增本县地亩……又增虚地三十余亩，此皆并无阡陌，从未开垦，而所纳正贡几于一地二粮矣。"[②]

虚报地亩，除了鄢陵，前述他县亦有一些。虽然鄢陵经核算其虚报数据不大，但从韩程愈所描述的情形来看，百姓负担无疑因此而加重。地方官贪慕政绩"以应满州大人之命"，"里书""奸胥""滑棍"们上下其手，都是促成地亩虚报的主要因素。

"民国以还，据县政府书记处查，开上等田约二千顷……全县上中下共地九千四百五十九顷九十三亩。"[③]值得注意的是，中华民国时期鄢陵田地分为上、中、下三等与清代相同，但上、中、下各等地亩的面积是从小到大，而乾隆《鄢陵县志》里上地 6300 多顷，中地 1900 多顷，下地只有 1200 多顷，依方志所载清代时鄢陵是好地多，下地少。二者出现如此大的反差，其实质在于折亩以土地肥力为标准，但实际中，"肥沃和瘠薄"如何准确界定困难重重。

前已有述，在乾隆初年全国基本上已处于无地可垦的局面，除了向山地、河滨、荒岛、畸零等地开垦及围湖造田外，大片的荒地已很少见。故应以时间靠前的雍正《河南通志》所载为参考而更为接近实际，若以乾隆元年为节点，则鄢陵的行粮地面积为约 9468.223 顷。

鄢陵的盐碱地主要分布在鄢陵境内南部，乾隆《鄢陵县志》："疆域惟南

---

① 韩程愈生于明万历四十二年（1614），卒于康熙三十七年（1698），以文学知名，著述颇丰，其生平参见李敏修辑录，申畅总校补，李宗泉等主编：《中州艺文录校补》，郑州：中州古籍出版社，1995 年，第 63 页。

② 靳蓉镜、晋克昌等修，苏宝谦、王介等纂：《鄢陵县志》卷十《政治志・田赋》，民国二十五年铅印本，台北：成文出版社，1976 年，第 828–831 页。

③ 靳蓉镜、晋克昌等修，苏宝谦、王介等纂：《鄢陵县志》卷十《政治志・田赋》，第 841 页。

最远且僻……而地多沮洳舄卤，皆黄茅白苇。”[①]如前所述,“舄卤”和“黄茅”都是判断盐碱地的指代，但方志中并无具体的盐碱地面积记录及豁免信息，不再赘述。

十五、中牟

中牟的盐碱地之产生与黄河有莫大关系。“中牟古无河患……古黄河自洛汭即北行不经此地”，后“周广顺二年十二月河河决郑、滑，显德六年河决原武，盖河徙渐近此地而犹未南入淮也。”[②]后周广顺二年（952）黄河在郑州、滑县决口，显德六年（960）黄河在原武决口，从此黄河与中牟渐行渐近。“迨雍正癸卯年河又一岁两决，牟邑西北地方大半变为沙碱。”[③]黄河频繁决溢，淹没村庄，给当地民众带来诸多困苦，以致修志者发出“河伯若故与斯民为仇也”的感慨。

此外，黄河决溢也改变了当地的微地貌。河决使得临河田地坍塌，不能耕种，中牟西北地方也逐渐成为盐碱沙地。因黄河中游流经黄土高原，挟带了大量泥沙，进入下游后，地势变缓，加之本身径流量小，泥沙容易淤积，抬高河床，地下潜流采补失常，使得黄河水不断补给地下水，地下水位上升就会产生土壤盐碱化。在蒸发作用下，地下水会顺着土壤缝隙向上运动从而把底层的盐分带至地表并富集到一定程度，就会引起土壤盐碱化。

笔者曾在兰考一带与当地村民攀谈，发现民众在谈及黄河和盐碱地的关系时存在着一种误解。据村民反映，他们灌溉一般不用黄河水，唯恐加重盐碱化，以为是黄河从别处把盐分带过来。事实上，黄河是一条淡水河，盐碱地的盐分其实主要是含在当地土壤底层的盐类矿物而并非是黄河带来的。其产生主要是由于当地含盐矿物的富集造成的，当然黄河在这个过程中扮演了很重要的角色。

《中牟县志》:“按，旧志所载黄河之分合迁徙最为详细，而中牟之被河患，则自元、明以来为尤甚。”[④]中牟因此而产生大片盐碱地，盐碱地难以垦

① 施诚纂修:《鄢陵县志》卷六《赋役志・田赋》，页 8，清乾隆三十七年刊本。

② 孙和相修，王廷宣纂:《中牟县志》卷一《河渠》，页 2，清乾隆十九年刊本。

③ 孙和相修，王廷宣纂:《中牟县志》卷一《河渠》，页 4，清乾隆十九年刊本。

④ 吴若烺修，路春林等纂；吕建华、申娴校点:《同治中牟县志》(上)，郑州：中州古籍出版社，2007 年，第 31 页。

殖，“白气茫茫，远望如沙漠，因风作小丘陵起伏，其间高处寸草不生。”[①] 此种境况当为乾隆《中牟县志》所载雍正三年豁除的深沙盐碱地的真实写照。

乾隆《中牟县志》：“雍正三年豁除被水深沙浅沙盐碱共地三千七百二十七顷四十二亩……乾隆元年豁除临河南岸堤压柳占地一十三顷七十四亩九分七厘一毫六丝……又豁除沙淤盐碱共地九十顷七十二亩五分九厘六毫……乾隆五年豁除盐碱地八十八顷三十三亩一分六厘四毫。”[②]

乾隆十年后，中牟仍有田地豁免的记录，见同治《中牟县志》：“乾隆二十六年河决杨桥，豁除地四百九十四顷七十五亩七分五厘有零……道光二十三年，河决九堡，豁除地三千三百二十一顷七十四亩七分三厘有零……现种成熟行粮地三千一百五十三顷四十二亩一厘四丝，每年额征银一万三千四百十五两六钱七分九厘。”[③]

乾隆二十六年和道光二十三年的黄河决溢，造成中牟大片田地被淹冲毁，也因此被朝廷蠲免。从方志所载内容看，并没有明确是否都是盐碱地。民国《中牟县志》言：“道光二十三年决九堡中牟为大溜……境东北膏腴皆成不毛地，西北地方半变为碱沙”。[④] 实则系修志者引旧志中的只言片语，含糊其词。道光二十三年的河决事件的确给中牟造成巨大损害，从“豁除三千三百二十一顷”多的田地来看也足以说明。但并不能据此推断这么多田地皆为盐碱地。

又乾隆《续河南通志》：“原管民卫等地一万八百五十五顷五十二亩九分五厘……又乾隆元年起至二十九年止豁免堤压柳占挖伤塌没等地七百五十五顷五十三亩二分一厘三毫六丝，现在行粮熟地六千六百二十六顷六十八亩三分一厘二毫四丝。”[⑤]将乾隆元年至乾隆二十九年间的豁免堤压、柳占、挖伤、塌没地的地亩相加和文中所说的755顷相差甚远，如果加上乾隆二十六年豁免的这494顷多的田地才大致相符。

---

① 萧德馨等修，熊绍龙等纂：《中牟县志》卷二《地理志·形势》，民国二十五年石印本，台北：成文出版社，1968年，第56页。

② 孙和相修，王廷宣纂：《中牟县志》卷四《田赋》，页8，清乾隆十九年刊本。

③ 吴若烺修，路春林等纂，吕建华、申娴校点：《同治中牟县志》（上），郑州：中州古籍出版社，2007年，第139–140页。

④ 萧德馨等修，熊绍龙等纂：《中牟县志》卷二《地理志·山川附沟渠》，民国二十五年石印本，第60页。

⑤ 阿思哈、嵩贵纂修：《续河南通志》卷二十六《食货志·田赋》，上海：上海古籍出版社，《续修四库全书》（第220册），2002年，第283页。

再则，前文有述，并非所有的田地都可以永久蠲免，只有如盐碱地这种不毛、不堪耕种的土地才有条件获得永久豁免。虽然方志中并未明确提示，但通过查阅诸志，收集相关资料并加以比对和核算，还是能够看出来的。另外，如果真是盐碱地，方志中理应明示。

总之，由《续河南通志》及上述诸志综合判断，乾隆二十六年河决杨桥事件并由此引发豁除 494.757 顷的田地应非盐碱地。同理，道光二十三年河决九堡事件造成的 3300 多顷豁除地也应非盐碱地。

郑州在道光二十一年、二十三年的河决事件中受灾也颇为严重，不同于中牟，在郑州的方志中有明确豁除新盐碱地的记录。中牟在乾隆二十六年和道光二十三年豁除了大量土地，这些土地里包含有多少盐碱地呢？据考证，中牟的盐碱地早在雍正三年时已经豁免得差不多了，其后乾隆元年和五年又登册了新的盐碱地，这些盐碱地本来就分布在中牟的西北地方，在道光二十三年河决事件中被豁除的那 3300 多顷田地也在中牟的西北，只不过被水淹没河沙淤积，待水退后又能恢复生产。另外，在乾、嘉朝之后，清政府对于土地永久蠲免是很慎重的，即使有新的盐碱地产生，获得“圣恩”蠲免的时机可能会和通许一样，一直推延。但中牟这种情况又有不同，因其在前朝获得蠲免时其名义上就并非盐碱地，即使确如民国《中牟县志》所描述的那样有盐碱地，但绝不会有那么多面积的盐碱地。虽然对此持有疑问，但限于史料，仅能做此推断。

据上，中牟的盐碱地面积为雍正三年豁除的深沙盐碱地一千七百八十八顷七十九亩四分四厘加上乾隆元年豁除的沙淤盐碱地九十顷七十二亩五分九厘六毫，再加上乾隆五年豁除的盐碱地八十八顷三十三亩一分六厘四毫，共计约 1967.85 顷。

中牟的实际行粮地面积又是多少呢？雍正《河南通志》：“原管民卫地一万八百五十顷六十八亩四分……现在行粮地七千三百九顷九十亩九分三厘九毫。”[①] 总额减去荒芜地 1751 顷多和雍正三年豁除的盐碱地 1788 顷多，剩下约 7309.909 顷。此可作为雍正十三年的参考数据。如果以乾隆五年为节点，除去豁除的盐碱地，[②] 则中牟的行粮地面积为约 7130.853 顷。进一步计算可

---

① 田文镜、王士俊等监修，孙灏、顾栋高等编纂：《河南通志》卷二十一《田赋上》，台北：商务印书馆，《景印文渊阁四库全书》（第 535 册），1986 年，第 573 页。

② 乾隆元年至五年除盐碱地外，尚有堤压、柳占等地，但这些地亩属于临时蠲免，复垦后又会登科入册，《续河南通志》有载，故计算时只除去盐碱地。

得，乾隆五年时，中牟的盐碱地占总行粮地面积的比重约为21.628%。

十六、阳武

阳武县的地亩记载在乾隆《阳武县志》："国朝原额地九千三百一十二顷六十六亩四分一厘……至乾隆十年现在熟地八千二十八顷二十亩八分九厘四毫七丝。"①

雍正《河南通志》："原管民卫地除沙碱折去地七百六十二顷六十二亩二分八厘五毫，堤压埽占、拨入该府籽粒地八十七亩六分……现在行粮地八千二百六十八顷三十三亩四分五厘一毫。"②

又乾隆《续河南通志》："原管民卫地除沙碱折去地七百六十二顷六十二亩二分八厘五毫……现在行粮地八千四顷九十三亩三分七厘九毫七丝。"③

民国《阳武县志》引述乾隆《阳武县志》后有云："查乾隆三十年原额民地七千八百三十四顷五十二亩零一厘四毫七丝。"并注曰："内减去熟地一百九十三顷六十八亩八分八厘，其豁免手续及年月失考"④。

现将诸志所载的地亩变动数据列出，观其变化以希从中查出些许端倪，见表2–3。

表2–3　方志所载清初至乾隆三十年阳武地亩数据变化表

时间	地亩变动事件	面积（单位：顷）	史料来源
顺治三年前	除堤压埽占地	0.415	乾隆《阳武县志》
	拨入潞府地	0.461	乾隆《阳武县志》
	豁除沙碱折去地	762.622	雍正《河南通志》、乾隆《续河南通志》
雍正三年	豁免支河沙滩地	128.195	雍正《河南通志》、乾隆《续河南通志》

① 谈諟曾修，郭大典、杨仲震等纂：《阳武县志》卷七《田赋志》，页5，清乾隆十年刊本。

② 田文镜、王士俊等监修，孙灏、顾栋高等编纂：《河南通志》卷二十一《田赋上》，台北：商务印书馆，《景印文渊阁四库全书》（第535册），1986年，第573页。

③ 阿思哈、嵩贵纂修：《续河南通志》卷二十六《食货志·田赋》，上海：上海古籍出版社，《续修四库全书》（第220册），2002年，第283页。

④ 窦经魁、郑瀛宾等修，耿愔等纂：《阳武县志》卷二《田赋·田粮》，民国二十五年铅印本，台北：成文出版社，1976年，第241页。

（续表）

时间	地亩变动事件	面积（单位：顷）	史料来源
雍正三年	除荒芜地	328.745	雍正《河南通志》、乾隆《续河南通志》
雍正三年起至乾隆二十九年止	豁除支河、盐碱沙压等地	464.097	乾隆《续河南通志》
雍正三年起至乾隆二十九年止	除荒芜地	256.243	乾隆《续河南通志》

乾隆《阳武县志》提到，阳武“实在原额地”9311.788顷经豁除“次碱平沙”和“极碱坑沙”等地后再折亩，折成“一等地”实为约8549.165顷。表2–3中的“豁除沙碱折去地”762.622顷实际是在顺治三年前就已经豁除了。

自顺治三年后豁除盐碱、滩塌、流成支河及老荒、夹荒地，再加上自首、开垦地，至乾隆十年时熟地8028.208顷，也即顺治三年至乾隆十年内，除去增加的自首和开垦地，阳武被豁除的盐碱、坍塌和支河及老荒、夹荒地共520.957顷。虽然，这些信息方志无载，但通过核对诸志再加以计算便可得出，又因方志皆有援引前志之惯例，如表2–3中《河南通志》和《续河南通志》所述的同一件豁除田亩事件既有确指又有补充，这些信息综合起来也便于我们进行相关推算。

再看表2–3，查《续河南通志》可知雍正三年至乾隆二十九年间，阳武又有豁除盐碱地的事实，表中的记录一目了然，虽然乾隆《阳武县志》只有笼统地一句“自顺治三年以后免荒征熟豁除盐碱滩塌流成支河……”，而雍正《河南通志》却没有记载。而且还能推知此事发生在乾隆元年至乾隆十年间。

据《河南通志》，雍正三年豁免支河沙滩地共128.195顷，与《续河南通志》的记述相比，又可知在乾隆元年至乾隆二十九年间又发生了豁除盐碱沙压地的事实，虽然《河南通志》无载，但可从乾隆《阳武县志》和《续河南通志》相关记载中查证，且可进一步将时间推算为在乾隆元年至乾隆十年间，虽二志中皆未明确时间，但可从三志的相关记载通过相互对比加以考证。据此，又可简单推算，乾隆元年至乾隆十年，阳武新豁除的盐碱地约为335.902顷。

注意到雍正《河南通志》和乾隆《续河南通志》中，起始计算阳武地亩的原额地为9487.896顷，与乾隆《阳武县志》所载的原额地相差176.108顷，或许也是地方官员在上报地亩时虚报的结果。

至于民国《阳武县志》修志者所发现的问题，撰志者附的注经笔者推算，原因就在于《续河南通志》起始计算阳武的原额地比乾隆《阳武县志》多出了 176.108 顷上。

民国《阳武县志》是引述乾隆《阳武县志》的田亩数据，但乾隆《阳武县志》只记载到乾隆十年，其后的地亩变动无志可考。《续河南通志》所载乾隆二十九年后阳武行粮地面积约为 8004.933 顷，若减去虚报的那 176.108 顷，剩下行粮地面积非常接近民国《阳武县志》修志者所查的结果。

注意到这一细节有助于理解民国《阳武县志》撰者们的疑惑，而且还能进一步替他们解释说明，即所谓"内减去熟地一百九十三顷六十八亩……"压根没有豁免这回事，也不是史乘不载难以考证，而是原始数据虚多。阳武在乾隆《阳武县志》后县志失修，民国《阳武县志》修志者所查得的地亩实际上是乾隆三十年后历经嘉庆、道光直至民国一系列数据的逆推，其后的数据记载（包括豁免、缓征、收并等）非常清楚，而乾隆十年到乾隆三十年间的阳武县地亩变动只有《续河南通志》有载。民国《阳武县志》的修志者根据当时实际地亩能够清楚地推算到乾隆三十年的地亩数据，但他们却没有与《续河南通志》上记载的数据做对比，他们只是与乾隆《阳武县志》对比，结果发现多出 193.688 顷，鉴于无法解释，便作注说明。

民国《阳武县志》："二十四年奉省政府财一字第三六一一号训令……现在实应征地五千四百十六顷十八亩零四厘零零九忽。"①时至民国二十四年，阳武县实际行粮地仅为 5416.18 顷。自乾隆五十九年后，阳武豁除了大量的沙压地、坍没地，尤其在嘉庆十四年、道光十九年、咸丰二年、咸丰十年豁除或缓征的地亩都在数百顷以上，至光绪三十一年时阳武县"现应征丁地五千四百六十一顷五十六亩一分三厘"②。

以乾隆十年为时间节点，则阳武县的盐碱地面积约为 1098.524 顷。需要说明的是，实际上盐碱地的面积应该是有所变化的，而且是一种动态的变化，譬如人类活动可以增加或减少盐碱地的面积，再比如黄河决溢又可以产生新的盐碱地，这些都应该以动态的思维去衡量实际情况。文中以某个时间节点为准，一方面是出于统计需要，另一方面也是史料限制。如此一来难免会造成统计出来的数据是一种静态的只能反映某一时刻的数据。这也是计量

① 窦经魁、郑瀛宾等修，耿愔等纂：《阳武县志》卷二《田赋·田粮》，民国二十五年铅印本，台北：成文出版社，1976 年，第 244 页。

② 窦经魁、郑瀛宾等修，耿愔等纂：《阳武县志》卷二《田赋·田粮》，第 243 页。

学深入历史学研究所面临的难题。但即使如此，先行对这些原始数据做好统计工作并作初步推断也是至关重要的，这些可以作为以后工作的参考资料。

若以乾隆十年为准，以乾隆《阳武县志》所载的阳武县行粮地减去虚报的 176.108 顷，则阳武县实际行粮地面积为 7852.14 顷。那么，乾隆十年时阳武县盐碱地面积占总行粮地面积的比重约为 12.273%。

乾隆十年后，阳武又有新的盐碱地记录。民国《阳武县志》："咸丰二年停缓太平镇二十二村庄碱不成碱盐不成盐俗名白不碱地六百四十四顷一十九亩六分八厘八毫五丝六忽。"太平镇即今原阳县太平镇。① 咸丰元年，河决阳武越石，次年又决。② "碱不成碱盐不成盐"意指这种土壤属于 pH 值较低的盐碱地，若按现代盐碱地的归类，应属于轻度盐碱地。另外，清政府并未直接豁免而是停缓，一方面可能因为这些田地盐渍化较轻，另一方面也与乾嘉之后清政府对于盐碱地蠲免审核日益严格化有关。

要之，咸丰二年阳武又有新的盐碱地记录，其产生与黄河决溢有直接关系，其面积约为 644.196 顷。

十七、封丘

顺治《封丘县志》："明初原额地共一万五百顷四十四亩七分七厘。正管上地五千七百二十一顷二亩五厘……优民乡宦、举监、生员、吏承人等地在额内。"③ 封丘地亩分为上、中、下地和河滩地。此志未述及折亩。

康熙《封丘县志》："封丘丁地行粮则例详见前志，其中大为民累者莫过河患。按顺治七年河决淹至十四年始塞，地变沙河并坍塌堤压掘壤者十去其三。由大工龙门口北至长垣交界冲成大沙河，长有九十里，宽二里余。飞沙不毛永不堪种壤地约有二千余顷。"④

康熙十九年刊本《封丘县志》虽接续顺治《封丘县志》，但其田亩记载甚为不详，只详述了顺治年间的河决事件对封丘造成的田地损失。顺治七

① 太平镇在民国《阳武县志·区村》属于民国阳武区划三十二地方之一，在同治六年筑寨，见窦经魁、郑瀛宾等修，耿愔等纂：《阳武县志》卷二《区村·土寨》，台北：成文出版社，1976 年，第 203 页。阳武县于 1950 年 3 月与原武县合为原阳县，见原阳县志编纂委员会：《原阳县志》，郑州：中州古籍出版社，1995 年，第 2 页。

② 刘于礼：《河南黄河大事记 1840 年—1985 年》，郑州：河南黄河河务局黄委会，1993 年，第 6 页。

③ 余缙修，李嵩明等纂：《封丘县志》卷三《田赋》，页 8，清顺治十六年刊本。

④ 王赐魁修，李会生等纂：《封丘县志·民土·土田》，页 1，清康熙十九年刊本。

年，河决朱源寨，封丘境内全淹。顺治九年黄河再决，决口封丘大王庙，冲毁县城，“城邑冲毁无余，官寄治于家店，居民流徙四方”，至“十二年冬始塞”。[①] 算起来，接连的河决持续近 7 年之久，封丘也因此产生了 2000 余顷的不毛之地。

康熙《封丘县续志》：“本县原额上中下三等地一万五百顷四十四亩七分七厘。折定上地八千九十九顷八十二亩一厘……现在行粮熟地六千四百七十一顷七十亩四分六厘六毫。”[②]

又雍正《河南通志》：“原管三等民卫地一万五百七十七顷二十一亩一分七厘，折成一等行粮实地八千一百七十六顷五十八亩五分一厘，内雍正三年豁免沙滩地一百三十九顷五十亩五分……现在行粮地六千七百八十九顷四亩四毫五丝。”[③]

乾隆《续河南通志》：“原管三等民卫等地一万五百七十七顷七十六亩五分二厘，折成一等行粮实地八千一百七十七顷一十三亩八分六厘，内除雍正三年起至乾隆十九年止豁除支河堤压柳占盐碱等地一百九十二顷九十八亩九分三厘五毫……现在行粮地六千七百六十七顷八十六亩九分六毫五丝。”[④]

封丘地亩在康、雍、乾朝基本稳定，劝垦主要集中在康熙朝，豁除地亩发生在雍正和乾隆朝。《河南通志》载雍正三年豁免沙滩地，此事也见于《清实录》。[⑤]

又《续河南通志》：“雍正三年至乾隆十九年豁除支河堤压柳占盐碱等地一百九十二顷九十八亩九分三厘五毫”，可知在雍正三年至乾隆十九年间封丘有豁除盐碱地的记录。又雍正《河南通志》载雍正三年既已豁除了 139.505 顷的沙滩地，那么剩下的 53.484 顷当为包含有支河、堤压、柳占、盐碱等地亩的面积。

又《续河南通志·河渠志·河防》：“乾隆十六年河决阳武、祥符，朱

---

① 孟镠、耿弦祚增修，李承绂纂：《封丘县续志》卷二《河防》，页 8，清康熙三十六年刊本。

② 孟镠、耿弦祚增修，李承绂纂：《封丘县续志》卷四《赋税》，页 3，清康熙三十六年刊本。

③ 田文镜、王士俊等监修，孙灏、顾栋高等编纂：《河南通志》卷二十一《田赋上》，台北：商务印书馆，《景印文渊阁四库全书》（第 535 册），1986 年，第 573–574 页。

④ 阿思哈、嵩贵纂修：《续河南通志》卷二十六《食货志·田赋》，上海：上海古籍出版社，《续修四库全书》（第 220 册），2002 年，第 284 页。

⑤ 《清世宗实录》卷三十，乙巳三月己亥：“丁未谕户部，豫省阳武、封丘、中牟三县从前两被水灾，闻其近堤地亩有被水涨漫流为支河者，有水去沙停变为沙滩者，有地土变为盐碱者……一一确实，分别定议。”

水自十三堡口门经太平镇分为二道，自口门沿堤东流分入延津、封丘二县之渠，复合于封丘之居厢渠至铁炉庄分为二股……乾隆十七年正月十三堡口门大堤筑成又增筑缕堤格堤等工数百丈。"①乾隆十六年河决阳武、祥符，封丘因水冲、修堤而得以蠲免的地亩应系此次事件的结果。从此处《河渠志》相关记载还可看出，地方上种植柳树也主要是为了防洪，对于养护不力者还有相应责罚。

鉴于以上诸志语焉不详，难以判断这些盐碱地何时被豁免。但应该不会是乾隆十六年河决之后，因为据《续河南通志》所载，此次河决封丘主要是加固堤坝。

但即使如此，仍然不能准确计算盐碱地的面积，因为这 53.484 顷包含有其他临时豁免的地亩，又没有其他可以辅助判别的史料支撑，不过可以肯定盐碱地面积小于 53.484 顷。

民国《封丘县续志》亦说"卷宗佚失未载，以故不能逐条备列藉资考证"。据民国《封丘县续志》："嘉庆十六年六月奉旨豁免神马等十五社土塘、河塌、沙压地亩三百二十四顷六十九亩二分三厘二毫……现种行粮成熟地六千七十三顷七十八亩五分七厘一毫五丝。"②查民国《封丘县续志》，乾隆三十二年后封丘并无再有豁免盐碱地的记录。

若以乾隆十六年为时间节点，则封丘的行粮地面积约为 6735.556 顷，当时盐碱地占总行粮地面积的比重小于 0.788%。

十八、兰阳

《嘉庆重修一统志》："春秋户牖。汉置东昏县，属陈留郡……明属开封府，本朝因之。"③道光四年裁仪封厅，并入兰阳县，改兰阳县名为兰仪县。④田繁生在民国《仪封县志·序四》写道："清嘉庆二十四年黄河溃决，仪城

① 阿思哈、嵩贵纂修：《续河南通志》卷二十一《河渠志·河防》，清乾隆三十二年刻本，上海：上海古籍出版社，《续修四库全书》（第 220 册），2002 年，第 232 页。

② 姚家望修，黄荫柟纂：《封丘县续志》卷六《食货志·田赋》，页 3–4，民国二十六年铅印本。

③ 清仁宗敕撰：《嘉庆重修一统志》卷一百八十六《开封府·建置沿革》，北京：中华书局，《四部丛刊续编史部》（第 12 册），1986 年，第 16–23 页。

④ 《清宣宗实录》卷七十六，道光四年甲申十二月己未："移河南归德府通判驻永城县薛家湖集为分防通判……裁开封府属仪封厅通判所辖村庄，并归兰阳县管理。改兰阳县为兰仪县，定为冲繁沿河要缺。"

没于水，县治并归于兰，复合为一，号兰仪。后避清宣统帝讳，始改今名为兰封。”①兰阳从道光五年开始，其境域与先前不同，其名称也有变化，所以后文再述及兰阳县地亩及盐碱地时，也有必要分时段说明。

康熙《兰阳县志》：“本县原额地七千三百九十九顷五十六亩六分六厘，除福瑞二府地三十三顷外，实在原额地七千三百六十六顷五十六亩六分六厘。地分中下灾三则……新旧见在行粮熟地共五千八百九十二顷三亩四分二厘五毫七丝五忽。”②其中“灾地”系堤压河流地。兰阳在康熙朝就有康熙四年、十六年和二十五年三次清丈，但却没有盐碱地的记载。

乾隆《兰阳县续志》：“原额地七千三百九十九顷五十六亩六分六厘，内除福瑞二府地三十三顷另造外，实在原额地七千三百六十六顷五十六亩六分六厘……见种行粮成熟并旧管康熙九年起至雍正十一年止劝垦自首入额征解地亩除豁外，实存地五千六百三十四顷二十三亩三分二厘八毫八丝二忽二微五纤。”③《兰阳县续志》的续修，补充了康熙三十四年后至乾隆十二年间的兰阳地方状况。志中关于地亩豁除的记载尤为详细，与他志比较可资参照。

雍正《河南通志》：“原管民卫地除福瑞二府籽粒地三十三顷，实在民卫地七千五百三十九顷一十亩六分一厘。又雍正八年豁除盐碱地四百九十六顷九十三亩九分六厘九毫五丝七忽七微五纤……行粮熟地五千九百二十顷七十亩九分七厘二毫四丝七忽二微五纤。”④

乾隆《续河南通志》：“原管民卫地除福瑞二府籽粒地三十三顷……除雍正九年起至乾隆元年止豁除盐碱等地七百二十四顷一十六亩一分八厘八毫五丝七忽七微五纤……现今行粮熟地五千七百七十一顷三十四亩九分八厘九毫七丝七忽二微五纤。”⑤

从《河南通志》可知，盐碱地的豁除发生在雍正八年。实际上再细察《河南通志》，雍正八年豁除的这些盐碱地是分别记载的。“又雍正八年豁免兰

---

① 纪黄中、王绩等修，宋宣等纂：《仪封县志》，台北：成文出版社，1968年，第7页。

② 高世琦修，王旦等纂：《兰阳县志》卷二《田赋志·赋税》，页1–2，清康熙三十四年刊本。从高世琦《兰阳县志·序》里可知，此志乃康熙二十六年前后时任知县刘应枢请邑绅续修《兰阳县志》，后呈报河南巡抚，定于康熙三十四年刊刻，高世琦“校雠并此近年事迹斟酌添增，补其渗漏而节其繁缛”，校勘之后“装潢成帙”。

③ 涂光范修，王壬等纂：《兰阳县续志》卷一《赋税志·田赋》，页1–4，民国二十四年铅印本。

④ 田文镜、王士俊等监修，孙灏、顾栋高等编纂：《河南通志》卷二十一《田赋上》，台北：商务印书馆，《景印文渊阁四库全书》（第535册），1986年，第574页。

⑤ 阿思哈、嵩贵纂修：《续河南通志》卷二十六《食货志·田赋》，上海：上海古籍出版社，《续修四库全书》（第220册），2002年，第284页。

阳县实在盐碱水深沙厚不堪耕种地四百八十顷四十六亩八分七厘六毫五丝二忽七微五纤。"[①] 有小字注曰："俟变转时陆续报垦"。接着，"又碱味稍淡水浅沙薄地三十四顷八十四亩三分二厘八毫五丝。"小字注曰："照限年垦复之例于雍正癸丑年先照灾则起科，三年后仍复原则。"也就是说，这"碱味稍淡浅沙薄地"是按灾则起科，没有被豁免，据文意，这些地也应属于盐碱地，只不过盐碱化较轻，但却未被蠲免。下文又有"雍正八年豁免兰阳县实在咸碱水深沙厚不堪耕种地一十六顷四十七亩九厘三毫五忽"。加上上面的那 480 多顷，合得《河南通志》所言。从这个例子来看，"不堪耕种"似应是清政府蠲免盐碱地的主要依据。也就是说，只有达到"不堪耕种"之程度的重度盐碱地才能被蠲免，这符合先前我们对盐碱地蠲免的分析，也符合实际。因为地方上报申请豁免盐碱地后，清政府也并非是不加审核勘察地一律加以豁免，如郑州当时就派了开封府的官员专门实地踏查。兰阳在康熙朝就清丈 3 次，清政府对当地地亩的实际情况也不可能不清楚，这个例子从侧面也说明了这个问题。

乾隆《续河南通志》又提示我们，兰阳在乾隆朝又有新的盐碱地得以蠲免。但《续河南通志》一笔带过，记载颇简。查乾隆《兰阳县续志》所有豁免盐碱地相关记录，作表 2–4。

表 2–4　兰阳县雍乾两朝豁除盐碱地记录

时间	事件	面积（单位：顷）
雍正九年三月	豁除盐碱河形浮沙地	480.468
雍正九年三月	豁除盐碱地	15.855
雍正九年三月	豁除盐碱地	0.665
乾隆元年九月	豁除盐碱浮沙地	15.622
乾隆元年九月	豁除盐碱浮沙中地	182.451

雍正《河南通志》所载雍正八年豁免盐碱地与乾隆《兰阳县续志》所载时间不一，甚为蹊跷。《清史稿》中有一丝线索：

"是岁山东水灾，河南亦被水。上命蠲免钱粮。文镜奏今年河南被水州

---

① 田文镜、王士俊等监修，孙灏、顾栋高等编纂：《河南通志》卷二十一《田赋上》，台北：商务印书馆，《景印文渊阁四库全书》（第 535 册），1986 年，第 570 页。

县，收成虽不等，实未成灾，士民踊跃输将。特恩蠲免钱粮，请仍照额完兑……九年，谕曰：上年山东有水患，河南亦有数县被水，朕以田文镜自能料理，未别遣员治赈。近闻祥符、封丘等州县民有鬻子女者。文镜年老多病……并令侍郎王国栋如河南治赈。”[①]

雍正八年田文镜奏请河南照额输赋之事也见于《清实录》。[②]雍正九年，湖广总督迈柱奏称“豫省被水之民有觅食糊口于湖广者”被陆续遣送回原籍。此事引起雍正帝的重视，又获悉祥符、封丘等州县乡民卖儿鬻女以资糊口，雍正帝令侍郎王国栋到河南赈灾。雍正帝以“文镜年老多病、精神不及，为属员所欺诳”为由袒护了“受世宗眷遇”的田文镜。雍正十年，田文镜以病乞休，不久即卒。朝廷令河南省城立专祠，王士俊疏请将田文镜入河南贤良祠。

不过，高宗继位后，情况有了大变，先是尚书史贻弹劾王士俊“累民滋甚”，乾隆帝也痛斥王士俊道：“河南自田文镜为督抚，苛刻搜求，属吏竞为剥削，河南民重受其困。即如前年匿灾不报……此中外所共知者。”乾隆五年，河南巡抚雅尔图奏称河南民怨田文镜，当移除河南贤良祠。乾隆帝顾忌“当日王士俊奏请，奉皇考允行，今若撤出，是翻前案矣”，最终此事未能成行。

雍正《河南通志》和乾隆《兰阳县志》记载不一，其原因或许就藏于这些史实中。兰阳在雍正朝豁免盐碱地的准确时间当在雍正九年。《清实录》：“豁免河南兰阳县浮沙地亩额赋二千五百两有奇。”[③]兰阳县被豁免浮沙地亩发生在雍正九年三月，所以说何来雍正八年就被豁免呢？豁免的浮沙地亩额赋也正是表 2–4 中的雍正九年三月豁除的“盐碱河形浮沙地”和“盐碱地”的额赋。乾隆《兰阳县志》所载豁除这些地亩的额银相加几近《清实录》所载，其中 480.468 顷盐碱浮沙地实豁连闰银为 2313 两多，豁除 15.855 顷盐碱地的连闰银为 72 两多，豁除 0.665 顷盐碱地的连闰银为 3 两多。兰阳在雍正朝豁免盐碱地的时间也与乾隆《续河南通志》所载相符。

据此，可明确推断兰阳在雍正九年才得以豁免盐碱地亩，雍正《河南通志》所载时间不确。很有可能是《河南通志》在王士俊接田文镜监修之后

---

① 赵尔巽等撰：《清史稿》卷二百九十四《列传八十一》，北京：中华书局，1977 年，第 10339 页。

② 《清世宗实录》卷一百，庚戌十一月丙寅：“庚辰户部议覆，河东总督田文镜疏言今年豫省被水州县收成虽有不等，实未成灾……即将现在已兑漕粮准作辛亥年正供以示朕嘉惠豫民至意。”

③ 《清世宗实录》卷一百四，辛亥三月甲子：“豁免河南兰阳县浮沙地亩额赋二千五百两有奇。”

篡改了兰阳县获得“恩蠲”的时间。其最大动机便是为了掩盖田文镜匿灾不报之实。加之雍正帝对田文镜恩遇有加，使其有恃无恐，即使有责也被搪塞过去。但田文镜死后，随着乾隆继位，王士俊失势，续修的《兰阳县志》和乾隆《续河南通志》在述及雍正朝这一件事的史实时就客观地反映了当时的实际。

再回到盐碱地，从表 2–4 可知，兰阳在乾隆元年时被豁免的盐碱地面积约为 695.061 顷。乾隆《续河南通志》所载的“豁除盐碱等地”还包括了“临河南北两岸堤压柳占地”29.148 顷。结合上文，兰阳当时尚有 34.843 顷未被豁除的盐碱地，则兰阳总的盐碱地面积为 729.904 顷。

观兰阳县志和河南通志，仍可以发现它们所载的原额地也是不等的。康熙《兰阳县志》和乾隆《兰阳县续志》相同，皆为 7366.566 顷，与雍正《河南通志》及乾隆《续河南通志》比，少了 172.54 顷。这些地亩当也应系虚报所致，此不赘言。

若以乾隆元年为准，则兰阳当时的实际行粮地面积以《兰阳县续志》所载原额地为起始，减去表 2–4 中豁除的盐碱地和《兰阳县续志》所载在乾隆二年以前所豁除的其他地亩，经算为 5602.394 顷。比雍正《河南通志》减少了 327.375 顷，减少的面积约等于虚报和乾隆元年新豁除的盐碱地的加和，再除去豁除的堤压柳占地。

据此可得，当时兰阳的盐碱地面积占总行粮地面积的比重约为 11.527%。

十九、仪封

乾隆《仪封县志》：“国朝初年免荒征熟弊去其已，甚者而犹未尽绝……原额上中下三色共地五千二百四十七顷二十八亩九分九厘七毫……实在三色行粮共地五千一百七十七顷四十六亩四分三厘五毫二丝。”①

又雍正《河南通志》：“除李家庄改属山东曹县拨去地九顷四亩二分九厘六毫……实在行粮民卫地五千九百七顷七分九厘一毫，全熟。”②

① 纪黄中、王绩等修，宋宣等纂：《仪封县志》卷五《食货·田赋》，民国二十四年铅印本，台北：成文出版社，1968 年，第 203–206 页。乾隆《仪封县志》于乾隆二十九年刊行，后民国二十四年兰封县县长杨宗津请当地缙绅耆老搜兰、仪两志重新刊印，是为民国二十年铅印本，其过程可参见《仪封县志·序二》。

② 田文镜、王士俊等监修，孙灏、顾栋高等编纂：《河南通志》卷二十一《田赋上》，台北：商务印书馆，《景印文渊阁四库全书》（第 535 册），1986 年，第 574 页。

乾隆《续河南通志》："除李家庄改属山东曹县拨去地九顷四亩二分九厘六毫，又康熙十年起至乾隆十年止豁除临河堤压柳占盐碱等地六十顷七十八亩二分六厘五毫八丝……实在行粮民卫地五千八百六十九顷三十三亩一厘七毫二丝。"①

"李家庄改属山东曹县"一事，乾隆《仪封县志》："雍正四年六月内奉文归并山东曹县上地六顷九十亩七分四厘八毫，中地八十八亩七分六厘六毫，下地一顷二十四亩七分八厘二毫。"② 拨去地亩与《河南通志》及《续河南通志》所载相符。

《河南通志》与《续河南通志》皆未写明仪封的原额地，这与先前他县所载的记述颇为不同。乍一看，刊印年代相近的《仪封县志》与《续河南通志》关于仪封当时的行粮地面积有很大差额。实际上，《仪封县志》中"三色行粮地"并未包含更名地、宣武卫地及籽粒地。《仪封县志》载顺治十六年正月收并宣武卫供军样田35.41顷多，清丈宣武卫地也是240步为一亩；另康熙八年四月收更名地635.898顷，除此外算上收归德府考城县更名地及籽粒地，其总额与乾隆《续河南通志》所载相当。总之，此三志关于仪封实际行粮地面积的记述并无多大出入。

至于盐碱地，从乾隆《续河南通志》看，豁除的盐碱地并不多。乾隆《仪封县志》载豁除的盐碱地有乾隆元年九月豁除的盐碱上地14.57顷和乾隆九年六月豁除抑园沙碱中地1.478顷，两项合计16.048顷。

若以乾隆十年为时间节点，又据《仪封县志》知乾隆十年后仪封并无新的地亩豁除和收并，则仪封的实际行粮地亩面积可依乾隆《续河南通志》为参考。

综上，乾隆十年时仪封的盐碱地面积占总行粮地面积的比重约为0.273%。

---

① 阿思哈、嵩贵纂修：《续河南通志》卷二十六《食货志·田赋》，上海：上海古籍出版社，《续修四库全书》（第220册），2002年，第284页。

② 纪黄中、王绩等修，宋宣等纂：《仪封县志》卷五《食货·田赋》，民国二十四年铅印本，台北：成文出版社，1968年，第204页。

第三节 清代开封府各属县的盐碱地面积和特征

上一节中通过分析史料，以乾隆二十九年（1764）河南行政区划为准，统计出了当时开封府各州、县的在册盐碱地面积。为进一步观察和分析，现作表2–5。

表2–5 方志所见开封府各州县盐碱地面积统计表

州县	有无盐碱地	豁除盐碱地面积（单位：顷）	豁除时间	盐碱地所占比重（%）
郑州	有	390.878[①]	乾隆元年、道光二十三年	10.029
荥阳	有			
祥符	有	1454.816	雍正四年、乾隆元年	5.805
陈留	有			
杞县	有	4.54	乾隆元年	0.022
通许	有	348.464	光绪三十一年	3.899
尉氏	有			
洧川	有			
鄢陵	有			
中牟	有	1967.85	雍正三年、乾隆元年和五年	21.628
阳武	有	1098.524	乾隆元年至十年[②]、咸丰二年	12.273
封丘	有	小于53.484	雍正三年至乾隆十六年	小于0.788
兰阳	有	695.061	雍正九年、乾隆元年	11.527[③]
仪封	有	16.048	乾隆元年和九年	0.273

① 郑州在道光二十三年又有豁免103.267顷的盐碱地记录。因不能确定乾隆元年豁除的盐碱地到道光二十三年时面积是增加了还是减少了，慎重起见未将其计入郑州总的盐碱地面积，宜分开述之。表中其他州县有类似情况者，亦作相同处理。

② 阳武在咸丰二年又有停缓征纳新的盐碱地，按《清朝通典》"停缓"也属于广义上的"蠲免"。因其与先前蠲免盐碱地的时间间隔过久，情况如郑州，从逻辑上讲不宜放一起统计，也单列出来。

③ 兰阳在雍正九年时尚有34.843顷盐碱地按灾则起科，未被豁免。此处所计算的比重是将其一并计入计算所得，并非只计算豁除的盐碱地。

从表 2–5 中，可归纳出以下认识：

1. 乾隆二十九年时，开封府下辖 19 个州县，其中有 14 个州县境内有盐碱地分布，分布率达到 73.684%，可谓是大多州县都有盐碱地。

2. 虽然三分之二强的州县皆有盐碱地，但得以豁免的仅有 9 个。其他 5 县虽有盐碱地的相关描述，但方志中并未有豁免的记载。其原因可参考兰阳县，也即清政府蠲免盐碱地的依据主要以地亩“不堪耕种”为准，土地低产到如河南巡抚富德和雅尔图所说的“枉费工本，徒累官民”之程度才可。或用今日土壤学概念言之，就是说达到重度盐渍化的土地方可蠲免。同样的情况也见于阳武县，在咸丰二年（1852）时，阳武又有 644.196 顷的盐碱地产生，但也只是停缓征纳。

3. 在获得蠲免盐碱地的 9 个州县中，盐碱地面积最大的是中牟县，其次是祥符和阳武。盐碱地所占比重中牟以 21.628% 高居第一，阳武和兰阳紧随其后，如图 2–1 和图 2–2 所示。不能以图 2–1 中各州县盐碱地的数值面积作为各州县实际的盐碱地面积，因为并没有考虑折亩的换算。

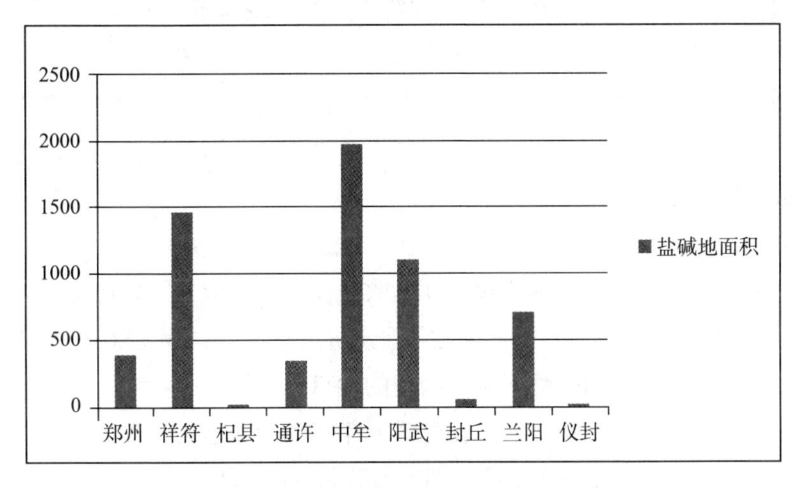

图 2–1　开封府各州县盐碱地面积示意图

4. 盐碱地蠲免的时间主要发生在雍正和乾隆朝，尤其以乾隆初年为多，如乾隆元年。清后期蠲免盐碱地有光绪三十一年（1905）通许的蠲免及道光二十三年（1843）郑州的蠲免和咸丰二年阳武蠲免盐碱地。这三地在乾嘉之后蠲免的盐碱地应是受黄河决溢影响新产生的盐碱地。

前文有述，雍正末年，基本已无地可垦，在此背景下，发生在雍正和乾隆朝的盐碱地蠲免情况基本反映了当时各县盐碱地的实情和分布。基于这种

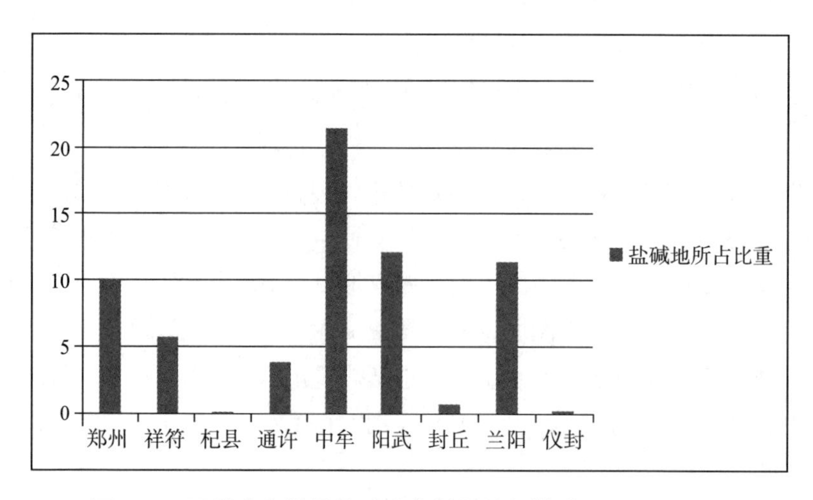

图 2–2 开封府各州县盐碱地占州县总行粮地面积之比重图

考量，乾嘉之后获得蠲免的盐碱地应是新产生的盐碱地。

以通许为例，该县在道光二十三年黄河决溢受灾之后，时任知县就向朝廷申报灾情，对于通许境内西北地方新产生的盐碱地申请清政府予以缓征，缓征到期后又再度申请缓征，直至光绪三十一年时始获蠲免。阳武的情况有点类似，在咸丰二年也有新的盐碱地获得缓征。与其他州县相比，特别是通许的盐碱地得以豁免的过程看起来显得漫长而拖沓。这从侧面也反映了清后期财政经济的萎缩。[①]

联想到乾隆元年豁免河南 42 州县“盐碱飞沙”的所谓“恩蠲”事件，笔者认为，乾隆继位后为迅速稳定朝堂收获民心，采取一系列措施以树立起“仁政”典范，蠲免“飞沙、盐碱地”便是最好的体现。先前在河南各州县开展的清丈工作，也为摸清河南盐碱地的地亩提供了基本参考。雍正时期全国摊丁入亩赋税改革的深入，也为乾隆元年的河南“恩蠲”提供了条件。当然，最重要的因素应得益于雍乾时期的财政收入的充盈。

① 陈锋:《清代“康乾盛世”时期的田赋蠲免》,《中国史研究》2008 年第 4 期，第 132 页。陈氏谓“嘉庆以降，由于财政状况大不如前，除了嘉庆元年实施的一次普蠲外，再也没有全国性的普蠲之举”，从本文对盐碱地的蠲免考察来看，确实如此。

第三章　清代归德府和陈州府各属县的盐碱地面积

清代归德府和陈州府辖县数量较少，兹将二府概况合在一章。

清初，归德府沿袭明制，辖县有八包括商丘、宁陵、鹿邑、夏邑、永城、虞城、柘城、考城，领州一即睢州。《嘉庆重修一统志》："乾隆四十八年，以考城县改隶卫辉府。今领州一县七。"[①] 改隶的主因就是黄河决溢。乾隆四十六年（1781）黄河青龙岗决溢，清政府在兰阳李六口筑堤，四十八年李六口坝工合龙。[②] 修堤伊始钦差大学士阿桂在奏折中提出迁徙考城县田庐民户以便施工。[③]此后，考城县域迁建黄河北岸，[④]因筑堤分岸南地归入睢州，为统筹河防事务，[⑤]在乾隆四十八年将北岸迁建地划归卫辉赋。[⑥]乾隆四十九

---

① 清仁宗敕撰：《嘉庆重修一统志》卷一百九十三《归德府·建置沿革》，北京：中华书局，《四部丛刊续编史部》（第12册），1986年，第522页。

② 张之清修，田春同纂：《考城县志》卷二《沿革志》，民国十三年铅印本，台北：成文出版社，1976年，第49页。又《清高宗实录》卷一千一百六十六，"乾隆四十七年壬寅冬十月"条："又谕据李奉瀚等奏……即阿桂亦有霜降前后可以赶紧完工之语。朕洞鉴工次情形降旨展限至桃汛。"桃汛指每年三月下旬到四月上旬，黄河上游冰凌融化形成春汛，也即坝工合龙或在乾隆四十八年三、四月间。又据刘旭东：《乾隆后期（1775—1795）黄河河南段水灾治理研究》，安徽大学硕士学位论文，2014年，第28页，"青龙岗决口在乾隆四十八年三月十三日挂缆合龙"，李六口堤坝属于南岸筑堤工程一部分，其完工时间应稍早。

③ 《清高宗实录》卷一千一百五十五，"乾隆四十七年壬寅四月"条："大学士三宝等议覆钦差大学士公阿桂等奏……且考城一县亦须迁移避水。臣等先期出示晓谕，妥为筹办，保护安全。"

④ 《清高宗实录》卷一千一百五十九，"乾隆四十七年壬寅六月"条："乙酉谕军机大臣等阅本日韩鑅等奏……考城一县拟移建于北岸之张村集地。"又《清高宗实录》卷一千一百六十二，"乾隆四十七年壬寅八月"条："河南巡抚富勒浑奏，考城县城垣现择于北堤外张村集改建。"

⑤ 《清高宗实录》卷一千一百九十九，"乾隆四十九年甲辰二月"条："吏部等部议准署河东河道总督兰第锡奏，定河南新筑堤工移改文武各员划汛管理事宜……再考城县城移建北岸，该县主簿应改归北岸，移驻顺黄坝适中之地归曹考厅管辖。"据此可知，考城县隶属变革的主因与河防关系甚大。观民国《考城县志》，自乾隆四十五年至四十八年，考城县几乎每隔一年都有黄河漫口发生。

⑥ 《清高宗实录》卷一千一百八十四，"乾隆四十八年癸卯秋七月"条："壬辰谕军机大臣等据何裕城覆奏彰德、卫辉、怀庆三府得雨情形一摺，内称……考城等县均报于六月十五至二十二等日得雨。"此条明示考城在乾隆四十八年六月前已划归卫辉府，又据上知悉迁建张村集完工约在乾隆四十七年底，乾隆四十八年正月蠲免考城迁建北岸地粮赋，考城划归卫辉府的时间可能就在乾隆四十八年初。

年考城知县雷逊筑新城于堌阳，新城距离张村集旧城六十余里。[1]光绪元年（1875），考城县复又归属归德府。

考城县复属归德府与黄河也直接相关。据民国《考城县志》，咸丰五年（1855）黄河在铜瓦厢决口，此后黄河改道北流。如此一来，考城的位置变转处于黄河东南。由于距离卫辉府郡治偏远，不利于士子考试且来往公文多有不便，举人李正修等以考城距开封较近请改属开封府，经藩臬两司查议，认为开封府所辖州县过多，自黄河改道以来，考城亦无河防之责，此前原系归德府管辖，理应仍隶属归德府方显公允。于是，考城再次改隶归德府管辖。

仍依前章体例，以乾隆二十九年河南行政区划为准，下文分述归德府各州县域内盐碱地及相关问题。

第一节　清代归德府各属县的行粮地和盐碱地

一、商丘

商丘滨河，水患多发。顺治年间刘之骥任知县修旧志时言“商丘荒旱频仍”，地瘠民贫。

康熙《商丘县志》：“原额地六千五百七十顷二十六亩一分五厘九毫六丝二忽五微……实在行粮地五千四百四十一顷六十七亩四分一厘。”[2]此为明万历年间的原额地和顺治十五年修《商丘县志》时的实际行粮地。经顺治、康熙两朝的劝垦、自首及收并宣武卫地，实际行粮地面积不断增长。大额的增长如收开封府杞县桑园厂更名地、程朋等五厂额外荒地、军屯地、宗禄籽粒地等，另有其他小额不到1顷的自首或更名地等，林林总总计有5426顷多。如果加上旧志所记的实际行粮地共计约有10867顷。

---

① 张之清修，田春同纂：《考城县志》卷三《事记》，民国十三年铅印本，台北：成文出版社，1976年，第168页。

② 刘德昌修，叶沄等纂：《商丘县志》卷二《赋役》，民国二十一年石印本，台北：成文出版社，1968年，第126页。

又雍正《河南通志》："原管民卫地除堤压河占綀綅[①]等一千一百二十八顷五十八亩七分四厘九毫六丝二忽五微，实在民卫地一万八百九十三顷三十四亩五分八厘七毫三丝……现在行粮地共一万一千七百七十二顷五十八亩六分八厘九毫五丝九忽四微，全熟。"[②]

康熙《商丘县志》刊于康熙四十四年（1705），与《河南通志》所载的"实在民卫地"数据相近。此后，又清丈自首出879.241顷的土地，二者相加即为雍正十三年时的行粮地面积。

乾隆《续河南通志》："原管民卫等地除堤压河占綀綅等一千一百二十八顷五十八亩七分四厘九毫六丝二忽五微……现在行粮并丈首共地一万一千八百顷六十三亩一分九厘三毫八丝五忽一微五纤。"[③]

以乾隆元年（1736）为准，则商丘县的实际行粮地亩可依雍正《河南通志》，计约为11772.586顷。

关于商丘的盐碱地面积，以上诸志无载，但《归德府志》有言："商丘所属滨河地卤，屡伸台司折亩，邑民称之。"[④]意指商丘邻近黄河地区，土地盐卤，或有盐碱地分布。康熙年间商丘邑人李目云："且生长斯土卤洿素谙"[⑤]，李目此言也表明商丘在潴水蓄积之处，地土盐卤。县志中未有蠲免盐碱地的记录，结合前文所述，应是该地盐碱地盐渍化程度较轻而未达到可以蠲免的程度。

---

① 中华书局编辑部：《康熙字典》，北京：中华书局，1962年，同文书局原版，未集中糸部第20页："綀，讹字。按《篇海》音义与索字同，诸字书皆无此字。"即"綀"通"索"，又按《说文解字》："索，草有茎叶，可作绳索"。段玉裁注曰"谓以草茎叶纠缭如丝也"。按此意，可引申为"交织、交错"之义。"綅"，此字不见《康熙字典》糸部，疑其通"覃"，音同"谭"，表"延长、蔓延"之意。"綀綅地"可理解为"插花地"，两块土地互相楔入对方，形成犬牙交错的地带。

② 田文镜、王士俊等监修，孙灏、顾栋高等编纂：《河南通志》卷二十一《田赋上》，台北：商务印书馆，《景印文渊阁四库全书》（第535册），1986年，第581页。

③ 阿思哈、嵩贵纂修：《续河南通志》卷二十六《食货志·田赋》，上海：上海古籍出版社，《续修四库全书》（第220册），2002年，第290页。

④ 陈锡辂修，查岐昌纂：《归德府志》卷二十一《名宦略下·明》，页7，清乾隆十九年刊本。此句出自嘉靖归德知府罗敷小传，可以看出，在明代商丘滨河地区就处于土盐卤地瘠薄的境况。

⑤ 刘德昌修，叶沄等纂：《商丘县志·旧志序·李序》，民国二十一年石印本，台北：成文出版社，1968年，第30页。

二、宁陵

康熙《宁陵县志》:“原额地四千六百七顷九十一亩八分七厘九毫三丝六忽五微。内除孔圣祭田并教场压占地十四顷四十八亩一分二厘六毫二丝五忽。实在原额地四千五百九十三顷四十三亩七分五厘三毫一丝一忽五微。”①

雍正《河南通志》:“原管民卫地除祭田并教场压占地一十四顷四十八亩一分二厘六毫二丝五忽，实在民卫地五千八百三十六顷四十四亩三分四厘六毫四丝一忽五微，全熟。”②

乾隆《续河南通志》全文引述雍正《河南通志》所载，其间地亩既无蠲免也无收并劝垦。

宣统《宁陵县志》:“原额地四千六百七顷九十一亩八分七厘九毫三丝六忽五微。内除孔圣祭田并教场压占地十四顷四十八亩一分二厘六毫二丝五忽。实在原额地四千五百九十三顷四十三亩七分五厘三毫一丝一忽五微……以上乾隆十七年订正。载府志。现今在册粮赋地四千六百零七顷九十亩有奇……光绪三十四年春，知县石作棫考正报司。”③

乍一看，通志与县志所载的行粮地差额颇大。实际上，宁陵邑内民地以480步为一亩，卫地以240步为一亩④。卫地以官亩亩制为准，以小亩为单位折亩的地亩。宁陵原额屯熟地606.721顷，加上原额民地才是通志所载的原管民卫地。原额民地其实是康熙《宁陵县志》中的“原额地”，肖济南续修《宁陵县志》时在“续修”里已明确点出。将606.721顷的卫地依大亩折亩，与民地相加可知原额民卫地总额与通志所载相近。

以乾隆元年为节点，宁陵的实际行粮地面积可以雍正《河南通志》为准，其实际行粮地面积为5836.443顷。

---

① 王图宁修，王肇栋纂:《宁陵县志》卷四《田赋志》，页2，清康熙三十二年刊本。

② 田文镜、王士俊等监修，孙灏、顾栋高等编纂:《河南通志》卷二十一《田赋上》，台北：商务印书馆，《景印文渊阁四库全书》(第535册)，1986年，第581页。

③ 肖济南修，吕敬直纂，河南省宁陵县地方志编纂委员会校注:《宁陵县志》卷四《田赋志》，清宣统三年刊本，郑州：中州古籍出版社，1989年，第87–113页。

④ 肖济南修，吕敬直纂，河南省宁陵县地方志编纂委员会校注:《宁陵县志》卷四《田赋志》，第103页。

三、鹿邑

雍正《河南通志》："原管民卫地除崇厂福厂并学田共地二千一百八十七顷五十六亩四分，实在民卫地一万三千八百三十六顷一十四亩九分七厘七毫一丝……现在民卫地一万三千九百六十七顷四十五亩五分六厘五毫九忽四微，全熟。"①

乾隆《鹿邑县志》："邑原额民地共八千三十六顷六十三亩七分。一等沙淤上地五千三百七十七顷一十一亩二分……现在行粮里卫屯垦地总共一万三千八百三十六顷一十四亩有奇。"②

乾隆《续河南通志》："原管民卫地除崇厂福厂并学田共地二千一百八十七顷五十六亩四分，实在民卫等地一万三千九百八十三顷四十四亩一分八厘六毫三丝九忽四微……现在行粮熟地一万三千九百八十三顷二亩一分九厘三毫六丝九忽四微。"③

又光绪《鹿邑县志》："原额地八千三十六顷六十三亩七分……大凡里卫屯垦行粮地一万三千四百一顷七十六亩四分一厘一毫二丝九忽四微。"④

单从雍正《河南通志》与乾隆《鹿邑县志》来看，二志所载的实际行粮地相差的原因是康熙三十八年收入柘城更名地131.305顷。细查乾隆《鹿邑县志》，其中关于康熙三十八年的收并柘城更名地事件另有隐情。

据修志者许菼所述，起因是原汝宁府崇王赡田在鹿邑境内400顷曰李原厂，科下则行粮折银1330两有余；在柘城境内371顷名曰西厂，科上则行粮折银2020多两。顺治元年（1644）到康熙七年间两厂一直按额到汝宁纳赋，此间两厂"截然不乱"。康熙八年厂粮归县征收，西厂民众欺隐官府只报出240顷，又暗通汝宁书吏修改了县册，将原属于柘城西厂应纳的131顷的田赋716两转嫁到鹿邑李原厂民众身上，如此一来，出现了"一地二粮"的现象。此后两地争讼不已。康熙三十七年柘城诬告这131顷是鹿邑人在柘城开垦的荒地，理应由鹿邑人输纳田赋。许菼修志时愤其不平，就在志中记

① 田文镜、王士俊等监修，孙灏、顾栋高等编纂：《河南通志》卷二十一《田赋上》，台北：商务印书馆，《景印文渊阁四库全书》（第535册），1986年，第582页。

② 许菼纂修：《鹿邑县志》卷四《田赋略·地亩》，页1–5，清乾隆十八年刊本。

③ 阿思哈、嵩贵纂修：《续河南通志》卷二十六《食货志·田赋》，上海：上海古籍出版社，《续修四库全书》（第220册），2002年，第291页。

④ 于沧澜主纂，蒋师辙纂修：光绪《鹿邑县志》卷六上《民赋·田赋》，清光绪二十二年刊本，台北：成文出版社，1976年，第228–239页。

入此事。

许莢修《鹿邑县志》时未将那131顷计入总地亩中，因为这些地亩本就不存在。雍正《河南通志》虽也将此事记入，但却并没有真正实际调查和修正，也就是说通志所载的实际行粮地面积是虚高了。

联系之前对田文镜的分析及开封府其他几个州县地亩虚高的史实，鹿邑的地亩虚高表面上看是由于官府不作为引起，实际上从另一角度却反映出官府征纳田赋酌情考虑均平的原则。由于两厂科则不同，李原厂400顷行粮却少于西厂371顷的行粮。于沧澜在光绪《鹿邑县志》云："前府未察，各县科则不一，以为两厂一家，不宜有异。除本县按则每亩三分八厘之外，又凭空增银一分八厘。"[①] 如此一来，鹿邑李原厂便要多交720两。柘城西厂要少交720两，便诬告鹿邑厂民占了那131顷的赡田。虽然鹿邑厂民屡次申诉，经归德府、汝宁府两府会审甚至告至布政使司，此案最终仍未获"昭雪"。对于官府来说，他们最关心的当然首要是原额银总额维持不变，至于处理地方间的土地纠纷，"均平"就成为他们要维护的法则和安抚民众的口实。当然，不能否定鹿邑厂民确实"蒙冤"，许莢也好，于沧澜也罢，站在他们的视角上，显然不能苟同官府的说辞。

该事件也提醒我们注意志书上所载的地亩数据不能如实反映实际。对比县志，雍正《河南通志》和乾隆《续河南通志》所载的鹿邑土地数据显然是把那隐匿的131顷计算在内。鹿邑这种情况跟前述州县虚报地亩的原因又有不同，前述州县是地方官员出于政绩虚报地亩，鹿邑却是两县土地纠纷引起的，其情况类似杞县由于寄庄地地籍归属的拖延而造成的虚报。

若以乾隆初年为准，鹿邑实际行粮地面积可参考乾隆《鹿邑县志》，又乾隆元年到乾隆十八年间鹿邑无土地收并及豁免事项，则鹿邑当时实际行粮地面积约为13836.14顷。

鹿邑获得"恩诏"蠲免的记述里未有盐碱地蠲免信息。在光绪《鹿邑县志·川渠考》有云："邑人胡处钧谢公渠记，鹿邑为豫省边鄙……厥田中下，沮洳斥卤者居三之二上。"[②] 此段文字摘录自康熙四十年鹿邑知县谢乃果新修和疏浚沟渠后，胡处钧撰文颂扬谢乃果功绩的原文。虽未敢断定鹿邑斥卤之地面积达三分之二以上，但可以肯定，鹿邑境内当时是有盐碱地分布的。

---

① 于沧澜主纂，蒋师辙纂修：光绪《鹿邑县志》卷六上《民赋·田赋》，清光绪二十二年刊本，台北：成文出版社，1976年，第233页。

② 于沧澜主纂，蒋师辙纂修：光绪《鹿邑县志》卷四《川渠考·川渠》，第153页。

四、夏邑

康熙《夏邑县志》：“今按赋役册，原额地六千五百四顷二亩六分四厘。豁除堤压并义冢地二顷七十三亩四分不行粮，实在地六千五百一顷二十九亩二分四厘。”①

雍正《河南通志》：“原管民地除堤压并义塚二顷七十三亩四分，实在地六千五百一顷二十九亩二分四厘，全熟。”②

乾隆《续河南通志》：“原管民地除堤压并义冢地二顷七十三亩四分……内乾隆十八年豁除堤压河占地一十四顷四十三亩九分四厘三毫，现在行粮熟地六千四百八十七顷三十二亩四分二厘七毫三丝。”③

又民国《夏邑县志》：“清朝因之，今按赋役册，原额银一万九千二百五十八两一钱四分五厘八毫六系……内除乾隆十八年六月内抚部院蒋具题奉旨豁除堤压河占民田地一十四顷四十三亩九分四厘三毫……现种成熟地六千四百八十六顷八十五亩二分九厘七毫。”④

县志和通志所载夏邑的地亩数据保持一致。若以乾隆元年为准，则夏邑的实际行粮地面积约为 6501.292 顷。

有关夏邑地亩豁除的记载不多，以乾隆十八年豁除堤压河占地为主，更无豁免盐碱地的记录。这并不意味着夏邑无盐碱地，从乾隆二十二年河南布政使刘慥的一份奏折中可见端倪，奏折云：“夏、永等县地亩情形不一，有咸碱不毛及过水坡河并古洼、新荒、一水一麦地等五项名色。咸碱不毛之地寸草不生，本难种植。”⑤刘慥的这份奏折里提到的“夏、永”分别指夏邑和永城。这则史料可佐证夏邑当时是有盐碱地分布的。

另民国《夏邑县志》：“邑素洼下，东南东北地多斥卤，繁殖力薄。”⑥黎德芬在《夏邑县志序》言称“邑地素低，古称下邑。东南尤洼，弥望之际，

① 尚崇震修，关麟如纂：《夏邑县志》卷三《赋税》，页 4，清康熙三十六年刊本。

② 田文镜、王士俊等监修，孙灏、顾栋高等编纂：《河南通志》卷二十一《田赋上》，台北：商务印书馆，《景印文渊阁四库全书》（第 535 册），1986 年，第 583 页。

③ 阿思哈、嵩贵纂修：《续河南通志》卷二十六《食货志·田赋》，上海：上海古籍出版社，《续修四库全书》（第 220 册），2002 年，第 292 页。

④ 韩世勋修，黎德芬纂：《夏邑县志》卷四《田赋志·赋税》，民国九年石印本，台北：成文出版社，1976 年，第 481–483 页。

⑤ 中国科学院地理科学与资源研究所、中国第一历史档案馆：《清代奏折汇编——农业·环境》，北京：商务印书馆，2005 年，第 157 页。

⑥ 韩世勋修，黎德芬纂：《夏邑县志》卷一《地理志·风土》，第 276 页。

淼然泽国，禾稼淹没，庐舍坍塌。”[①] 黎氏谓夏邑地势低洼，尤其是东南地带一有水灾皆成汪洋泽国。从以上史料皆可看出夏邑也有盐碱斥卤之地，然志书中未有盐碱地蠲免的记录，似可解释为该地盐碱地盐渍化程度较轻或者盐渍化程度较重的不毛之地面积太小。因未有可以定量研究的具体数据，这里仅作定性分析。

五、永城

康熙《永城县志》:“国朝顺治三年，巡按宁具题免荒征熟原有高下五等名色地亩按二百四十步，自题定后不分五等，止分上下二则。上地小亩三折二，下地小亩二折一……通共上下折地已起科未起科共一万八千七百六十六顷五十八亩六分九厘，较逾原额。”[②]

雍正《河南通志》:“原管民卫地一万八千九百三十四顷九十五亩一分四厘四毫四丝，全熟。”[③]

乾隆《续河南通志》:“原管民田更名等地一万八千九百四十一顷三十八亩二厘三毫，内除乾隆十八年豁除堤压柳占地五十三顷六十六亩一分三厘二毫，现在行粮熟地一万八千八百八十七顷七十一亩八分九厘一毫。”[④]

光绪《永城县志》:“国朝顺治三年，巡按宁具题免荒征熟原有高下五等名色每亩二百四十步……又新入额外民田夹荒上下地，现在行粮熟地一万八千七百六十五顷八十七亩五分九厘九毫有奇。”[⑤]

雍正《河南通志》所载永城地亩比康熙《永城县志》要多约 168.365 顷左右，《河南通志》上的“卫地”实际上指的是“门军籽粒地”，据光绪《永城县志》有 91.075 顷多。即使加上这部分卫地仍与《河南通志》所载数据有差额。剩下的差额是更名地，有“福府更名地”9 顷和“汝宁崇府厂地”69 顷，二项合计 78 顷。可见，雍正《河南通志》所载的“原管民卫地”其实是包含了更名地在内的。乾隆《续河南通志》又比《河南通志》多出 6 顷多，

---

① 韩世勋修，黎德芬纂:《夏邑县志》卷首《序》，第 22 页。

② 周正纪修，侯良弼纂、耿晋光重辑:《永城县志》卷三《田赋》，页 3，清康熙三十六年刊本。

③ 田文镜、王士俊等监修，孙灏、顾栋高等编纂:《河南通志》卷二十一《田赋上》，台北：商务印书馆，《景印文渊阁四库全书》(第 535 册)，1986 年，第 582 页。

④ 阿思哈、嵩贵纂修:《续河南通志》卷二十六《食货志·田赋》，上海：上海古籍出版社，《续修四库全书》(第 220 册)，2002 年，第 291 页。

⑤ 岳廷楷修，胡赞采纂：光绪《永城县志》卷八《度支志·土田》，页 3–4，清光绪二十九年刊本。

这部分地亩其实是光绪《永城县志》所载的“本县公田地”。虽光绪《永城县志》的“额征”赋税上起顺治康熙下延至光绪朝，但“土田”的记录仅延续到“雍正年间”。

据上，若以乾隆元年为时间节点，则永城县实际行粮地面积可依雍正《河南通志》为据约为 18934.951 顷。

永城县的土地蠲免中未有盐碱地记录，据前文所述，乾隆二十二年河南布政使刘慥言及永城有盐碱地，可作旁证。另康熙《永城县志》载有周正纪撰的《疏濬山城集一带沟渠记》有曰：“永邑之田高阜者多在城北，下隰者多在城南……夫子庙之西一遇积潦则陆地成沼，自秋及冬俱不获树艺也。”①虽然周正纪在碑文中未直言永城“地土斥卤”，但从文中描述来看，永城城南夫子庙以西一带地势低洼，遇雨成涝，在这样的地理条件下，永城在当时应有盐碱地分布。

六、虞城

雍正《河南通志》：“原管民卫地除堤压河占民地九十五顷九十六亩八分四厘七毫，河占卫地六顷七十三亩四分，实在民卫地二千九百二顷五十二亩八分五厘三毫，全熟。”②

乾隆《续河南通志》：“原管民田更名地除堤压河占民地九十五顷九十六亩八分四厘七毫……实在民田更名地二千九百八顷一十六亩六分四厘一毫，内乾隆元年起至五年止豁除堤压柳占盐碱等地一十顷六十八亩一分八厘七毫，现在行粮熟地二千八百九十七顷四十八亩四分五厘四毫。”③

光绪《虞城县志》：“原额地二千九百九十四顷七十五亩一分，内除堤压河占地九十五顷九十六亩八分四厘七毫，实在行粮地二千八百九十八顷七十八亩二分五厘三毫，于乾隆元年五月内奉抚都院富题九，奉旨除堤压柳占地三顷二亩七分。现在行粮熟地二千八百九十五顷七十五亩五分五厘三毫。”④

---

① 周正纪修，侯良弼纂，耿晋光重辑：《永城县志》卷七《碑记》，页 30，清康熙三十六年刊本。

② 田文镜、王士俊等监修，孙灏、顾栋高等编纂：《河南通志》卷二十一《田赋上》，台北：商务印书馆，《景印文渊阁四库全书》（第 535 册），1986 年，第 582–583 页。

③ 阿思哈、嵩贵纂修：《续河南通志》卷二十六《食货志·田赋》，上海：上海古籍出版社，《续修四库全书》（第 220 册），2002 年，第 291–292 页。

④ 张元鉴、蒋光祖修，沈俨纂，李淇补修，席庆云补纂：《虞城县志》卷二《地丁》，清光绪二十一年刊本，台北：成文出版社，1976 年，第 206 页。

观以上诸志，虞城的地亩数基本稳定。值得深究的是乾隆《续河南通志》里提及的“乾隆元年起至五年止豁除堤压柳占盐碱等地”。比对光绪《虞城县志》，在地亩及恤政、敕令和其他艺文篇里皆无乾隆元年豁除盐碱地的记录。从乾隆《续河南通志》关于虞城地亩的描述来看，这部分盐碱地并非永久蠲免，属于自乾隆元年至乾隆五年的临时性蠲免，或曰五年后起科。查《续河南通志》，在归德府“则壤”条下，确有记载豁免盐碱地的记录，何以县志不载呢？是此事未有发生抑或别有隐情？

从乾隆元年河南巡抚富德于二月二十五日的奏折可一窥究竟。富德曰：

前督臣王士俊原奏垦荒地亩，其名有四：一曰老荒，原题照水田六年、旱田十年定例升科；一曰夹荒，原题荒熟相杂三年升科；一曰盐碱荒地，原题粪力加倍皆可垦治，俟五年后勘明另议升科；一曰河滩新涨，原题免其升科，先尽坍户，余拨贫民耕种，每年酌分籽粒充公，兼添补普济堂养赡贫民之用。今查所报盐碱原系不毛之地，其土板实而瘠，潮湿而咸，本由地气使然，人力难施，是以居民弃而不耕。如果粪力加倍可转地气，于五年之内，民间岂少上农？当不惜此数年粪力以博丰收。顾名思义，何谓盐碱？是枉费工本，徒累官民，固不待迟至五年而后知其不可垦者，应请圣恩豁免，尽为开除。其所报河滩新涨、河身逼近者，既时防冲决，地势低洼者，又未必坚实，计其实在可垦之地究亦无多，幸而原准部议，已免升科。[①]

富德所奏表明虞城在乾隆元年确有豁免盐碱地之事，且奏折揭示出此前王士俊对盐碱荒地的处理意见是先不起科，待五年后勘明再论是否升科，而富德请示直接予以豁除。结合上述志书所载，虞城被豁除的这部分盐碱地其实际情况是五年后起科，也即这部分盐碱地五年后按复垦起科计入地亩。不过，虞城却不在乾隆元年永久豁免河南42州县盐碱飞沙地亩的名单之列。

综上可知，虞城这部分盐碱地应属于盐渍化程度较弱的土地，不属于富德所言的“不毛之地”。其五年后起科确册，时过境迁，至光绪《虞城县志》编纂时便未载此次豁免事件。

其实，虞城和永城、夏邑情况类似，其境内的盐碱地从性质上看属于轻度盐碱化。这种判断主要基于史料，以开封府那些盐碱地广布的州县来说，在县志中屡见地方官员哀叹当地“盐土斥卤”的语句，但在虞城等县志中，

---

① 中国科学院地理科学与资源研究所、中国第一历史档案馆：《清代奏折汇编——农业·环境》，北京：商务印书馆，2005年，第1页。

虽然也有对积涝地瘠的忧愁，但与土地盐碱相关的直接描述较少，我们只能借助于其他材料辅助判定才能得出上述推论。当然，这也只是笔者的一种直观推断。

乾隆《续河南通志》所载的这部分临时豁免的盐碱地面积是多少呢？结合光绪《虞城县志》所载的"除堤压柳占地"即可推断出，这部分盐碱地约7.654顷。对于虞城县来说，这些盐碱地不属于永久蠲免的"不毛之地"，为统一标准便于对比分析，所以在下文中只作定性分析，不再进一步做定量分析。

光绪《虞城县志》是乾隆《虞城县志》的续修，但其地亩记录其实是乾隆八年左右虞城地亩的实际情况，鉴于此，可依光绪《虞城县志》为准，则乾隆初年时虞城实际行粮地面积约为2895.755顷。

七、柘城

据雍正《河南通志》："原管民卫地除拨归鹿邑县一百三十一顷三十亩五分八厘七毫九丝九忽四微，实在民卫地六千五百五十八顷一十六亩三分五厘六毫五丝六微，内除荒芜地一十四顷二十三亩五分七厘，现在行粮地六千五百四十三顷九十二亩七分八厘六毫五丝六微。"①

乾隆《归德府志》："柘城县原额地六千七百六十二顷八十八亩七厘六毫，除荒芜地一顷五十五亩四分四厘外，凡收并杞县、宣威卫、祥符、陈留等寄庄更名地并武平睢阳屯垦地徭役地分十等科则，通计行粮熟地六千七百六十一顷三十二亩六分三厘有奇。"②

乾隆《续河南通志》："原管民卫地除拨归鹿邑县一百三十一顷三十五亩五分八厘七毫九丝九忽四微，实在民卫地六千七百七十五顷四十四亩七分七厘七毫五丝六微，内除乾隆四年归并太康县地一顷二十亩，乾隆七年豁除挖伤地八顷七十一亩七分一毫、荒芜地一顷五十五亩四分四厘，现在行粮熟地六千七百六十三顷九十七亩六分三厘六毫五丝六微。"③

---

① 田文镜、王士俊等监修，孙灏、顾栋高等编纂：《河南通志》卷二十一《田赋上》，台北：商务印书馆，《景印文渊阁四库全书》（第535册），1986年，第583页。

② 陈锡辂修，查岐昌纂：《归德府志》卷十八《赋税略上·地亩》，页7–8，清乾隆十九年刊本。

③ 阿思哈、嵩贵纂修：《续河南通志》卷二十六《食货志·田赋》，上海：上海古籍出版社，《续修四库全书》（第220册），2002年，第292页。

乾隆《柘城县志》所记柘城地亩照录乾隆《续河南通志》，在民地科则条里着重陈述了武平卫加征之事。[①]

此前在分析鹿邑县地亩时曾讨论了柘城和鹿邑围绕着崇王赡田地发生的田地纠纷一案，此事在《柘城县志》未见其详。而且与其他州县志比较，乾隆《柘城县志》中关于地亩田赋却没有援引前志，此事起于康熙八年，只有查阅更早的方志方可相互对照，惜顺治《柘城县志》今已不存。若按此前所述，柘城县的实际地亩要比登册的少了131顷多。

关于柘城地亩，《归德府志》《柘城县志》和《续河南通志》所载相近，唯雍正《河南通志》与之相差约203顷，将雍正《河南通志》与他志书相比较，发现地亩差额由收并杞县和祥符寄庄地地亩所引起。《归德府志》刊于乾隆十九年，此时收并杞县、祥符寄庄地事件应已发生，以此时地亩数据作为柘城实际行粮地应为妥当，加上少报的那131顷，则乾隆初年柘城实际行粮地面积约为6892.326顷。

诸志中未有蠲免盐碱地的记述，但柘城应有盐碱地。乾隆《归德府志》："柘城为邑最小，规制未备，地率碱瘠，多煮盐自活，士淳朴守礼，无浮靡习。"[②]又康熙三十七年，柘城进士李元振纂《柘城县志·旧志序五》云："吾柘僻处豫之东偏，素称淳朴，有布帛菽粟之乐，无锥刀逐末之习。遭明末兵燹之后，继以卤荒地土，无莱民无土著，几作邱墟。"[③]此二例可证柘城当时确有盐碱地，在方志田赋条中无豁免记录，又说明土地盐渍化程度较轻而未达到可被蠲免之标准。

八、考城

历代受河之患，中州为甚，考城尤受其苦。黄河决溢，往往村庄淹没，因而城郭屡迁而民鲜定居。

其地亩，康熙《考城县志》："先王建邦分野，山川土田厥有定制……实在余小地一千一百三十五顷四十□□□分四厘五毫，内除堤压河占小地二百六十顷九十六亩□□□厘一毫五丝，见在行粮成熟共小地八百七十四顷四□□

---

① 李志鲁纂修：《柘城县志》卷五《赋役志·田赋》，页2–4，清乾隆三十八年刊本。
② 陈锡辂修，查岐昌纂：《归德府志》卷十《地理略下·风俗》，页15，清乾隆十九年刊本。
③ 李志鲁纂修：《柘城县志》卷首《旧志序》，页12，清乾隆三十八年刊本。

亩九分九厘三毫五丝比照民田起科。”①

上文引自康熙《考城县志》，其后尚有“额外荒田地、额外宣武卫小弓地”，因字迹模糊，又以流水账罗列未有总计，不再多引。考城地亩分大弓地和小弓地，小弓地以 240 步为一亩，大弓地以 600 步为一亩，其折亩以大弓地为准。

雍正《河南通志》：“原管民卫地除堤压河占民地三百一十五顷，又豁免临河挖伤地五顷一十六亩七分五厘二毫，又堤压河占卫地二百六十顷九十六亩五分五厘一毫五丝，实在地三千六百六十二顷一十八亩九分七厘六毫六丝三忽，全熟。”②

乾隆《归德府志》：“考城县原额地三千八十三顷六十六亩六分九厘零，内除堤压河占地三百一十五顷，又除康熙年间劝垦退滩共地五顷二十八亩六分三厘八毫。乾隆元年经抚院富公题奏，豁除临河南岸堤压柳占地五顷七十七亩九分四厘零。现在行粮熟地二千七百五十七顷七十一亩九分九厘有奇。”③

乾隆《续河南通志》：“原管民卫地除堤压河占民地三百一十五顷，又豁免临河挖伤并坑塘栽苇等地一十四顷二十三亩三分六厘八毫四丝……实在行粮地三千六百九十六顷八十六亩七分七厘九丝三忽。”④

民国《考城县志》：“田赋之制，唐租庸调尤为近古……旧考城原额地三千一百八十六顷七十亩四毫四丝二忽……乾隆四十九年经抚部院何具题，奉旨归并睢州地五宗共二千一百六十六顷三十三亩五分零九毫一丝……以上存留共地一千零五顷五十二亩零八厘六毫八丝八忽。收并仪封北岸民田上地八百九十七顷六十六亩九分七厘八毫……以上共收并仪封地二千八百四十九顷，通共县属地三千八百五十四顷七十九亩四分九厘九毫七丝。”⑤

考城自河入淮以来多罹河患，明中叶沈文端条议在黄河南岸筑堤，县境由此一分为二。入清以来，在顺治、康熙朝黄河多次决溢，特别是乾隆四十

① 陈德敏修，王贯三等纂：《考城县志》卷一《赋役》，页 34–37，清康熙三十七年刊本。原志中字迹模糊不清难以辨认之处以“□”示之。

② 田文镜、王士俊等监修，孙灏、顾栋高等编纂：《河南通志》卷二十一《田赋上》，台北：商务印书馆，《景印文渊阁四库全书》（第 535 册），1986 年，第 583 页。

③ 陈锡辂修，查岐昌纂：《归德府志》卷十八《赋税略上·地亩》，页 7，清乾隆十九年刊本。

④ 阿思哈、嵩贵纂修：《续河南通志》卷二十六《食货志·田赋》，上海：上海古籍出版社，《续修四库全书》（第 220 册），2002 年，第 292 页。

⑤ 张之清修，田春同等纂：《考城县志》卷六《田赋志·田赋》，民国十三年铅印本，台北：成文出版社，1976 年，第 322–324 页。

六年河决青龙岗[①]，如前文所述及考证，考城县因此次河决使得县治迁徙到黄河北岸，原考城县境内黄河南岸地归入睢州，为统管河防事务，考城县也划归卫辉府管辖。

民国《考城县志》所载乾隆四十九年的状况也揭示出清政府保持州县原额地不变的准则。考城县划出去2166.335顷的土地后，又收入仪封2849顷的田地。之所以如此，盖因出于维持赋税原额的需要，如王业建所说，清政府确有此方面的考量。但实际中各州县不同历史时期征纳赋税是否都能维持在某一定额是需要另行考虑的。

对比以上诸志，《归德府志》所载的考城当时实际行粮地何以仅有2757.719顷呢？乾隆《归德府志》与民国《考城县志》所载的原额地数据相近，而与通志所载差额较大。

又康熙《考城县志》："昔考城仅十一里载册地共三千一百余顷，户口寡少，丁不足恃派差□□。至于地亩，杞县争割三百余顷，所遗差额累□□民。是以考民杨鹤、李如柏等号诉不息。"[②]

上文记述的是考城和杞县在康熙年间的寄庄地问题。杞县人在考城垦田，有300余顷的地亩被杞县人耕种，由此产生考城县民杨鹤等缴纳田赋时"一地二粮"。关于寄庄地，前已有述，此不赘言。就此事来看，《考城县志》在登册田赋时应该是没有计入这些寄庄地。这种情况与此前开封府杞县类似，由于寄庄地地籍归属问题引发的州县间土地纠纷迟迟未能结案，这样就出现通志与州县志所记地亩数据出现较大差额。这300余顷民地再加上"额外宣武卫小弓地"，再按大弓地折亩，其所折算地亩大体可接近通志。

如此看来，考城县的实际行粮地面积当以通志所载为准，因为那些寄庄地虽然是杞县人在耕种，但在行政区划上其隶属于考城县，则乾隆初年考城实际行粮地可依雍正《河南通志》，其面积约为3662.189顷。

方志中未有蠲免盐碱地的记述，不过民国《考城县志》有云："沙河在县南十二里，深二丈余，地咸，田禾不生。"[③]此即谓沙河河道周围有盐碱地分布。

---

① 张之清修，田春同等纂：《考城县志》卷三《事纪》，民国十三年铅印本，台北：成文出版社，1976年，第166页。此处将"青龙岗"记为"青陵岗"，二者实指同一地。

② 陈德敏修，王贯三等纂：《考城县志》卷一《赋役》，页70，清康熙三十七年刊本。

③ 张之清修，田春同等纂：《考城县志》卷六《田赋志·水利》，第346页。

九、睢州

顺治《睢州志》："小盐，斥卤之地煎土为之，贫民有赖焉。"[①] 此所谓"小盐"者盖指硝盐，是从盐碱土里淋制出的盐类化合物，其化学成分一般是硝酸钠和亚硝酸钠，其味道与食用盐（氯化钠）相近，但摄取过量有毒性。[②]

《本草纲目》："黄帝之臣宿沙氏，初煮海水为盐。本经大盐，即今解池颗盐也……（别录曰）大盐出邯郸及河东池泽。（恭曰）大盐即河东印盐也，人之常食者，形粗于食盐……（颂曰）并州末盐，乃刮碱煎炼者，不甚佳，所谓卤碱是也……又滨州有土盐，煎炼草土而成，其色最粗黑，不堪入药……（时珍曰）盐品甚多……并州、河北所出，皆碱盐也，刮取碱土，煎炼而成。"[③]

苏颂和李时珍谓这种刮土煎炼制成的盐和顺治《睢州志》所载当地特产的"小盐"其制作过程一致。李时珍云："土人刮而熬之为盐……即卤盐也。"李时珍认为苏颂所说的并州"卤碱"并非卤碱，他认为卤水凝结之后的晶体才是卤碱，故而他认为并州、河北一带这种刮土熬炼的土盐都是卤盐。

又独孤滔曰："卤盐制四黄，作焊药，同硇砂罨铁，一时即软。"[④] 硇砂主要含氯化铵，水解呈酸性，加热时酸性增强可腐蚀金属，可作焊药（焊剂）。唐独孤滔著有《丹房鉴源》，李时珍多有引述，但《宋史》曰："独孤滔丹房镜源文三卷"，[⑤] 二者书名不一。

这种硝盐在民俗学资料里也可见到，民间熬炼盐土，先修一水池，池上横亘木棍铺上杂草或麦秸，然后将盐土放上并浇水，让盐土中的盐分淋出，再煮盐水至水分蒸发，残余物即硝盐。

斥卤之地本是土壤中钠离子及可溶性盐类含量富集，所以睢州此地以煎土熬盐为贫民生业至少说明此地有盐碱土分布，睢州以此为特产更可见

① 汤斌、王震生等纂修：《睢州志》卷一《土产志》，页 2，清顺治十五年刻本。

② 联合国环境规划署、世界卫生组织合编，李蛙、贺锡雯译，王菊凝校，陈君石、郑乃彤审：《硝酸盐、亚硝酸盐和 N– 亚硝基化合物》，北京：中国环境科学出版社，1987 年，第 3–7 页。

③ 李时珍著：《本草纲目》（校点本）卷十一《食盐》，北京：人民卫生出版社，1975 年，第 629–630 页。

④ 李时珍著：《本草纲目》（校点本）卷十一《食盐》，第 638 页。

⑤ 脱脱等撰：《宋史》卷二百五《艺文四》，北京：中华书局，1977 年，第 5195 页。

一斑。

其地亩，顺治《睢州志》："原额地六千一百三十五顷四十九亩三分五毫……顺治三年，内巡按宁具题奏旨免荒征熟。见今荒芜有主地一千二百 四十二顷三分八厘……荒芜无主地一千六百六十七顷九十九亩九分二厘五毫……见今成熟地三千二百二十五顷四十九亩。"①

雍正《河南通志》："原管民卫地一万二千三百二顷五十四亩三分六毫，内除荒芜地三十八顷四十七亩七毫五丝，见在行粮地一万二千二百六十四顷七亩二分九厘八毫五丝。"②

乾隆《归德府志》："睢州原额地一万二千三百五十一顷三十九亩四分七厘零，除荒地五百七十一顷四亩六分三毫。康熙九年至雍正二年共垦复地三百四十五顷八十九亩八分二厘有奇。雍正十二年又垦复徭役地二顷四十二亩四分。现在行粮熟地一万二千一百二十八顷六十七亩九厘有奇。"③

乾隆《续河南通志》："原管民卫等地一万二千三百三十四顷六十八亩七厘二毫，内乾隆四年归并商丘鹿邑二县地二十五顷四亩三分九厘六毫五丝。乾隆七年豁除挖伤地一十一顷六十六亩四分二厘二毫。现在行粮熟地一万二千二百九十七顷九十七亩二分五厘三毫五丝。"④

光绪《续修睢州志》："原额地六千一百三十五顷四十九亩三分五毫……道光十三年七月内抚部院杨具题，奉旨豁除沙压民田地二百二十一顷一十五亩三分五毫……以上豁除共地一千一十六顷二十八亩三分九厘三毫。豁除连闰银六千二百四十六两五钱六分九厘三毫。实在成熟并旧管康熙九年起至雍正二年止劝垦并自首共地五千九十四顷八十一亩一分二厘八毫五丝。"⑤

观以上诸志，截至乾隆四十八年前，《河南通志》《续河南通志》与《归德府志》所载的地亩数据比睢州县志所载数据要大得多。其原因是睢州民田折亩以大弓地 480 步为一亩进行折亩，而通志是以官亩 240 步为一亩计算。

---

① 汤斌、王震生等纂修：《睢州志》卷一《户口田赋志》，页 4–5，清顺治十五年刻本。

② 田文镜、王士俊等监修，孙灏、顾栋高等编纂：《河南通志》卷二十一《田赋上》，台北：商务印书馆，《景印文渊阁四库全书》（第 535 册），1986 年，第 583 页。

③ 陈锡辂修，查岐昌纂：《归德府志》卷十八《赋税略上 · 地亩》，页 7，清乾隆十九年刊本。

④ 阿思哈、嵩贵纂修：《续河南通志》卷二十六《食货志 · 田赋》，上海：上海古籍出版社，《续修四库全书》（第 220 册），2002 年，第 292 页。

⑤ 王枚修，徐绍康纂：《续修睢州志》卷三《建置志 · 田赋》，页 4–6，清光绪十八年刊本；睢县史志编纂委员会编：《睢州志（清光绪十八年）》，郑州：中州古籍出版社，1990 年，第 44–46 页。

单就康熙《睢州志》而言，经简单折算后，县志与通志所载地亩数据相近。

据光绪《续修睢州志》，睢州地亩数据变动频繁，豁除和复垦时有更改，且乾隆四十八年后睢州又有收并考城地亩，但因河患被豁除的土地也有大宗。若以乾隆元年为准，乾隆《归德府志》所载较为翔实，可资参考，则睢州实际行粮地面积约为12128.67顷。

睢州豁除地亩主要是沙压地，未有豁免盐碱地的记录，但睢州早在顺治时期当地就有煮盐碱土熬盐的记述，且在光绪《续修睢州志》中仍有记载，可说是在当地延续已久。这些都反映出睢州是有盐碱地分布的。

第二节　陈州府各属县的行粮地和盐碱地

清初，河南行政区划沿袭明制。从表1-1顺治二年（1645）河南行政区划来看，陈州只是开封府一领州而已。雍正二年（1724），升陈州为直隶州，并以原开封府属之商水、西华、项城和沈丘四县往属陈州。雍正十二年，升陈州直隶州为陈州府。置淮宁县为陈州府之附郭，原开封府属太康、扶沟二县一并归属。[①] 如此一来，陈州府领有七县。乾隆《陈州府志》："陈郡初因明制为州，领西商项沈四邑隶开封府。寻改直隶州。雍正十二年以生齿日繁事屑难理，诏升为府。新设淮宁首县益以开封之太康、扶沟为七属，建置沿革殊异旧观。"[②] 寥寥数句道出了陈州府的建置沿革。

一、淮宁

清初至雍正十二年前，淮宁属地以陈州领之，雍正十二年以淮宁为陈州府附郭，民国后淮宁去府改称淮阳县。

其地亩，康熙《续修陈州志》："国朝定鼎，人少地荒。自顺治丙戌至十五年，道州勤令开垦。除荒征熟得地一千七百九十二顷七十八亩六分八厘

---

① 《清世宗实录》卷一百四十六，雍正十二年甲寅八月条："辛酉吏部议覆河东总督王士俊疏奏豫省府州县改设分隶事宜，一直隶陈州请升为陈州府……添置陈州府附郭一县，设知县典史各一员……原属之西华、商水、项城、沈丘四县暨开封府属扶沟、太康二县俱隶陈州府管辖……定陈州府附郭县曰淮宁。"

② 崔应阶修，姚之琅纂：《陈州府志》卷首《序·舒序》，页4，清乾隆十二年刊本。

五毫。至顺治十六年奉旨差御史李森先清丈通省土田，敕书云丈地方尺悉照旧用七尺五寸弓尺。折算行粮共得地二千一百九十二顷七十八亩六分八厘五毫。”①

雍正《河南通志》：“陈州，原管民卫更名熟荒地二万四千六百九顷七十八亩五厘一毫七丝，内荒芜地八千六百四十九顷三十亩七厘一毫三丝。见在成熟地一万五千九百六十顷四十七亩九分八厘四丝，内除更名折去地四十一顷三十三亩。实在行粮熟地一万五千九百一十九顷一十四亩九分八厘四丝。”②

乾隆《续河南通志》：“淮宁县，原管民卫更名熟荒地二万四千六百二十二顷五十三亩七分九厘七丝一忽，内乾隆元年豁除盐碱地二十七亩二分三厘九毫。乾隆四年归并江南颍州府太和县地七顷六十五亩五分七厘六毫，荒芜地八千五百六十二顷四十一亩九分五厘一毫三丝，又更名折去地四十一顷三十三亩。现在行粮熟地一万六千一十顷八十六亩二厘四毫四丝一忽。”③

道光《淮宁县志》：“陈州田赋旧分民卫。国初人丁逃绝者众。顺治三年巡抚④宁具题，奉旨免荒征熟……又乾隆元年奉旨免州卫盐碱地二十七亩二分三厘九毫，连闰银一两二千八分三厘六毫。实在民卫等地共一万六千一十顷八十六亩二厘四毫四丝一忽。”⑤

民国《淮阳县志》：“陈州田赋旧分民卫。顺治三年免州民无主荒地三千八百六十三顷九十九亩一厘二毫三丝，免卫无主荒地四千六百九十八顷十二亩九分三厘九毫。乾隆元年免州卫盐碱地二十七亩二分三厘九毫。迨州升为府置淮宁县，除免荒外实在旧管民田三千三百三十五顷九十亩三分四厘二毫五丝……统上各项共地一万六千零十顷八十六亩二厘四毫四丝一忽。”⑥

康熙《续修陈州志》反映出清初地亩清丈中存在着地方难以统一执行官

---

① 王清彦、张喆修，莫尔漼纂：《续修陈州志》卷二《赋税志 · 田亩》，页19，清康熙三十四年刊本。

② 田文镜、王士俊等监修，孙灏、顾栋高等编纂：《河南通志》卷二十二《田赋下》，台北：商务印书馆，《景印文渊阁四库全书》（第535册），1986年，第641页。

③ 阿思哈、嵩贵纂修：《续河南通志》卷二十九《食货志 · 田赋四》，上海：上海古籍出版社，《续修四库全书》（第220册），2002年，第330页。

④ 按，宁承勋当时为河南巡按非巡抚，志书所载有误。

⑤ 瞿昂、刘侃监修，永铭纂修：《淮宁县志》卷五《籍赋 · 田赋》，页3，清道光六年刻本。

⑥ 郑康侯修，朱撰卿纂：《淮阳县志》卷四《民政上 · 田赋》，民国二十三年铅印本，台北：成文出版社，1976年，第262–263页。

制的问题。[①]《钦定大清会典事例》有云："顺治十年覆准直省州县鱼鳞老册。原载地亩坵断坐落田形四至等项闻有不清者，印官亲自丈量。十二年题准部铸步弓尺，分颁直省，使丈量时悉依新制。"[②] 顺治十二年清政府虽诏谕各直省依官亩清丈土地，然"迨后各省弓尺，各有不齐，参差无定。"如陈州在顺治十六年时遵御史李先森之令以旧弓尺七尺五寸丈地。户部所版标准计亩以五尺之弓、二百四十弓为一亩，也即此时陈州丈地是大弓地，以"大亩"计量。加上清初兵燹民逃，土地荒芜严重，当时其行粮地面积也较小。

雍正年间，陈州经复垦后升科的土地纳入不少。就《河南通志》来说，地亩数据截止到雍正十年，此时淮宁县尚未新设，单陈州原有行粮地面积就已达到近 16000 顷。那么这个数字是否意味着陈州输纳田赋是按官亩重新折亩了呢？据分析很有可能。

康熙《续修陈州志》："原额七尺五寸弓则共地一万九百五十顷七十九亩五厘一毫七丝……康熙二十九年至康熙三十四年陆续劝垦，见在行粮熟地共七千五百四十五顷七亩三厘一毫七丝。"[③] 此处的"原额"是清初依明万历丈地后的鱼鳞册所定的原额地，以七尺五寸弓计量。而雍正《河南通志》和乾隆《续河南通志》所载"原管民卫更名地熟荒地"其原额地居然有 24000 多顷。

又《钦定大清会典事例》："乾隆五年行直省，各将该地方旧用弓尺，开明报部。"此意味着，虽然地方上丈地由于各种原因仍沿用旧制，或以大弓尺丈量，但朝廷掌握着地方各地的丈量亩制，那么在通志上及赋役图册上为统一度量计算，户部应该存有各地地亩折亩的数据。

而且很可能对荒地有特殊的处理政策，"嗣后有新涨新垦升科之田，务遵部颁弓尺丈量，不得仍用本处大小不齐之弓。如有私自增减盈缩，照例处分。"[④] 对于淮宁来说，实际情况很可能是清初把耕种的熟地仍按旧弓尺进行丈地并征纳田赋，荒芜地先行豁除待三年、五年或十年后起科，这些复垦重

---

① 张青瑶：《试析明清山西折亩——兼论清代山西田赋地亩的形成》，《中国历史地理论丛》2017 年第 32 卷第 3 辑，第 99 页。作者认为"区域生产环境、民间习俗对于土地登记制度的实施有很重要的影响"。

② 昆冈等纂：《钦定大清会典事例》（九），卷一百六十五《户部 · 田赋 · 丈量》，清光绪二十五年刻本，台北：新文丰出版公司，1976 年，第 7261 页。

③ 王清彦、张喆修，吴尔灌纂：《续修陈州志》卷二《赋税志 · 土田户口》，页 25–29，清康熙三十四年刊本。

④ 昆冈等纂：《钦定大清会典事例》（九），卷一百六十五《户部 · 田赋 · 丈量》，第 7263 页。

新起科的土地很可能在丈地确册时是按官亩进行计量的。

道光《淮宁县志》和民国《淮阳县志》所载实际行粮地面积以乾隆《续河南通志》为据，实际上是乾隆三十二年（1758）淮宁的实际行粮地数据。行粮地面积随着复垦、收并等在不断变化，比较雍正《河南通志》与乾隆《续河南通志》关于荒芜地的数据就可以发现，到乾隆四年这些荒芜地就大约复垦了 86.88 顷。

据上，若以乾隆四年为时间节点，淮宁县实际行粮地面积为约 16010.86 顷。又乾隆元年淮宁县豁除盐碱地 0.272 顷，所豁除的盐碱地也属于乾隆元年“永行豁除”河南 42 州县“盐碱飞沙地”中的一例。乾隆之后就方志所见未再有盐碱地的豁免记录。经计算，淮宁当时盐碱地占总行粮地面积的比重约为 0.17%。

二、扶沟

清初因明制仍属开封府，雍正十二年陈州升为府，扶沟往属之。扶沟在清代修志次数甚多，据七十一《扶沟县志》所载，从明成化起至乾隆二十七年就有七修，单清代康熙一朝就历四修，惜前志大多今已不存。

其地亩，雍正《河南通志》：“原管民卫地除更名小弓折去地四百九十一顷八十亩一厘三丝五忽。实在地三千九百四十九顷二十五亩六分二毫六丝五忽，内荒芜地二十五顷四十九亩九厘二毫七丝六忽。现在行粮地三千九百二十三顷七十六亩五分九毫八丝九忽。”①

乾隆《扶沟县志》：“国朝顺治二年熟地止三百七十六顷七十八亩，每亩连加增九厘银……自康熙十四年以来历有开垦又奉文劝民自首开垦者三年起科、自首者本年起科，通共现在行粮熟地三千七百四十三顷六十五亩三分二厘九毫二丝四忽……又康熙八年四月内收更名原额小地六百七十三顷五十四亩八分二厘九毫，照三亩七分折区地一亩，该折实原额地一百八十二顷一十四亩八分一厘八毫六丝五忽……又乾隆四年四月内新收祥符县正管行粮民田好地七十六亩九分。”②

① 田文镜、王士俊等监修，孙灏、顾栋高等编纂：《河南通志》卷二十一《田赋上》，台北：商务印书馆，《景印文渊阁四库全书》(第 535 册)，1986 年，第 573 页。

② 七十一、董丰垣修，郝廷松、薄玫纂：《扶沟县志》卷三《赋役志·田赋》，页 2–4，清乾隆二十七年刻本。

乾隆《续河南通志》："原管民田等地除更名小弓折去地四百九十一顷八十亩一厘三丝五忽。实在地三千九百五十顷二亩五分六毫二丝五忽，内荒芜地二十三顷四十五亩四分五厘四毫七丝六忽，现在行粮地三千九百二十六顷五十七亩四厘七毫八丝九忽。"[①]

道光《扶沟县志》关于田赋内容抄录乾隆《扶沟县志》，不过在记录地亩数据时有所简化，如在"通共现在行粮熟地三千七百四十三顷六十五亩三分二厘九毫二丝四忽"处，道光《扶沟县志》省去"二丝四忽"；康熙八年四月内收更名原额小地经折亩后折实原额地也省掉了"分"后面的数据。[②]

光绪《扶沟县志》田赋相关内容照录道光《扶沟县志》，在其后增附《杜之昂上中堂书》。[③] 杜之昂，《河南通志》卷五十七说他是扶沟人，顺治丁酉（按，顺治十四年）举人，初任平川令后升监察御史，康熙四十五年（1706）祀乡贤。据文中"是年，邑令赵如桓即裁去"可知此事发生于时任扶沟县令赵如桓任期内，又赵如桓在康熙三十五年始任扶沟县令，可知此事当在康熙三十五年或之后数年间。

道光《扶沟县志》和光绪《扶沟县志》的地亩数据与乾隆《续河南通志》一致，其实也与乾隆《扶沟县志》的数据相同。截至乾隆四年，算上康熙八年新收的更名地和乾隆四年祥符县正管民地其所得总的行粮地亩数与道光《扶沟县志》等相同。与雍正《河南通志》只相差约 3 顷，应系雍正十年至乾隆四年间复垦的荒芜地。

据上，若以乾隆四年为准，则扶沟县实际行粮地面积约为 3926.57 顷。

乾隆《扶沟县志·物产志》："碱，斥卤之地所产。小盐。"[④] 小盐，前文已有分析，可作为当地土壤盐渍化的一种指示物。此即谓扶沟有盐碱土。道光《扶沟县志》："扶沟碱地最多，重者只可煮晒碱硝，轻者非不可治。粗沙可压而扶境无沙。挑深数尺或多牛深耕，可翻换好土。而扶民恶劳，惟种苜蓿之法最好。苜蓿能暖地，不怕碱，其苗可食又可放牧牲畜。三四年后改种

① 阿思哈、嵩贵纂修：《续河南通志》卷二十九《食货志·田赋四》，上海：上海古籍出版社，《续修四库全书》（第 220 册），2002 年，第 331 页。

② 王德瑛纂修：《扶沟县志》卷五《赋役志·田赋》，页 2–3，清道光十三年刻本。

③ 熊燦修，张文楷纂：《扶沟县志》卷六《赋役志·田赋》，清光绪十九年刊本，台北：成文出版社，1976 年，第 402–404 页。

④ 七十一、董丰垣修，郝廷松、薄玫纂：《扶沟县志》卷六《物产·货》，页 18，清乾隆二十七年刻本。

五谷同于膏壤矣。”[1] 此段文字附于风俗之后，目的是晓谕民众改良当地盐碱土质。根据扶沟实际情况，可耕植苜蓿。

事实上，苜蓿自传至中国以来，汉魏时期主要用于饲料和食用及药用，唐代始有利用其能改良土壤[2] 的认识。苜蓿在西汉自西域传入中国，《史记》记大宛国民众嗜酒（按，葡萄酒），大宛马嗜苜蓿，汉使取其实，于是天子（按，汉武帝）始种苜蓿。劳费尔在《中国伊朗编》中也认为《史记》所载可信。[3] 贾思勰《齐民要术》专篇谈苜蓿及其种植是把它作为一种可食用的蔬菜。[4] 除了主要用于养马用作饲料，苜蓿因可食用还能用来救荒。

《四时纂要》：“烧苜蓿，苜蓿之地，此月烧之，讫，二年一度，耕垅外，根斩，覆土掩之，即不衰。凡苜蓿，春食，作干菜，至益人。紫花时，大益马。六月以后，勿用饲马；马喫著蛛网，吐水损马。”[5] 韩鄂所记的烧苜蓿来保持土壤肥力虽然与以后农书所言种植苜蓿改良土壤的原理不完全相同，但效果异曲同工。苜蓿根系能够固氮，烧苜蓿相当于给土壤施加氮肥。苜蓿植株是多年生直根系草本植物，具有扎根深、抗旱和抗盐碱的特性，在其生长过程中还能改善土壤的团粒结构，当然其死亡后自然腐烂所起到的功用就和烧苜蓿一样了。不过，严格来说，当时尚没有意识到用苜蓿来改善盐碱土和沙土等贫瘠土质的功用。

元代《农桑辑要》也有引述《四时纂要》烧苜蓿以良土壤，至明代徐光启撰《农政全书》提到江南壅田用苜蓿可以壅稻，虽仍未脱离韩鄂之窠臼，但反映出利用苜蓿以土壤施肥的观念已深入南方地区。苜蓿起初主要分布于北方地区，《本草纲目》李时珍言陶弘景《名医别录》云“北人甚重，江南不甚食之”。徐光启谓当时江南有用苜蓿来改善“地力”，由此可见一斑。

直接提及种植苜蓿可改良土壤的是在清代。《钦定八旗通志》：“三十六年七月，大学士刘统勋等议覆裘曰修查奏宛平县流石庄左近荒地情形，臣等

---

① 王德瑛纂修：《扶沟县志》卷七《风土志·厚风俗告示附》，页 8，清道光十三年刻本。

② 关于苜蓿对土壤改良的作用，仅举几例：李继云、刘冠军等：《苜蓿对土壤改良与增产的效果》，《土壤学报》1960 年第 1 期，第 13–21 页；储纪芳：《紫花苜蓿改良盐渍沙土实验研究》，《上海农业科技》2010 年第 4 期，第 23–24 页；彭继慧、吕琳琳：《关于种植苜蓿草改良沙化土壤的探讨》，《内蒙古环境科学》2008 年第 3 期，第 18–22 页。

③ ［美］劳费尔著，林筠因译：《中国伊朗编》，北京：商务印书馆，2001 年版，第 34–36 页。

④ 贾思勰著，石声汉译注，石定枎、谭光万补注：《齐民要术》，北京：中华书局，2015 年，第 356–360 页。

⑤ 韩鄂原编，缪启愉校释：《四时纂要校释》，北京：农业出版社，1981 年，第 261 页。略改引文几处繁体为简体。

伏查该处抛荒之地，顷亩颇宽，沙压碱耗之余遂成间废……蒙圣谕以伊等产业何必轻令入官，或实系硗瘠低洼，毋宁让地于水……令各业户酌量地土情形，或可施工耕熟仍种麦禾，或应开沟撤去碱气复成沃壤，或载种菜蔬及杂树苜蓿……事归核实，因地制宜。应令该业户即将不能承办情形赴该旗具结，呈明仍行知照顺天府勘明该处地形，绘图呈览……旨依议此项……前往该处查勘实在情形，详悉分别办理具奏。”①

上述史料揭示乾隆三十六年顺天府宛平县当时有不少沙荒盐碱贫瘠地，刘统勋查明实情后就处理意见奏报乾隆。从奏疏内容来看，对于硗瘠低洼沙压地土，当时已有种苜蓿以求改良之法。

据此来看，道光《扶沟县志》所载的种苜蓿改良当地碱土之法是建立在先前已有此种认识的基础之上。进一步推测，这种认识最早应产生于北方，且很可能在土壤出现沙化的环境薄弱地带首先出现。当然这是笔者的一种推论，因限于篇幅和主题，不再阐述。

要之，以上史料揭示出扶沟县当时有盐碱地分布，鉴于志书中并无盐碱地豁免记录，故难以再作定量分析，此处仅作定性分析。

三、商水

雍正《河南通志》：“原管民田更名地八千六百八十四顷五十七亩三分九厘二毫，内荒芜地三千二百六顷六十一亩六分六厘六毫九丝六忽。现在行粮熟地五千四百七十七顷九十五亩七分二厘五毫四忽。”②

乾隆《续河南通志》：“原管民田更名地八千六百八十四顷五十七亩三分九厘二毫，内荒芜地三千九十四顷三十二亩一分一厘九丝六忽。现在行粮熟地五千五百九十顷二十五亩二分八厘一毫四忽。”③

乾隆《商水县志》：“明原额地八千五十一顷七十亩四分九厘二毫……

---

① 清高宗敕撰，福隆安等纂修：《钦定八旗通志》卷六十五《土田志四》，台北：商务印书馆，《景印文渊阁四库全书》（第665册），1986年，第326–327页。乾隆三十七年福隆安奉敕撰纂修《八旗通志》续书，于嘉庆元年书成，是为《钦定八旗通志》，是书也收入了乾隆四年成书的《八旗通志初集》。

② 田文镜、王士俊等监修，孙灏、顾栋高等编纂：《河南通志》卷二十二《田赋下》，台北：商务印书馆，《景印文渊阁四库全书》（第535册），1986年，第642页。

③ 阿思哈、嵩贵纂修：《续河南通志》卷二十九《食货志·田赋四》，上海：上海古籍出版社，《续修四库全书》（第220册），2002年，第330页。

国朝顺治三年正月内巡按宁具题，奉旨免荒征熟。见今荒芜有主无主共地六千二百二十六顷五十亩八分九厘二毫……旧行粮熟地一千六百七十八顷六十二亩一分……又乾隆九年新入雍正十二年劝垦过旱地二顷八十一亩九分九厘三毫……总计五里民田寄庄，现种成熟地五千五百八十八顷五亩九分五厘四忽。"①

民国《商水县志》："明原额地八千五十一顷七十八亩四分九厘二毫，内分正管地六千九百二十三顷九亩九厘二毫，寄庄地一千一百二十八顷六十九亩四分……见种成熟并旧管康熙九年起至雍正十年止劝垦并自首地五千一百四十三顷七十一亩七分二厘四忽……总计五里民田寄庄，现种成熟地五千五百八十八顷五亩九分五厘四忽。"②

观以上诸志，乾隆《续河南通志》与其后志书所载地亩数据相近，与雍正《河南通志》则相差 112.295 顷。相差的数据是寄庄地 111 顷多及乾隆九年新入的雍正十二年劝垦过旱地和雍正十二年老荒民旱地八十八亩三分二毫。因《河南通志》地亩数据仅统计截止到雍正十年，所以其后的地亩数据并没有算上。

若以乾隆元年为时间节点，则商水县实际行粮地面积为雍正《河南通志》所载的行粮地面积加上寄庄地和老荒民旱地，即约 5589.843 顷。

就方志所见，商水未有盐碱地被蠲免的记载。乾隆《商水县志》："俗有古风，野无游民。尚质崇厚，喜勤敦朴。婚不计财，治丧有礼。然而土地瘠卤，民用不充，颇好讼狱。"③ 如前所述，商水境内也有盐碱地分布。

四、太康

雍正《河南通志》："原管民卫地除更名小弓折去地一十九顷七亩六分三厘八毫五丝，实在行粮地一万七百九十九顷八十四亩四分八厘六毫五丝，

① 董榕修，郭熙纂，牛问仁续增修：《商水县志》卷四《田赋志·地亩》，页 4–6，清乾隆四十八年刊本。据《河南地方志论丛》，董榕（按，非张崇朴。志书首卷修志职名中张崇朴为鉴定而董榕身为总修）、郭熙纂修的原《商水县志》刊刻于乾隆十二年，乾隆四十三年时任商水县令的牛问仁以"旧志颇多芜词，间有违碍字句""奉宪设局，委员校勘鉴定，饬发另刊"。

② 徐家璘、宋景平等修，杨凌阁纂：《商水县志》卷八《田赋志·田赋》，民国七年刻本，台北：成文出版社，1975 年，第 425–432 页。

③ 董榕修，郭熙纂，牛问仁续增修：《商水县志》卷一《舆地志·风俗》，页 17，清乾隆四十八年刊本。

全熟。”①

乾隆《太康县志》：“国朝顺治二年分遵照赋役刊定旧则。三年正月奉文除荒征熟知县田六善招徕逃户力劝开垦，止存官民熟地一千一百六顷八十九亩七分。拾年奉旨兴屯设屯道屯厅，给发牛价籽粒银两招民开荒。本年见在熟地二千六百五顷九十六亩八分……康熙六年知县胡三祝奉旨清丈地亩，依鱼鳞册查丈，见在熟地八千七百二十顷九十四亩九分九厘七毫四丝。又康熙九年劝垦地一顷六十七亩一分六厘二毫六丝。二项共中地八千七百二十二顷六十二亩一分一厘。复足旧额。”②

乾隆《续河南通志》：“原管民卫等地除更名小弓折去地一十九顷七亩六分三厘八毫五丝，实在民卫等地一万一千二十四顷一十八亩四分七厘七毫五丝，内乾隆四年归并太和县寄庄地三十五亩五分，现在行粮熟地一万一千二十三顷八十二亩九分七厘七毫五丝。”③

民国《太康县志》“地亩增减”条的内容抄录乾隆《太康县志》，在文末附有“迄今并无增减”一句。④

尽管修志时间接近，但乾隆《太康县志》与乾隆《续河南通志》所载的地亩数据差额较大。原因主要在于乾隆《太康县志》未将卫地和寄庄地计算入内。相差2300多顷的地亩中，卫地主要有“收并武平卫原额屯地”1064顷和“本县境内坐落武平卫垦地”1000.88顷；乾隆四年收并的寄庄地有陈留县寄庄民田熟地108.908顷和杞县寄庄民田熟地96.775顷，此二项为大宗，其他零星小宗从几十亩到十多顷不等，因乾隆《太康县志》在“地亩”条中未有续写雍正和乾隆朝的地亩变动，而在下文的“收并”条中另有记述。

所以民国《太康县志》所附的那句“迄今并无增减”多少有违事实，且也可看出，修志者并未将县志与通志相关数据比对校核。这个问题其实在前述诸多州县志中也有反映，特别是民国时期所修的志书，仅有少数县志的修志者注意到了该问题。

经粗略核算，乾隆《续河南通志》所载的太康县实际行粮地面积与乾隆

---

① 田文镜、王士俊等监修，孙灏、顾栋高等编纂：《河南通志》卷二十一《田赋上》，台北：商务印书馆，《景印文渊阁四库全书》（第535册），1986年，第572页。

② 武国昌修，胡彦昇、宋铨纂：《太康县志》卷二《田赋·地亩》，页18，清乾隆二十六年刻本。

③ 阿思哈、嵩贵纂修：《续河南通志》卷二十九《食货志·田赋四》，上海：上海古籍出版社，《续修四库全书》（第220册），2002年，第330页。

④ 杜鸿宾修，刘盼遂纂：《太康县志》卷三《政务志·地亩增减》，民国二十二年铅印本，台北：成文出版社，1976年，第143-144页。

《太康县志》加上卫地及收并寄庄地后总计所得的地亩数据相近，可作为参考数据。

在蠲免记录里并无盐碱地的相关信息。注意到在乾隆《太康县志·物产》里有载“小盐”及“火硝”，前文已有分析，硝盐也是当地土壤盐碱化的一种指示物，故可判断太康当时在境内有盐碱地分布。

五、西华

张嘉谋在民国《西华县续志·序》有云：“�岑乃假西南城坡碱土试验场以居”。[①] 马兆骧字筠岑，时任《西华县续志》协修。此语道出当时西华城西南分布有盐碱地。

雍正《河南通志》：“原管民田更名地一万三千顷二十五亩五分六厘一毫，内荒芜民地四千八百三十一顷七十五亩二分六厘六毫二丝。现今行粮熟地八千一百六十八顷五十亩二分九厘四毫八丝。”[②]

乾隆《续河南通志》：“原管民田更名地一万三千顷二十五亩五分六厘一毫，内荒芜民地四千七百二十五顷三十亩六厘四毫二丝。现今行粮熟地八千二百七十四顷九十五亩四分九厘六毫八丝。”[③]

民国《西华县续志》：“至粮地实数，据光绪三十四年河南布政司奏销粮册，内载西华知县王政敷经征原额地一万二千六百三十七顷一十六亩九分六厘一毫，除荒地四千七百二十五顷三十亩零六厘四毫二丝外，见种行粮成熟地共七千九百一十一顷八十六亩八分九厘六毫八丝（劝垦及自首地在内），外加新收更名原额地三百六十三顷零八亩六分，共计八千二百七十四顷九十五亩四分九厘六毫八丝，与乾隆志籍赋志所载亩数相符。”[④]

雍正《河南通志》和乾隆《续河南通志》所载实际行粮地面积差额在于荒芜地的复垦上，与民国《西华县续志》相比，其后的行粮地面积基本上维持在乾隆时期的数据上。

---

① 潘龙光等监修，张嘉谋等纂修：《西华县续志》卷首《序》，民国二十七年铅印本，台北：成文出版社，1968年，第1页。

② 田文镜、王士俊等监修，孙灏、顾栋高等编纂：《河南通志》卷二十二《田赋下》，台北：商务印书馆，《景印文渊阁四库全书》（第535册），1986年，第641–642页。

③ 阿思哈、嵩贵纂修：《续河南通志》卷二十九《食货志·田赋四》，上海：上海古籍出版社，《续修四库全书》（第220册），2002年，第330页。

④ 潘龙光等监修，张嘉谋等纂修：《西华县续志》卷六《财政志·丁地》，第319页。

志书中未有西华境内盐碱地被蠲免的信息。除了前文所述可佐证西华有盐碱地的记述外，民国《西华县续志·建设志·农业》：“硝盐，县境第二区地质多斥卤，产硝盐。”[①] 这些信息皆揭示出西华确有盐碱地分布。惜缺少确切的面积计量，只能作定性判断。

六、项城

雍正《河南通志》：“原管民卫地除福瑞学田一百一十八顷八十七亩四分，实在熟荒地一万六百六顷二十七亩六分四厘六毫，内荒芜地三千六百四十三顷四十一亩一分九厘四丝七忽，现在行粮熟地六千九百六十二顷八十六亩四分五厘五毫五丝三忽。”[②]

乾隆《续河南通志》：“原管民卫地除福瑞二府学田一百一十八顷八十七亩四分，实在熟荒地一万六百七顷三十三亩六分九厘九毫，内荒芜地三千五百一十顷四亩九分七厘七毫四丝七忽，现在行粮熟地七千九十七顷二十八亩七分二厘一毫五丝三忽。”[③]

宣统《项城县志》：“原额地九千七百三十五顷九十五亩三分二厘，内除学田等地一百一十八顷八十七亩四分（旧志内有明废藩福瑞二府地）……顺治三年正月内巡按宁具题，奉旨免荒征熟，除无主荒地三千一百六十顷六十四亩七分六厘三毫六丝七忽……见种行粮成熟并旧管康熙九年起至雍正十一年止劝垦自首及夹荒共地六千四百五十六顷四十三亩一分五厘六毫三丝三忽……原额地平弓五尺二寸每亩二百四十弓，共平弓地一万四百四十五顷二十七亩五分一厘，折行粮地每亩三百六十弓，共行粮地六千九百六十三顷五十一亩六分七厘三毫。”[④]

雍正《河南通志》所载地亩数据与宣统《项城县志》相近，但与乾隆《续河南通志》差额较大，差额主要在于新收并的更名地、寄庄地，其中康

---

① 潘龙光等监修，张嘉谋等纂修：《西华县续志》卷七《建设志·农业》，民国二十七年铅印本，台北：成文出版社，1968 年，第 357 页。

② 田文镜、王士俊等监修，孙灏、顾栋高等编纂：《河南通志》卷二十二《田赋下》，台北：商务印书馆，《景印文渊阁四库全书》（第 535 册），1986 年，第 642 页。

③ 阿思哈、嵩贵纂修：《续河南通志》卷二十九《食货志·田赋四》，上海：上海古籍出版社，《续修四库全书》（第 220 册），2002 年，第 330 页。

④ 张镇芳修，施景舜纂：《项城县志》卷八《田赋志·田赋》，清宣统三年石印本，台北：成文出版社，1968 年，第 684–690 页。

熙八年收并的更名地 289.19 顷中还有 169.43 顷的荒芜地。言外之意，通过收并更民地，地亩总额是增加了，但其中又有一些荒芜地，这些荒芜地要待复垦过了才能确册，不在随年赋役册上。

按乾隆《续河南通志》所载，在雍正十年之后到乾隆三十二年前，项城的荒芜地复垦的亩额加上收并的地亩减去仍被豁除的荒芜地应有约 134 顷。

若以乾隆元年为时间节点，则项城的实际行粮地面积为雍正《河南通志》所载加上雍正十三年报垦的老荒地八顷七十八亩九分七厘八毫及老荒更名地一顷八亩一分六厘七毫，合计约为 6972.734 顷。

七、沈丘

雍正《河南通志》："原管民地六千三百九十六顷四十三亩五分三厘，内荒芜地一千三百六十七顷六十九亩八分一厘三毫。现在行粮熟地五千二十八顷七十三亩七分七毫。"①

乾隆《沈丘县志》："国初额数不足，岁岁开垦。今据旧管应征起存仓口熟地三千九十顷八十二亩四分二厘，又康熙九年起至雍正六年止首报入额征解共地二千五十八顷六十八亩四分二厘五毫，又收入雍正十三年老荒地五顷六十二亩七分三毫二丝五忽，以上种成熟地共五千一百五十五顷一十三亩五分五厘二毫二丝五忽。外收入江南太和县寄庄地三顷五十亩六分八厘八毫。"②

乾隆《续河南通志》："原管民田等地六千三百九十九顷九十四亩二分一厘八毫，内荒芜地一千二百四十一顷二十九亩九分七厘七毫七丝五忽。现在行粮熟地五千一百五十八顷六十四亩二分四厘二丝五忽。"③

乾隆《沈丘县志》和乾隆《续河南通志》所载地亩数据相同，通志所载和州县志相符。江南太和县寄庄地的收并发生在乾隆四年，也即乾隆《沈丘县志》所载地亩数据是乾隆四年当时的地亩情况，则沈丘当时的实际行粮地面积约为 5158.642 顷。

---

① 田文镜、王士俊等监修，孙灏、顾栋高等编纂：《河南通志》卷二十二《田赋下》，台北：商务印书馆，《景印文渊阁四库全书》（第 535 册），1986 年，第 642 页。

② 何源洙修，鲁之璠等纂：《沈丘县志》卷四《食货志·田赋》，页 35，清乾隆十一年刻本。

③ 阿思哈、嵩贵纂修：《续河南通志》卷二十九《食货志·田赋四》，上海：上海古籍出版社，《续修四库全书》（第 220 册），2002 年，第 330 页。

沈丘在方志中未有盐碱地蠲免记录。乾隆《沈丘县志·食货志·物产》："货属，黄蜡、蜂蜜、苘麻、棉花油、丝、靛、蔫、硝碱等物"。[①] 前述乾隆《扶沟县志》中也有记述硝碱，又道光《扶沟县志》有云"扶沟碱地最多，重者只可煮晒碱硝，轻者非不可治。"可见，乾隆《沈丘县志》此处所载的"硝碱"与道光《扶沟县志》所言的"碱硝"当为一物，可作为当地分布有盐碱地的指示物。

第三节　归德府和陈州府各属县盐碱地的面积

前文对归德府和陈州府所属各州县的地亩状况及盐碱地分布进行了定性或定量分析。下文以乾隆二十九年（1764）河南行政区划为准，将当时归德府和陈州府所属各州县盐碱地的分布情况做一总结，为方便一览，作表 3–1。

表 3–1　方志所见清代归德府和陈州府所属各州县盐碱地分布状况一览表

州县	有无盐碱地	豁除盐碱地面积（单位：顷）	豁除时间	占总行粮地面积比重（%）
商丘	有			
鹿邑	有			
夏邑	有			
永城	有			
虞城	有			
柘城	有			
考城	有			
睢州	有			
淮宁	有	0.272	乾隆元年	0.17
扶沟	有			
商水	有			
太康	有			

① 何源洙修，鲁之璠等纂：《沈丘县志》卷四《食货志·物产》，页 40，清乾隆十一年刻本。

（续表）

州县	有无盐碱地	豁除盐碱地面积（单位：顷）	豁除时间	占总行粮地面积比重（%）
西华	有			
沈丘	有			

从表3–1来看，归德府所属9州县中除宁陵外皆有盐碱地分布；陈州府所属7县中有6县有盐碱地。以县级单位计算，则两府16个州县中共有14个州县分布有盐碱地，分布有盐碱地的州县数目约占总数的87.5%。而开封府19个州县有14个州县分布有盐碱地，占比约为73.7%。两相对比，意味着归德府和陈州府所属各州县盐碱地的分布密度较大，即使单以归德府或陈州府分开与开封府比较的话，同样如此。

从盐碱地发育程度来说，达到清政府永久蠲免的属于重度盐碱化的仅有淮宁县，其他各县盐碱化程度较轻。

笔者把位列乾隆元年蠲免河南42州县盐碱飞沙地亩名录的州县视为重度盐碱化的依据在前文已有分析。另外，从归德府虞城的方志记载中也可佐证笔者的判断。虞城在乾隆元年时被豁除约7.654顷的盐碱地，但到乾隆五年后又复垦确册入《赋役全书》，这充分说明虞城当时蠲免的盐碱地盐渍化程度较轻，经过一定的治理和复垦后是可以缴纳田赋的。

再则，笔者推论归德府和陈州府所属各州县分布有盐碱地的过程中，依据多来自方志中关于州县的地理形势、物产风俗、沟渠记载或艺文等，且能够指示当地分布有盐碱地的记述往往寥寥无几。从史料的丰歉来说，也能从一定程度反映出当地当时的实际情况。

从修志时间来看，用于考证参考的方志多集中在康熙、乾隆两朝，这又说明各州县的盐碱地早在清前期就有，其后延续到民国的方志上仍有记载，比如扶沟县志中提及的种植苜蓿以抗盐碱。再如太康和西华两县的硝盐，一直是当地赖以货殖的重要物产。从一个侧面也反映出当地对盐碱地的治理效果是不理想的。

在考核各州县地亩时，还发现归德府和陈州府在统计时间相近的情况下，存在有通志所载地亩数据与州县志不一致的状况，有时差额甚大。其出现这种情况的原因和开封府的情况类似。

比如归德府宁陵，县志未折亩，而通志所载的地亩数据以官亩为准。因为存在折亩，二志的换算标准不一，如此出现了通志所载和县志数据差额较大的问题。另外一种情况，如考城是因为寄庄地地籍归属问题同样引发了通志所载地亩数据与县志不符。

必须指出，尽管归德府和陈州府从方志所揭露的情况来看，其所属州县基本上都有盐碱地分布，但由于缺少具体的面积度量，只能定性地讨论盐碱地的有无，并不能根据盐碱地所在州县数目的多寡来判断盐碱地盐碱化程度的轻重。

有学者根据州县是否产硝盐作为判断盐碱地盐碱化程度的标准，笔者认为值得商榷。实际上，硝盐的生产工艺并不复杂，只有取土过程耗时耗力。理论上，获取的含盐土壤只要够多，总会熬制出硝盐，并不能够用于比较盐碱化的轻重。现代科学技术条件下，我们一般通过测量土壤溶液方能知道土壤中盐类矿物的含量。但在古代，显然没有此类记载。依据盐碱地是否被蠲免来作为判断标准，是较为妥当的。因为只有土地确实达到难以耕植的地步，才会有蠲免的发生。不过，也应注意，蠲免的实施也会因为各种人为因素出现错漏或谎报。

归德府和陈州府有不少县志把硝盐作为当地物产，说明当地确有盐碱地的分布。然而这些县中被蠲免的仅有淮宁。综合考量，笔者在判断盐碱化轻重上把是否被蠲免的优先级置于是否产硝盐之上。也就是说，产硝盐但未有蠲免记录的地区其盐碱度比没有盐碱地的地区要高，而有盐碱地蠲免记录的地区其盐碱化要高于只有产硝盐记载的地区。

另外，从本区域盐碱地的蠲免记录来看，又分为永久蠲免和临时蠲免。按常理分析和前文所述，获得永久蠲免的盐碱地盐碱化程度要高于临时蠲免的盐碱地。当然，由于蠲免政策受人为因素的影响，未必能如实反映实际情况，这只是假定施政者的评判标准总能保持客观的情况下所做的推断。

还需要说明的是，鉴于部分州县方志版本较少，以及个人对史料的研判或存在疏漏，以上认识仅限于笔者依所见史料而做出的推论。

第四章
清代豫东地区的盐碱地空间分析及相关问题

第一节　清前中期豫东地区盐碱地的空间分析

前文对清代开封府、归德和陈州府的盐碱地面积和分布状况做了考证和简要分析，为了通览豫东地区内的盐碱地分布状况，现将三府所属各州县有关盐碱地信息合计作表 4–1。

表 4–1　清代开封、归德和陈州府所属州县盐碱地概况一览表

州县	有无盐碱地	蠲免盐碱地面积（单位：顷）	蠲免时间	占总行粮地面积比重（%）
郑州	有	390.878	乾隆元年、道光二十三年	10.029
荥阳	有			
祥符	有	1454.816	雍正四年、乾隆元年	5.805
陈留	有			
杞县	有	4.54	乾隆元年	0.022
通许	有	348.464	光绪三十一年	3.899
尉氏	有			
洧川	有			
鄢陵	有			
中牟	有	1967.85	雍正三年、乾隆元年和五年	21.628

（续表）

州县	有无盐碱地	蠲免盐碱地面积（单位：顷）	蠲免时间	占总行粮地面积比重（%）
阳武	有	1098.524	乾隆元年至十年间[①]、咸丰二年	12.273
封丘	有	小于 53.484	雍正三年至乾隆十六年间	小于 0.788
兰阳	有	695.061	雍正九年、乾隆元年	11.527
仪封	有	16.048	乾隆元年和九年	0.273
商丘	有			
鹿邑	有			
夏邑	有			
永城	有			
虞城	有			
柘城	有			
考城	有			
睢州	有			
淮宁	有	0.272	乾隆元年	0.17
扶沟	有			
商水	有			
太康	有			
西华	有			
沈丘	有			

表 4–1 反映的是乾隆二十九年（1764）河南陈州府、归德府和开封府所属各州县境内盐碱地的分布状况。

三府合计 35 个州县，其中可从史志中明确判断有盐碱地分布的有 28 个，占州县总数的 80%。

---

① 阳武和封丘两县得以蠲免的盐碱地皆属于永久蠲免，因未能判定具体蠲免时间，此处记为据笔者考证的时间段。虞城的盐碱地属于临时蠲免，在虞城县志中也未有详述，表 4–1 中的“豁除时间”皆指获得永久蠲免的那些盐碱地，故虞城盐碱地未计入也未计算面积比重。

盐碱地的蠲免主要集中在雍正和乾隆朝，道光、咸丰和光绪朝也有零星的蠲免盐碱地记录。

可明确考证县域内盐碱地面积数据的县共 10 个，关于它们的面积大小，如图 4–1 所示。

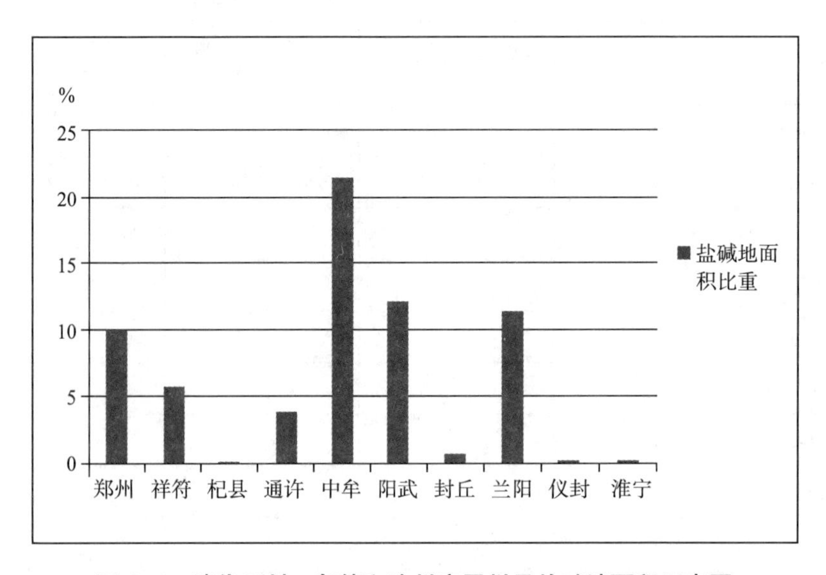

图 4–1 清代开封、归德和陈州府属州县盐碱地面积示意图

三府所属州县分布有盐碱地并可以定量统计的有 10 个县，所用计算方法为笔者提出的求比重法。从图中看，盐碱地占总行粮地面积比重低于 5% 的有杞县、通许、封丘、仪封和淮宁；高于 5% 低于 15% 的有郑州、祥符、阳武和兰阳；高于 15% 的是中牟。中牟盐碱化土地的分布面积最大，造成这种结果的原因是中牟盐碱地面积大且行粮地面积小。

盐碱地面积大并不表示盐碱地土壤盐碱度高，实际上，我们也不能对这 10 个州县的土壤盐碱度进行定量分析和比较。根据前文论述，被永久蠲免的盐碱地在理论上应属于土壤盐碱度较高的土地。因为“不毛之地”即表示该盐碱地的土地产量十分低下。照此标准，除了图 4–1 所示的这 10 个州县，表 4–1 中其他各州县理论上皆应归属轻度盐碱化。

综上，清代豫东地区在盐碱地的空间分布和盐碱化程度上有以下规律：

1. 中牟为盐碱化最重地区，可视为严重盐碱区。

2. 中牟以西郑州，以北阳武，以东祥符为次一级盐碱化地区，可视为重度盐碱区。

3. 封丘、兰封、杞县、通许和淮宁属于中度盐碱区。

4. 其他州县包括尉氏、鄢陵等皆属于轻度盐碱区。

5. 整体来看，在贾鲁河和涡河上游是盐碱地的重灾区。

6. 受黄河决溢影响，盐碱化严重地区在黄河河道沿线分布。不过，又受地势影响，在局部地区这种规律性表现得不明显。

封丘、兰封、杞县和通许，这四县与重度盐碱区在空间分布上邻接，究其原因，应与黄河泛滥决溢或黄河袭夺涡河河道有关。值得注意的是，地处贾鲁河下游的淮宁，属于中度盐碱区，盐碱化程度也较为严重，原因应与黄河多次袭夺贾鲁河河道，频繁南泛有关。盐碱化程度高于周围邻县，又或与境内地势低洼有关。

中牟的盐碱化程度最重，固然说明中牟盐碱地面积广大，但也反映了中牟行粮地面积与他县相比较小。清前期黄河多次在中牟决口，是黄河泛滥的主战场。因此，中牟及周边邻县皆呈现较重的盐碱化。

若只看中度及以上盐碱区的空间分布，则盐碱地的分布主要沿着贾鲁河、涡河上游地区。这与清代黄河在本区域内决溢多次袭夺贾鲁河和涡河河道密切相关，也与韩昭庆的研究结论相合。

盐碱地主要分布在贾鲁河、涡河上游地区的原因是黄河自西向东流，而贾鲁河和涡河作为淮河的支流是自北向南流，两河上游皆临近黄河河道，在黄河泛滥决溢时，洪水首先冲击的是贾鲁河和涡河的上游地区，受水文动力作用，泥沙淤积主要发生在上游河段，符合黄泛区的地理分布。轻度以上的盐碱地分布沿着黄河两岸和黄河古道。这与中华人民共和国成立后调查河南盐碱地的空间分布大部分是吻合的。[①] 它也验证了关于黄泛区内多盐碱的传统认识。

而对于淮宁来说，黄河曾长期沿着贾鲁河河道夺颍河入淮河，在1855年黄河改道东北流之前，黄河的决溢泛滥对淮宁土地盐碱化的影响可想而知。

与河南现代盐碱土的空间分布对比，本区域盐碱地盐碱化较重的州县大多能够与其对应。魏克循在《河南土壤》中说道："若就行政区划而言，它集中分布于开封、商丘、新乡、安阳四个地区，新乡地区的原阳、延津、封丘、开封地区的开封、中牟，商丘地区的兰考、民权、商丘、虞城等县市尤

① 魏克循主编：《河南土壤》，郑州：河南科学技术出版社，1979年，第323页。

为严重。”[①]阳武（今归原阳）、开封、中牟、兰考、封丘皆为中度及以上盐碱区，时至今日，这些市县仍然是盐碱地集中分布的重灾区。

除延津不在研究区域内，考城（今归民权）、商丘和虞城在现代经过调查也是盐碱地集中分布的地区，与上述的分析结果有出入，其原因在于：①清代的土壤不同于现代，且土壤盐碱化的成因有原生和次生之分，它们有可能是后来次生盐碱化引发的结果。②我们是根据方志古籍上的记载进行分析的，如考城、商丘，从方志和《户部抄档》等记录有土地数字的文献中难以找到关于盐碱地具体面积的数据，仅凭史籍上一些笼统模糊的描述是无法进行定量研究的。我们能够查到具体面积的记载主要来自蠲免记录，但事实上蠲免政策的实施又有很大的人为主观性，它不像现代土地资源调查那样客观，也有可能在清代时这些地区的盐碱地面积广大、盐碱化程度严重，但限于史料阙如，我们只能定性地判断这些县有盐碱地分布，只属于盐碱地分布的轻度盐碱区。虞城的情况较为特殊，经考证虽有确切的盐碱地蠲免数据，但史料所载“五年起科”属于临时蠲免，按常理分析其盐碱化较轻才对，因而将其归入轻度盐碱区。

综上所述，用求比重法结合 GIS 作图得出的空间分析结果与现代的科学认识大致是吻合的。

不过，其中一些问题仍有必要再作剖析。首先，由于各地折亩率不同，即地籍记载的在册亩数与实际亩数存在误差，所以求比重得出的比值不一定完全反映实际。如郑州和中牟，有可能郑州当时的盐碱地所占比重实际上要大于中牟，反映到图上就是郑州和中牟的盐碱化程度需要进行调整。

笔者提出的求比重法其实质是计算出一个可以比较各县盐碱地大小的参考数据。再按照数据大小选取一定标准把各县分为轻度、中度、重度和严重共 4 个分区。各县折亩率大小不同会导致盐碱地比值在分区的归属上发生变动，这的确会造成与实际情况有出入。也就是说，它不一定能百分之百地还原史实。不过，从本文的案例分析结果来看，还是能够反映出不少史实。且在不能拿各地盐碱地册亩数直接比较大小的情况下，我们要想知道各地盐碱地的大小情况，别无他法。至少我们通过求比重法获悉了中牟、郑州和阳武县的盐碱地比重比其他县要大。这种新认识是一种进步，这种方法也可以作为一种尝试性分析的手段用于实践。

---

① 魏克循主编：《河南土壤》，郑州：河南科学技术出版社，1979 年，第 106 页。

如前文所述，今后应将研究区域扩大，选取更多土地记录完备、折亩率序列完善的州县，计算出准确的各类土地数据反过来进一步验证和完善求比重法的应用。

其次，由于方志记载的数据其年代多集中在雍正、乾隆朝，虽然也有郑州、阳武和通许在道光、咸丰和光绪朝又有新的盐碱地记录，故以上研究揭示的是清前中期的盐碱地分布。囿于史料，缺乏在时间变化上的进一步指示。在前文中，笔者已经点出，由于可供定量计算的数据来源主要是土地蠲免记录，又清代对盐碱地的蠲免主要发生在雍正和乾隆朝，而清后期的蠲免次数较少。加之行粮地数据是以乾隆朝时的行政区划为依据，所以计算出的结果只是一个静态的时间断面上的呈现。

不同于现代，我们可以通过国土资源部门查阅历年的国土数据变动。方志中的记载未能提供更多时间断面上的数据以供对比研究。不过，从有限的史料中还是能够挖掘出一些未知信息并从中窥得部分有益结论。

清后期的盐碱地在郑州、通许、阳武又有新增，限于数据量太小，且仅能考证推断为新产生的盐碱地，至于其具体形成时间难以判断，故已在前文正文中作了文字说明，这里没有计入统计。

另外，雍乾时期被蠲免的盐碱地其面积是否发生了变化，比如经过若干年的治理后，盐碱地是减是增，这些信息也难以从史料中追踪。在田赋记录中也不乏土地复垦的数据，但其中明确提及盐碱地用于复垦的史料难以找到。如果有，我们就可以采用技术手段进行对比分析来判明盐碱地的增减。因为缺少后续时间节点上相关盐碱地的变化属性和数据，所以从数理上讲也不能将新产生的盐碱地面积加到先前已有的盐碱地上。今后，可在扩大数据量的基础上再作考量。

总之，通过上述分析我们获知了清前中期豫东地区三府属县的盐碱地的空间分布和盐碱化程度的轻重。与该区域现代盐碱土的地理分布相比，部分规律性的认识是一致的。

第二节　关于方志中地亩和田赋的一些思考

从方志所载的地亩来看，有几个问题也需要讨论。

田赋是清代国库收入最为重要的来源。[①] 王业键认为“清末公共经济由主要依赖直接税（特别是田赋）转变为日益依赖间接税。”[②] 他从清代财政收支的变化结合考察田赋管理和田赋征纳制度的弊端得出上述认识。

清政府每隔一定年份对各地地亩再度核查以编制新的“鱼鳞图册”，将有关变动加入《赋役全书》并由地方官员按额征输。从前述各州县地亩变动来看，大多州县的地亩数据经历了清初顺治至雍正时期快速增长[③] 到乾隆、嘉庆之后的稳定[④]，这与清政府田赋征收有什么关系呢？田赋定额不变是否意味着田赋提供的收入也固定不变呢？

以阳武县为例，雍正《河南通志》：“额征正银三万六千四百九十二两九钱九分八厘九毫八丝九忽八微八纤五沙，遇闰加额银八百三十八两四钱一分一厘五毫四丝。”[⑤]

乾隆《续河南通志》：“额征正银三万三千九百一十八两六钱二分一厘四丝二忽三微七纤八沙，遇闰加额银八百一十一两六钱一分五厘六毫四丝四微。”[⑥]

乾隆《阳武县志》：“以上共征丁银一千三百八十二两三钱。雍正四年十二月，内题准部覆，就一邑之丁粮均派于本邑地粮之内，无论绅衿富户不分等则，一体输将，永为定例……乾隆十年，现在熟地八千二十八顷二十亩八分九厘四毫七丝。连闰共派银三万九千四百三十七两四钱五分二厘五毫……共该摊丁银一千三百五十六两九钱八分五厘六毫。”[⑦]

可以看出，即使《河南通志》和《续河南通志》是按明万历遗留下来的

---

① ［美］王业键著，高风等译，高王凌、黄莹珏审校：《清代田赋刍论（1750—1911）》，北京：人民出版社，2008 年，第 12 页。

② ［美］王业键著，高风等译，高王凌、黄莹珏审校：《清代田赋刍论（1750—1911）》，第 15 页。

③ 宋寿昌主编：《中国财政历史资料选编（清代前期部分）》，北京：中国财政经济出版社，1990 年，第 56 页。在顺治八年至顺治十五年是一个增长较快的时段，此后从康熙元年至康熙四十五年，田地增长平缓，约从康熙五十年始至雍正五年又是一个增长较快的时段，特别是雍正元年到雍正五年增速较快。

④ “稳定”是指地亩变动不明显，基本上稳定在一定数额，即使有增长，其增长曲线较平缓。注意，这里的“地亩”包括梁方仲书中所指的“地亩”系由《清朝文献通考》及《赋役全书》统计而来，其史料来源是各省通志，其地亩是包含了豁除的荒芜地、沙地、堤压柳占盐碱地等不堪耕种地的总地亩，非实际行粮地。

⑤ 田文镜、王士俊等监修，孙灏、顾栋高等编纂：《河南通志》卷二十一《田赋上》，台北：商务印书馆，《景印文渊阁四库全书》（第 535 册），1986 年，第 579 页。

⑥ 阿思哈、嵩贵纂修：《续河南通志》卷二十六《食货志·田赋》，上海：上海古籍出版社，《续修四库全书》（第 220 册），2002 年，第 288 页。

⑦ 谈諟曾修，郭大典、杨仲震等纂：《阳武县志》卷七《田赋志》，页 3–5，清乾隆十年刊本。

“原额”为额征地的话，阳武实际征收的田赋也并非固定。且从乾隆《阳武县志》来看，乾隆十年田赋征银要高于通志不少。

又民国《阳武县志》：“光绪十年及三十一年先后报垦升科地……实在原额丁地银二万七千六百八十两二钱一分四厘。”①

到光绪三十一年（1905）时，阳武的田赋额征银尚不足三万两。王业键所谓“田赋定额不变”值得讨论。实际上，阳武的额地在《河南通志》和《续河南通志》也是有变化的，因为豁除的地亩是从额地里扣除的，即使是缓征或复垦的，其豁除前后的额地数额显然不会是某一个定额。诚然，对于部分未有豁免地亩的州县来说，其田赋很可能较长时间稳定在某一定额上，但对于诸如阳武县此种情况的地方来说，这种认识恐与史实不符。王业键之所以有此推论是基于他认为清代的土地登记比较落后，“基本依赖明末记录，只是有些省和地方官员不经常地做些微小的补订”。②

陈锋指出：“鸦片战争后十年的财政岁入及其结构和康、雍、乾、嘉各朝基本相同……特别是地丁银，仍是财政收入的主体……随着咸丰以后旧税的加征和新税的开办，此后的情况当然是大异于从前了。”③咸丰以后，岁入总额中地丁银的收入所占比重已大大降低，这一点也确如王业键所言。但关于田赋定额在某些区域是否稳定的问题，笔者认为值得再思考。

实际上，州县由于豁除地亩、新增人口宅基地、④死亡后墓地、河防工程占地及清后期工业（铁路、仓储等）建设用地等，其实际的在册行粮地面积是在不断减少的。如阳武到清末光绪年间，其实际行粮地仅5461.561顷，丁地额银也随之下降。如果还是按照顺、康、雍、乾时期的额银征纳，显然既不合理又不符合实际。这些减少的土地并非意味着光绪时期阳武的税负减轻

---

① 窦经魁、郑瀛宾等修，耿愔等纂：《阳武县志》卷二《田赋·田粮》，民国二十五年铅印本，台北：成文出版社，1976年，第243页。

② ［美］王业键著，高风等译，高王凌、黄莹珏审校：《清代田赋刍论（1750—1911）》，北京：人民出版社，2008年，第34页。

③ 陈锋：《清代财政政策与货币政策研究》，武汉：武汉大学出版社，2008年，第397-398页。

④ 清代是我国人口迅速增长的重要时期，在乾隆二十七年全国人口突破2亿，至道光十四年全国人口达到4亿，见江太新：《关于清代前期耕地面积之我见》，《中国经济史研究》1995年第1期，第47页。梁方仲也持此说，他们以《清实录》和《东华续录》为参考文献。赵文林、谢淑君：《中国人口史》，北京：人民出版社，1988年，第381、383页，赵文林等认为在乾隆二十四年人口已突破2亿，在道光十年全国人口达到4亿，赵氏将多个时期的历史数据采用插值运算的方法辅以修正系数得出如上结果。虽然在时间上略有差异，但总的来说，在乾隆和道光时期人口增速是较快的，特别在乾隆时期，人口年平均增殖率长期稳定在高速增长位。新增如此多的人口，住宅建设用地势必也会占用大片耕地。

了，而是摊派到加征税和其他杂税上了。如乾隆《阳武县志》所载乾隆十年（1745）阳武丁地银要超过乾隆《续河南通志》上的额银，就是田赋加征的例子。

所以，到清后期，用于征纳田赋的实际在册行粮地面积减少了，全国财政收入的主体才逐渐不再以田赋为重。绝不是说，各州县征纳的额银一直是按明万历的原额地所定的额银。如果只看通志，从表面上推论很容易陷入误区。事实上，各地的田赋额银也是随着每一次确册后的额地在不断调整的。表面上看该问题的结果，确如王业键之说，但细究其过程却不能不认真辨析论者的视角。

此外，通志限于体例未能一一将各州县的地亩变动详细记录下来，不能如实反映各州县实时的地亩变动。这对研究各州县历史时期的地亩及其变动沿革容易造成误判。由于信息的缺漏，不利于研判各州县某一时间点的土地信息，所以，笔者在考证过程中十分重视通志和州县志相互比对的原则。

在此过程中，也发现在同一时间点上，部分州县志所载的实际行粮地面积与通志所载有较大差额。出现如此情况，多数是由于通志在编纂中存在滞后于州县志的问题。一般来说，州县志的编纂多由州县知县监修，在编纂后要上呈省府审核再予刊行。就河南来说，前已有述，乾隆之后，再无通志的编纂，虽然有《嘉庆重修一统志》，但此志重于地理形势疆域沿革，对田赋记述非常简略。较为通行的《河南通志》和《续河南通志》虽能反映雍正和乾隆朝一定时期的各州县地亩，但实际中地亩变动频繁，如此一来就造成通志中所记的地亩可能只是州县前几年的地亩数据。

除此，主要还有四种情况也会造成通志和县志地亩数据不一，即土地虚报、寄庄地、民间土地纠纷和土地折亩。

其一，清初在顺治、康熙年间为鼓励垦殖，地方官员出于政绩考成目的而虚报当地地亩，这就造成上报的地亩虚高。如开封府鄢陵、汜水、阳武、兰阳等。前已有述，此不赘言。值得注意的陈州府属各州县的地亩虚报较少，考其原因，这可能与陈州府建置沿革有关。陈州由散州升到直隶州再升为府，其行政区划的建立时间较晚，有可能错过了江太新所谓“康熙雍正年间的虚报浮夸风”。联系前文，陈州在雍正二年（1724）升为直隶州并领原开封府商水、西华等四县。后至雍正十二年，升直隶州为府。据此，进一步推断，陈州府的地亩虚报当发生在雍正二年后，此时已错过了河南虚报浮夸风的高潮。另外，笔者还认为，归德府和陈州府由于下辖的州县个数少，通府辖境面积也小，官府清查丈地从施政效率来说也便于掌控，从这个角度来说，或也是一个原因。

其二，寄庄地的地籍归属也会引发当地地亩少于先前确册的地亩。以杞县为例，外地人在杞县购买田地引发所谓寄庄地问题让当时杞县的实际应入册地亩少于先前确册地亩。外地人购得杞县的田地实际上减少了杞县的地亩，但由于地籍归属的处理往往伴随着诉讼和官司，其最终土地的归并和地权的归属需要等待官府的处理和上报，这就造成杞县地方志中早已经把拨给临县的地亩划出去了，但通志上却未能同步反映出来。正如乾隆《杞县志》："外县之民开杞地者……境外之田日多转易期隐……由此地去粮存赋日益重矣。"[1] 由于官府仍按照先前确册地亩征收田赋，这样就使得杞县赋税越来越重。《河南通志》所载杞县在雍正十三年的地亩数据比乾隆《杞县志》载雍正十三年时地亩少900多顷，其实就是清初遗留下来的寄庄地地籍归属迟迟未予厘定，直到乾隆四年改隶寄庄。其实，寄庄地的地籍归属问题所造成的地亩数据异常也可归于通志修订滞后于州县志这种情况，是一种典型表现。除杞县外，归德府的柘城和考城县及陈州府的商水县皆有类似状况。

其三，州县间的土地纠纷问题也会造成通志和州县志记载不符。如鹿邑，许菼修《鹿邑县志》时就没有把那131顷土地计入总地亩中，因为这些地亩本来就不属于鹿邑境内土地，地籍也不属于鹿邑县人，是柘城县人篡改赋役图册所造成的结果，但雍正《河南通志》上却有明文彰示。像这种情况，如果不加核对考证，单方面以通志或州县志记载为据，势必会影响到对史实的判断。所以，笔者在查证过程中，认真比对通志和县志里的地亩记录，一方面是为了求得各地某一时间节点实际行粮地面积以便结合盐碱地面积求其比重，另一方面也是为了查证各地地亩的记录状况，希冀可以从中获取更多的隐藏信息，同时也为复原清代土地面积的相关研究提供更多的数据支持。

其四，土地折亩也会造成方志所载的地亩数据异常。康熙《上蔡县志》："顺治六年知县张学礼详请改折地亩，以八百六十四弓为一亩。"[2] 上蔡原额地17951顷多，顺治六年（1649）张学礼请行折亩以大亩计，折大地4954顷多，这样降低了额地总数使得田赋减轻，如此一来势必也会引起方志所载地亩数

① 周玑修，朱璿纂：《杞县志》卷七《田赋志·地亩》，清乾隆五十三年刊本，台北：成文出版社，1976年，第488页。

② 杨廷望修，张沐等纂：《上蔡县志》卷四《食货·田赋》，页5，清康熙二十九年刊本。

据出现较大变动，对于州县地方志来说，由于其编纂多参考援引旧志，连贯一体不易出现缺漏差异，但对于通志而言，由于通志集所辖诸县之数据，着眼于整体对局部变动不易查知，稍有疏漏便会产生上述问题。

我们把第二、三章中经笔者考核的35县行粮地面积相加，合计193271.407顷。这个数据是根据各县县志和雍正《河南通志》及乾隆《续河南通志》相互比对之后得出的各县行粮地面积。它是对在册行粮地面积的校正。这个数据可以作为乾隆时期开封府、归德府和陈州府三府行粮地的参考。注意，实际上随着蠲免、复垦和新增土地的变化，包括行政区划的调整，土地册亩数据一直是在变动的。

就笔者所见，多数学者对清代土地数字的考释以通志和府志为主，较少从县志入手，然后将各县土地数据汇总。实际上，清代土地数据问题是异常复杂的，对于全国和各省的土地数据尚有争议，何况从微观尺度以县为单位展开研究呢？因本文是从量化比较的角度想要探明各县盐碱地的大小，因而只能如此。

研究区域的行政区划是以乾隆二十九年为准，可与《续河南通志》的官方记录做对比。刘士岭统计了清代河南各府的行粮地，[①]将其统计的乾隆三十二年官方数据中开封府、归德府和陈州府行粮地面积相加求和，得281213.79顷。与笔者所统计的数据相比，二者相差87942.383顷。相差的原因在于：①从雍正十年到乾隆三十二年间，河南有53751.8顷的新垦土地，其中大部分是雍正时开垦到乾隆时才升科的土地，光开封府就新增约9362.6顷。这35县有不少县志的编撰虽在乾隆时期完成，但要早于乾隆三十二年。笔者核定的各县行粮地面积所对应的时间节点大多是在乾隆初年，所以有不少新增土地未计入内。②通过比对各县志和《河南通志》及《续河南通志》，以县志当年的记录为准，剔除了不少经考证为虚报的土地、地权变更中因地籍不明引发的重复累加土地。③由于行政区划调整，部分更名卫所土地在地籍中未有记录。

刘士岭据《河南通志》和《续河南通志》列表统计了雍正十年及乾隆三十二年各府州行粮熟地的土地数据。将开封府、归德府和陈州府前后数据相加求和再求二者的差值，发现仅开封府新增的土地数据就已经大于三府合

---

① 刘士岭：《大河南北，斯民厥土：历史时期的河南人口与土地（1368—1953）》，复旦大学博士学位论文，2009年，第207页。

计新增的土地。这说明，单纯依赖通志所载的数据进行统计，其中有不少误差，不能精细核对。误差的原因就在于土地虚报、重复累加和行政区划调整所引起的数据变动。

总的来说，就通志和各地县志关于地亩的记录来说，归德府和陈州府绝大多数州县能够两相吻合。开封府虽然辖县较多，出现上述问题的州县并非多数，但也占相当比例，单以土地虚报来说，部分州县土地虚报的面积较大，也确如江太新所言。

第三节　乾隆元年河南境内盐碱地大蠲免的背景分析

盐碱地是一种特殊的耕地类型，作为一种土地用于农业生产，它是社会经济史的研究对象，但由于盐碱地土壤肥力低下，被蠲免而不升科，从田赋中豁除意味着与其他耕地又有不同。纵览清代，盐碱地的蠲免从雍正到光绪朝都有，然以蠲免惠及的州县数量来说，乾隆元年的这次蠲免可称得上一次大规模的蠲免，其后，虽时有盐碱地的蠲免，但都发生在小范围地域内。关于此次历史事件有其深厚的历史背景。

清初，为恢复生产，清政府招徕流民、劝垦开荒，俟一定年限后由政府清丈量地开科，或十年、五年、三年不等，视各地情况而异。这时候的盐碱地也要缴纳田赋，根据各地土地分类如分上、中、下或兼有沙、碱等地，按科则差别升科。一般情况下，盐碱地都视为下等田地。

经顺治、康熙两朝的劝垦，各县的荒地逐渐转为熟地，至乾隆时农业用地已近无地可垦。虽说康熙后期和雍正朝举国上下大力垦殖，成效显著，但同时也刮起了土地垦荒的浮夸风，地方官员艳羡政绩考成，虚报垦荒，一时泛滥。虚报情况在安徽、四川、广西、福建、山西等省都存在，而河南尤甚。

虚报的地亩成了官员获得擢升的工具，这些虚报的地亩都是什么样的田地呢？乾隆继位后，户部尚书史贻奏疏："督臣授意地方官多报开垦，属吏迎合，指称某处隙地若干、某处旷土若干，造册申报……其实所报之地，非河滩沙砾之区，即山冈荦确之地；甚至坟墓之侧，河堤所在，搜剔靡遗。"[①]

① 赵尔巽等撰：《清史稿》卷二百九十四《列传八十一·王士俊传》，北京：中华书局，1977 年，第 10348 页。

“指斥卤为膏腴，勘石田以上税”，因为这些“斥卤、石田”瘠薄之地按旧例折亩成“中地或上地”显然要缴纳的田赋比虚报后少得多。把斥卤之地算作膏腴之田，显然就多出了许多地亩。这些凭空多出的地亩自然意味着要向朝廷缴纳更多的赋税。盖因雍正帝在位时以严苛行事，河南巡抚田文镜又一心迎合上意，搜刮百姓甚重。如此一来，国库确实充盈了，但百姓的负担无疑更重了。

一朝天子一朝臣，继位后的乾隆标榜“宽严相济”，他并不喜田文镜这样的为官之道。他对田文镜的评价就是“河南自田文镜为督抚，苛刻搜求，属吏竞为剥削，河南民重受其困。[①]”乾隆五年（1740），河南巡抚雅尔图奏称“河南民怨田文镜”，拟请将田文镜撤出贤良祠，因乾隆帝以“当日奉皇考允行，不应翻案”而作罢。

乾隆元年接任河南巡抚的富德在查勘河南地亩时就盐碱地情况向乾隆请示豁免盐碱地，后乾隆六年雅尔图又上书请再豁除一部分盐碱地。富德在二月十五日奏陈，乾隆下诏蠲免河南42州县境内的飞沙、盐碱、水占等地是在乾隆元年九月。这次“永远豁除”的地亩面积共计“二千三十余顷”[②]，豁除的粮银为“九千八百七十九两零”、漕米为“三百二石九斗八升”。豁除的动机是“以爱养百姓为念”，目的是“以副朕惠鲜怀保之意”。这道谕旨的内容如下：

朕御极以来，仰体皇考圣心，时时以爱养百姓为念。前访闻得豫省滨河两岸堤压、柳占地亩及郑州盐碱地亩每年应征额赋，小民输纳维艰。已降谕旨，悉予宽免，以纾民力。继又闻得尚有盐碱飞沙河水占地，无可耕粮仍赔纳之处，随又降旨令该抚详确查勘，核实奏闻。今据巡抚富德奏称，遵旨派委府州有司查得祥符、杞县、洧川、中牟、荥泽、阳武、封丘、兰阳、仪封、鄢陵、汜水、偃师、巩县、孟津、宜阳、嵩县、登封、内黄、新乡、延津、濬县、滑县、孟县、原武、济源、武陟、淮宁、襄城、长葛、禹州、密县、南阳、新野、裕州、叶县、信阳州、汝州、鲁山、郏县、宝丰、伊阳、商城等四十二州县或因飞沙堆积不堪布种，或因水势冲刷坍入中流，或因淹浸日久变成盐碱尽属不毛，或因外高内低无去路积为陂泽，共地二千三十余顷，计粮银共九千八百七十九两零，漕米共三百二石九斗八升零。朕思任土作贡，国有常经。其欺隐地亩者自当治以应得之罪，若田土荒弃无地有粮，

---

① 赵尔巽等撰：《清史稿》卷二百九十四《列传八十一·田文镜传》，北京：中华书局，1977年，第10340页。

② 《清高宗实录》卷二十六，乾隆元年丙辰九月壬辰条。

则当速沛恩膏以解闾阎之困。豫省荒废地亩既据该抚确查奏闻。着照所查之数造册报部，将额赋永远豁除以副朕惠鲜怀保之意。

这次豁除的土地除了表 4–1 中开封府、归德府和陈州府属县外，其他府州也包含在内，开归陈三府属县所占的比例近 24%，不到四分之一。这意味着还有许多县的盐碱地并没有被朝廷豁除。

这次蠲免的盐碱地数据可以从乾隆元年富德的奏折里看到。"查雍正十二年……盐碱地一千二百四十八顷二十五亩零……又据查盐碱地内有果系开垦既难、抛荒最易、无益于赋、有累于民者，共地五百二十二顷三十九亩零，应请即予豁除，以苏民困。"[①] 这份题奏未注明时间。根据文意，推断当在乾隆元年九月之前，是富德巡查汇总河南老荒、河滩和盐碱地亩后向朝廷所做的汇报。

从富德的题奏内容来看，这次蠲免所豁除的盐碱地顶多可能只有五百二十二顷三十九亩。富德所说的雍正十二年时河南盐碱地一千二百四十八顷二十五亩，实际上是当时在册的盐碱地亩。与前文表 4–1 的数据比对，可以发现在雍正三年、四年，仅本文研究区域内的祥符、中牟、封丘和兰阳所统计的盐碱地面积就大于 1248 顷。若富德所查没有漏报，那么真实情况是这四县的盐碱地有大部分属于富德所说的临时蠲免，即"俟五年后升科"，因而到乾隆元年富德上呈题本时自然未将这部分计算入内。但是这部分复垦升科的盐碱地到底是治理好了还是说仍然"地皆咸卤"，我们难以追踪。

如果说这次蠲免的盐碱地总共仅有五百二十二顷三十九亩的话，平摊到 42 州县中有盐碱地的各县，则真正能够惠及百姓利益的成分又有多少呢?

再从豁除的粮银和漕米与各县征纳的额银和漕米总量比较来看，结果耐人寻味。如雍正年间，祥符县额征正银 97473 两多[②]、漕米正兑正耗 3516 石多[③]；杞县额征正银 87549 两多，漕米正兑正耗 6958 石多。各县除了额征正银外，还有遇闰加征、摊派等未计入内，漕米除了正兑正耗外还有改兑正耗、润耗行粮等未算。其他县如陈留、通许、太康、尉氏、鄢陵等额征正银虽少，但也有二三万之巨。由此来看，乾隆元年的这次大蠲免对于减轻百姓

① 《户部抄档：地丁题本——河南（四）》，乾隆元年富德题。转引自彭雨新：《清代土地开垦史资料汇编》，武汉：武汉大学出版社，1992 年，第 287–288 页。

② 田文镜、王士俊等监修，孙灏、顾栋高等编纂：《河南通志》卷二十一《田赋上》，台北：商务印书馆，《景印文渊阁四库全书》（第 535 册），1986 年，第 576 页。

③ 田文镜、王士俊等监修，孙灏、顾栋高等编纂：《河南通志》卷二十五《漕运》，《景印文渊阁四库全书》（第 536 册），第 3 页。

赋税来说，可以说是杯水车薪。

实情确实如此，这些飞沙、盐碱地本来就不是各县田赋征收的重点，正如富德所言，“枉费工本，徒累官民”，既如此何不蠲免？既可安抚民心、缓和阶级矛盾又能彰显乾隆帝皇恩浩荡的高大形象。

不过，以后却少有皇帝能有像乾隆这样大手一挥的气魄。通许、郑州和阳武县在乾隆之后虽有新的盐碱地获得蠲免，但从这三个县的蠲免经过来看，进程颇为迟缓，与此前形成鲜明对比。深层次的原因应与清后期国家政局动荡、内忧外患、国库空虚有关。

总之，乾隆元年清政府大规模蠲免河南42州县的盐碱飞沙地除了为缓和阶级矛盾、巩固统治这一政治原因外，最主要与雍乾时期国库充实、经济繁荣有很大关系，另外，也与乾隆帝个人性格、施政理念有关。

第四节　清后期本区域盐碱地总面积的变化

前文初步探明了关于清前中期豫东地区盐碱地空间分布的规律，深化了对各地盐碱化程度的认知。限于清后期盐碱地数据的匮乏，我们不能够深入分析各县盐碱地面积的变化。仅知道乾隆年间河南开封府、归德府和陈州府有一个静态的盐碱地地理分布图和相关数据。那么能否从极为有限的数据中继续挖掘出其他可供利用的有价值的信息呢？

经笔者验算，发现可以进一步深挖。具体思路是求取这些比值的平均值来指示该区域盐碱地总面积占总行粮地的比重，然后用已知的总行粮地面积乘以平均值求出本区域总的盐碱地面积，再与其后时段有确切盐碱地面积的数据对比，从而可以获知本区盐碱地总面积的变化趋势。

表4-1中共有10县有确切的盐碱地比重，其中通许是光绪三十一年（1905）的数据，与其他数据对应的时段相隔太远，不妨剔除。其他9县的盐碱地比重求平均数得平均值为7.292%。

将这个比值与笔者校核过的35县总行粮地面积相乘可估算出当时的盐碱地面积，计得14093.351顷。这个数据表示乾隆初年开封府、归德府和陈州府三府总的盐碱地面积。

如果我们照搬《河南通志》所载雍正十年（1732）的土地数据来计算，不考虑土地虚报、重复累加等因素，那样计算出来的盐碱地占行粮地比重肯定低于 7.292%。因为分母变大了，分子不变，所以比值变小。且像中牟、郑州、开封等这些盐碱地分布较重的地区受分母增大的影响很大，因为它们的盐碱地比重本来就很大，求平均值时其对总体平均值的影响也大；一旦变小，对总体平均值的变化影响更大。这样计算出来的盐碱地总面积可能和笔者所算的结果接近，但更可能要小于上述结果。

用于计算的总行粮地面积实际上是确册的地亩，它与实际耕地面积是有出入的。何炳棣认为："大多数省份的传统土地数字是失之过低的。本部十八省清末土地只有目前耕地面积的 68%。这一结论，虽然不会精确，但仍是不无参考价值。"① 从何氏统计的 1887 年本部十八省的册亩与 1979 年的耕地数字对比来看，河南全省册亩数折成市亩后与 1979 年耕地数的比值是 61.07%，与平均数接近。

以 68% 作为河南省的平均值，则开封府、归德府和陈州府当时实际的盐碱地面积为 20725.516 顷；若以 61.07% 算，则为 23103.854 顷。

中华人民共和国成立后，河南有关部门对全省的盐碱地进行了普查。据魏克循所言："河南盐碱土在 1957 年前大约有 500 万亩，1958 年盲目在平原建库蓄水……只灌不排，招致地下水位上升，土壤普遍发生次生盐碱化。1959 年土壤普查，全省盐碱土面积已上升到 700 余万亩。到 1961 年达到 1300 余万亩，严重影响着农业生产的提高。"②1962 年之后采取了种种举措，到 1963 年尚有近千万亩，1973 年与 1974 年对河南省盐碱地再调查，盐碱地的面积大大降低，仅余 400 万亩左右。③ 到 1999 年，全省经过几十年的改土治土，盐碱地面积还有 17.38 万公顷。④

魏克循统计了 1957 年、1963 年和 1973 年的河南省主要地区盐碱地的面积和耕地面积。1957 年时商丘和开封（缺周口，郑州市无数据）盐碱地面积总共有 255.6 万亩，商丘地区盐碱地面积占本地区耕地面积的比重有 18.9%，开封地区盐碱地面积占本地区耕地面积的比重为 8.4%。⑤1963 年的各项数据包括盐碱地的面积和占本地区耕地的比重都有大幅上升。到 1973 年，商丘地区的盐碱地面积减少，低于 1957 年，占本地区耕地面积的比重仍高达 17%。

---

① ［美］何炳棣：《中国古今土地数字的考释和评价》，北京：中国社会科学出版社，1988 年，第 99 页。

② 魏克循主编：《河南土壤地理》，郑州：河南科学技术出版社，1995 年，第 403–404 页。

③ 魏克循主编：《河南土壤》，郑州：河南科学技术出版社，1979 年，第 108 页。

④《中国农业全书》总编辑委员会编：《中国农业全书·河南卷》，北京：中国农业出版社，1999 年，第 10 页。

⑤ 魏克循主编：《河南土壤》，第 107 页。

开封地区也有减少，盐碱地面积占本地区耕地面积比重降低到 7%。

《中国农业全书·河南卷》统计了 1999 年时全省盐碱地分布区包括安阳市、濮阳市、鹤壁市、焦作市、新乡市、郑州市、开封市、商丘地区和周口地区的盐碱地占本地市所有土地面积的比例。从统计表中可以看到开封和商丘的盐碱地面积占本地区所有土地面积的比重是较高的，分别有 4.78% 和 5.87%，周口和郑州较低，分别为 0.34% 和 0.66%。1999 年的数据没有本地市盐碱地与耕地面积的比值，从盐碱地占所有土地面积的比值排列来看，比值越高对应的盐碱地面积越多。

我们计算的乾隆初年时开封府、归德府和陈州府三府盐碱地占耕地比重平均为 7.292%，低于 1957 年时商丘和开封地区各自的盐碱地占耕地比重，也低于二者的平均值。就开封来说，直到 1973 年时，盐碱地占耕地比重才降低到小于清乾隆初年时的水平。虽然盐碱地占耕地面积比重降低到 7%，小于 7.292%，但并不意味着 1973 年时的盐碱地面积比乾隆时的小，因为 1973 年的耕地总面积变大了。

和 1957 年的数据相比，乾隆时这三府总的盐碱地面积也是小于 1957 年的。以笔者折算过后的乾隆时三府实际盐碱地面积 20725.516 顷计算，折成市亩，①得 1910063.555 市亩。这个数字小于 1957 年的盐碱地面积数据。况且，1957 年的数据在未统计周口和郑州的情况下就有 255.6 万亩。

以上结果可以看出，从盐碱地占耕地面积的平均比重和盐碱地总面积这两方面来说，在不严格考虑行政区划调整的前提下，假定研究区域范围未有大的变动，1957 年时郑州、开封、商丘和周口地区的盐碱地总面积是要大于清乾隆初年时的数据。

实际上 1957 年的数据还可能更大。魏克循统计的 1957 年盐碱土数据涵盖了商丘、开封、新乡和安阳，总盐碱地面积有 476.14 万亩。他所说的 500 万亩有不少地方未上报数据，500 万亩可能有点偏低。据河南农学院、中牟农场和黄河淤灌管理局在 1959 年全国土壤普查鉴定工作会议上提交的报告，

① 不同学者对清亩折市亩的换算不同。经笔者核算，何炳棣折算清本部 18 省的册亩时是用 1 清亩等于 0.9116 市亩。而吴慧在《古今度量衡亩的比较》载《中国历代粮食亩产研究》第 236 页中用 1 清亩折合 0.9216 市亩。梁方仲在《中国历代户口、田地、田赋统计》第 543 页中引吴承洛的推算结果列表显示清 1 尺折合 0.96 市尺并据此推得清 1 亩折 0.9216 市亩。此处依吴承洛和吴慧的折率计算。

指出河南据统计共有 570 万亩盐碱土。[①]

观察魏克循 1995 年《河南土壤地理》和 1999 年《中国农业全书 · 河南卷》对各地市盐碱土占全省盐碱土面积的比值，发现商丘、新乡、濮阳、开封和安阳依次从高到低，这 5 个地区合计比例高于 95%。两书统计的数据序列在数值上都有变动，但排序上没有变化。同一地区的盐碱地面积数值 1999 年比 1995 年的大多都有减少。魏克循 1995 年统计的河南 9 地市盐碱土合计 2607910 亩，与《中国农业全书 · 河南卷》1999 年统计的 17.38 万公顷相比，总的盐碱地面积仅减少了 910 亩。这说明，一方面随着盐碱地治理工作进入攻坚阶段，从 1957 年的 500 万亩到 1995 年的 260 多万亩，中间经历了一个高速增长和治理后又逐渐下降的过程，余下的盐碱地改良难度越来越大；另一方面，商丘、新乡、濮阳、开封和安阳这些地市由于盐碱地的历史遗留问题，其盐碱地占全省盐碱地的比例一直居高不下。

魏克循在总结盐碱地面积从 1957 年到 1973 年的变化时提到，当时新产生的盐碱地基本上是次生盐碱地。经过几十年的治理，余下的多数是治理难度较大、持续时间较长的盐碱地。这些盐碱地的现代分布与史实能够大致吻合的内在机制在于盐碱地的发生和发展过程是一个历史积累的过程。清代时开封、中牟、郑州、兰封等县当时就有大量盐碱地，到今天这些地方仍然有较多的盐碱地。这些县在历史上本身就是土壤盐碱化的高发区。绝不是说，这些县到了 1949 年以后突然一跃成为盐碱地的重灾区。

综上所述，与 1957 年的数据比较，可知，乾隆朝之后的清后期本区域盐碱地的面积是在不断增加的。虽然期间肯定也有一些地方会有盐碱地减少的情况，但区域总的盐碱地面积是在增加的，否则也不可能给 1957 年的河南留下那样的“家底”。

需要注意，上述内容是笔者根据有限的数据所做的估算。虽然文中数据不一定精确，但清乾隆之后盐碱地总面积在不断增加这个结论，是确信的。联想到河南在 1957 年到 1973 年间盐碱地面积的变化过程，以当时的科技水平和科学认识来看清代的话，显然应该是增加的。

联系第一章对盐碱地的历史变迁分析，我们有了更加清晰的认识，即从先秦到清末，盐碱地的面积是一直在增加的。这个增加过程以北宋为界大

① 中牟盐渍土改良实验站：《河南中牟盐渍土改良实验总结》，载农业部全国土壤普查办公室编：《全国土壤普查鉴定深耕改良土壤学术会议文件选辑（下辑）》，北京：农业出版社，1959 年，第 237 页。

致分为两段，前段盐碱地的记录很少、盐碱地的分布地区较为零散；进入后段，盐碱地的记录越来越多，盐碱地的分布在局部地区越来越集中。这固然有越往后史料越丰富的因素，但从清代的记载来看，盐碱地面积的增加是不争的事实。

就本区域来说，把时段再拉到中华人民共和国成立后，直到 20 世纪八九十年代，研究区域内的盐碱地总面积数值才低于清乾隆初年时的数据。①

如果用一条曲线来表示盐碱地面积的变化趋势，它的过程是这样的：从先秦到北宋初很长一段历史时期内，曲线表现为平缓的上升态势，在北宋初曲线陡然急剧上升，直到 1963 年开始下降，再到 20 世纪八九十年代下降到低于清乾隆初年的水平。如下图所示。

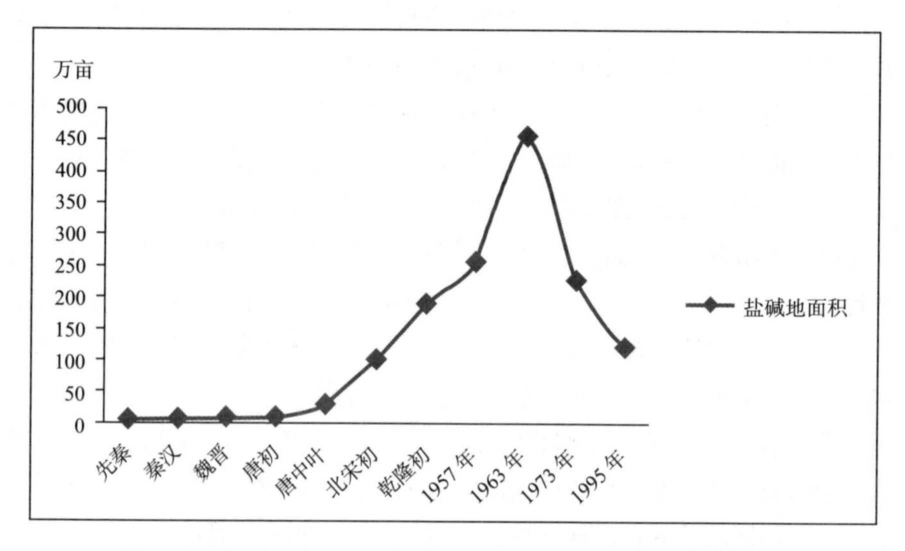

图 4–2　史料所见近五千年来本区域盐碱地面积的变化示意图

图 4–2 是我们根据史料从长尺度观察本区域盐碱地面积变化趋势的示意图，目的是有一个更直观的认识。由于大多时段都没有准确数据，从先秦到乾隆初的数据是笔者假定的，曲线的形状也不会完全如图 4–2 所示。考虑到历史上也有一些盐碱地治理成功的案例，盐碱地面积在某一时刻会有减少，也就是说，实际情况表现在曲线上应该是高低起伏，不会是一条平滑的曲

① 据魏克循《河南土壤地理》第 404 页载，1995 年时开封、商丘、周口和郑州四地市的盐碱土面积合计为 1208475 亩。又魏克循《河南土壤》统计的 1973 年数据里缺周口，商丘、开封和郑州的盐碱地合计有 227.84 万亩。

线。笔者为了示意而简化处理，只是用这幅图来表示盐碱地面积在这几千年内总体的变化趋势。另外，从先秦到清代，人口是不断增多的，在人迹罕至地区或者长期抛荒的土地中不乏盐碱地，这些盐碱地或许早就存在但一直未被计入史册，所以上图也仅是依据史料所做的推断。

就本区域来说，面对不断增加的盐碱地，可耕植的实际行粮地必然是越来越少的。在农业技术不发生重大变革的情况下，这意味着土地产出越来越少，而人口却在不断增加，那么越来越少的土地要养活越来越多的人口，对于依赖农业经济生存的农户来说，必然是走向贫困。且不说自然灾害频发、黄河频繁决溢对区域社会经济系统的破坏，单就盐碱地来说，严重影响了区域农业经济的发展。

限于可供量化计算的数据太少，以清代为例，乾隆朝之后盐碱地面积的具体数值就难以计算。虽然不能准确获知清后期其他时段的盐碱地面积，但我们通过与 1949 年以后较可靠的数据对比，进而确定了曲线两端数据的大小，从而得以洞悉其变化趋势。即使得不到其准确数值，但我们知道了它的历史变化趋势。

图 4–2 所揭示的本区域盐碱地近五千年来的变化趋势是否在其他地区也是如此呢？笔者认为，鉴于自然环境存在地域差异，其他地区的盐碱地形成机制未必和本区域一致或相似，所以还有待在详细调查史料及运用本文计算方法的基础上再作定论。今后可扩大研究区域，进一步验证和检验上述认识的普适性。

中华人民共和国成立后，本区域的盐碱地面积经历了一个不断增加直至顶峰然后又下降的过程。特别是从 1973 年开始，如魏克循所说："近十多年来，又相继采取了水利工程和农、林业生物措施相结合的综合性治理盐碱土的方针，大面积地降低了地下水位，土壤次生盐碱化已基本消除。一些中、重度盐渍土也得到了不同程度的改良。因而，到目前为止，河南盐碱土面积已减少到 260 余万亩。"①

该事件意义重大，意味着自中华人民共和国成立不到 50 年的时间就遏制了中国几千年来盐碱地不断增加的势头。从人地关系角度来讲，标志着我们从此能够有效掌控土壤盐碱化的发展态势。但并不意味着我们可以高枕无忧，因为全国尚有大面积的盐碱地未得到根治，加上人类活动又会产生新的次生盐碱地，所以治理盐碱地任重而道远。

① 魏克循主编：《河南土壤地理》，郑州：河南科学技术出版社，1995 年，第 404 页。

第五章　盐碱地对豫东社会的影响

第四章我们讨论了豫东地区盐碱地盐碱化的程度、盐碱地的空间分布及盐碱地面积的变化。通过分析可知，在清乾隆初年时，豫东开封、归德和陈州三府已有约 191 万亩的盐碱地，主要沿黄河故道分布，盐碱化较重的地区集中在贾鲁河和涡河的上游，盐碱地面积在清代是不断增加的。

盐碱地面积的不断扩大，对本区域的影响不仅体现在环境生态方面，也体现在社会经济方面。盐碱地对生态的影响，站在人类的立场上看，可以说是不利的。对社会经济的影响，既有不利的因素，主要体现在农业经济上；又有有利的因素，尤其是盐碱地生成的矿物资源，为当地百姓的日常生活提供了物质资料。

第一节　盐碱地影响土壤生态

盐碱地是土壤盐碱化的产物。盐碱土的形成实质是“各种可溶性盐类在地面作水平方向与垂直方向的重新分配，从而使盐分在土壤表层逐渐积聚起来”。[①] 在盐碱化发生时，土壤首当其冲受到影响并将影响依赖土壤生存的植物。

盐碱土中可溶性盐分“主要以钠盐、钾盐、钙盐和镁盐的形式存在，并形成硫酸盐、氯化物以及碳酸盐等”[②]。当盐碱土壤的盐分含量增加，使得土壤中溶液的渗透压高于植物细胞液的渗透压，此后会引起植物根毛细胞的脱水，造成植物的“生理干旱”，[③] 出现枯萎或“烧苗”现象。高浓度的盐分干扰作物对养分的吸收，会破坏作物对其他离子的吸收，造成作物营养紊乱。

---

① 王小锋、杨松：《盐碱地改良措施综述》，《施工技术》2020 年第 S1 期，第 220 页。

② 范王涛：《土壤盐碱化危害及改良方法研究》，《农业与技术》2020 年第 23 期，第 115 页。

③ 时冰：《盐碱地对园林植物的危害及改良措施》，《河北林业科技》2009 年第 S1 期，第 61 页。

如土壤溶液中的钠离子过高，会妨碍作物对钙、镁、钾的吸收，而钾离子浓度过高则会阻碍作物对铁和镁的吸收，导致诱发性缺素症。

如果盐碱地含有过高的碱性盐，这种情况下养分难以被作物吸收。比如，土壤中含有大量的碳酸钠时，除它本身对作物的抑制外，还由于碳酸钠水解呈碱性，从而使磷酸盐以及铁、锌、锰等许多营养元素在土壤中被固定，使作物产生缺钙、缺镁、缺磷等现象，从而影响作物的营养吸收并诱发病症。

盐碱地土壤胶体常富含钠离子，土壤潮湿时胶体分散，此时土壤透气性和透水性降低；干时剧烈收缩，结成硬块，不仅耕作困难，而且严重妨碍作物生长。就不同盐分来说，“苏打盐分（碳酸钠、碳酸氢钠）对树木危害最大，氯化钠次之，硫酸钠较轻。”[①]

概言之，盐碱地会影响植物生长，作物会出现枯萎、烧苗现象，影响作物产量，并造成土壤板结、渗水性能下降。

清代豫东地区在乾隆初年时的盐碱地已遍布 28 县。从上一章的空间分析中，可知在空间上形成了盐碱化程度较高的连续分布带。这些地区的盐碱土连片分布，面积广大，可想而知对当地土壤生态的影响是巨大的。

注意，笔者用的是“影响”而非“危害”，是从环境自身的角度来说的。盐碱地的形成对土壤生态有影响，但这种影响对环境来说，谈不上利弊。只是站在人类的视角上，因为人类发展农业需要土壤，而盐碱地对土壤生态的影响对农业生产会产生不利的影响，所以对人类而言，一般都会觉得盐碱地是一种危害。

有意思的是，盐碱地曾长期不被人视为一种灾害，至少在很长的历史时期内。盐碱地被视为“灾害”是比较晚近的事情。清代虽然有盐碱地治理的各种方法，但在思想上并没有明确把盐碱地作为一种灾害来认识。不唯清代，此前历朝也是如此。这主要是因为我国农业历史悠久，传统农业思想原初对于灾害的定位并不包括土地。《周礼》《左传》《说文》等文献记载表明“灾”最初由火灾延伸到水、旱、疫。“天反时为灾”一语道破古人对于灾害的思想认识。从某种角度来说，反映了灾害思想认识中的“天命观”。“服天命”，以天为主导，灾害的发生是由天所主导。

在古人眼中，洪水、大旱、瘟疫这些灾害的发生是由天主导的，随天时

① 介明：《盐碱地的危害与改良研究》，《绿色科技》2016 年第 7 期，第 122 页。

而定，非人力所能抗衡。根据现代认知，洪涝、干旱确实是主要由天气系统所控制。而瘟疫主要是一些强烈致病性的病毒、细菌传播引发的传染病。由于瘟疫常发生在洪涝、干旱、地震等自然灾害导致环境恶化、人群死亡后，所以古人的认识是有一定的合理性的。只是他们探究不出这些灾害的原因和机制，便笼统地归结于“天”。

盐碱地是在土壤内发生的灾害，从它危害农业生产的结果来说，古人应该早就应视其为一种灾害才对。然而，《禹贡》《周礼・职方》《管子・地员》《吕氏春秋》关于土壤的分类也只是把盐碱地作为一种“下地”来看待。汉以后，在官方的《五行志》《祥异志》里也极少记录盐碱地。

主要是因为在北宋以前，盐碱地尚未引起人们的足够重视。在典籍中经常见到的是成功治理盐碱地后的“盐卤”“斥卤”成为“膏腴”的赞扬，而鲜见“斥卤”为害的记载。至清代，随着盐碱地面积的不断扩大，以至于严重影响农业生产和经济生活，“地瘠民贫”终使有识之士发出“盐碱为害”的呼声。

“盐碱”这个词本为西学东渐的结果。清季，随着自然科学如化学和农学的知识传播，《农学纂要》[①]《格物中法》[②]等由清人编纂的书中开始有了现代化合物的名词翻译，也有了“盐碱”的称谓。从这个时候开始，盐碱地是一种灾害的思想才逐渐盛行。

盐碱地在历史上长期不被视为灾害的一个主要原因还与传统农业社会秉持“地力常新”的观念有关。在历史上首次明确提出“地力常新壮”思想的是南宋的陈旉。在他著的《农书》中论述了“地力常新壮”的含义及如何保持地力常新。陈旉提出的“地力常新壮”思想主要是“针对当时出现的‘地久耕则耗’地力衰竭论农学思想”。[③]“宋元时期，农学界发生了一场关于地力是‘久耕则耗’还是‘常新壮’的大辩论。”[④]引发辩论的吴怿在《种艺必用》中认为土壤肥力会衰减。而陈旉认为，“用粪犹用药”，可以“施加肥料补偿地力”，[⑤]从而“地力常新壮”。

---

① 陈恢吾：《农学纂要》，清光绪刻本。

② 刘岳云：《格物中法》，清同治刘氏家刻本。

③ 阎莉、贺扬：《中国传统农业的“地力常新壮”思想探析》，《农村经济与科技》2020年第15期，第4页。

④ 王星光等著：《气候变化与秦汉至宋元时期黄河中下游地区农业技术发展》，北京：人民出版社，2019年，第344页。

⑤ 赵志明、祖宏迪：《“地力常新壮”的法宝——我国传统农业肥料和施肥农具》，《农村・农业・农民》（A）版2017年第8期，第58页。

吴怿的论点与近代以来西方农学家的“土壤肥力递减论”异曲同工。关于土壤肥力是否持久这个问题，按现代农学和土壤学的认识，应该说吴怿的观点代表了一般情况下土壤肥力的变化。如果没有人为的介入，比如人类施肥，在只耕种的情况下，土壤肥力是会发生衰减的。而陈旉在提出“地力常新壮”的同时，他还指出如何保持“地力常新”。应该说，这两种观点并不存在非此即彼的矛盾，它们是相辅相成的。

以往研究过于强调陈旉的思想充满了生态智慧，而忽视了吴怿的观点产生的时代背景，鲜少有人从吴怿思想的背后去深究宋元以来关于土壤灾害治理思想的产生。

依笔者对盐碱地的研究来看，北宋以来，随着黄河泛滥的加剧，豫东地区的盐碱地发生和面积的扩大都走上了一条快车道。盐碱地的土壤肥力低下是众所周知的，北宋之前未盐碱化和北宋之后盐碱化的土壤肥力自然是发生了很大的变化。

正是因为古时对于土壤肥力的认识以传统思想“地力常新壮”为主流，在一定程度上使得农学家们有点过于盲目相信农耕、水利和施肥等技术就能完全保障土地肥力不发生恶化，对这种土壤灾害长期掉以轻心。清代，人们终于意识到盐碱地的危害和治理异常复杂，又在西学的影响下，盐碱地是一种灾害的思想才逐渐发酵。

就陈旉和吴怿的争论来说，“地力常新壮”思想的背后孕育了国人重视“用地”和“养地”相结合的生态价值观，是一种可持续发展的思想。陈旉所谓“用粪如药”，指出用绿肥来滋养土壤以保持土壤活力，此论充满了生态智慧，在生态伦理上不是把土壤作为一种纯外在的资源来消耗，所以说更能与我国传统农业文化和农业思想契合，这是它尤为值得推崇的价值。但是，现实总是复杂的，这种思想在一定程度上也确实会造成对土壤肥力稳定性的理解偏差。

总之，清代豫东地区的盐碱地不断发育和发展，影响了土壤生态，降低了土壤肥力，自然会对人类的农业生产造成影响。随着黄河泛滥的加剧，豫东地区盐碱地面积不断扩大，在意识到盐碱地难以治理后及西学东渐的影响下，人们开始重视盐碱地的危害。

第二节　盐碱地影响农业经济

盐碱地改变了土壤结构，使得土壤肥力低下，农作物产量降低，且明清以来盐碱地面积不断扩大，大面积盐碱地的存在使得可耕地的面积减少，因而自然影响农业经济的发展。

在豫东各县的方志上屡屡可见“地瘠民贫”的描述。宣统《陈留县志》：“留邑地瘠民贫，合四境而论，东北地方胶淤洼下……且北跨黄河滩碱，更属不毛。”[①]在汜水县有同样记载：“我汜地瘠土狭，兼少膏腴。”[②]盐碱地土壤贫瘠，难以耕种。如《洧川县志·籍赋志》有载：“（旧志）古称圃田泽为豫州薮……诚有见于土壤瘠卤，不足以艺禾稼，阜民生。”[③]乾隆《鄢陵县志》：“而地多沮洳舄卤。”[④]盐碱化程度较重的中牟从方志的描述中也足见盐碱地对当地农业发展的不利影响。“白气茫茫，远望如沙漠，因风作小丘陵起伏，其间高处寸草不生。”[⑤]

除了开封府，在归德府,《商丘县志》：“且生长斯土卤洿素谙”[⑥]。此句明说商丘地土盐卤，不利农耕。光绪《鹿邑县志·川渠考》：“厥田中下，沮洳斥卤者居三之二上。”[⑦]鹿邑县三分之二以上的土地皆为斥卤之地，可想而知会对当地的农业发展造成不小的影响。再如夏邑，民国《夏邑县志》：“邑素洼下，东南东北地多斥卤，繁殖力薄。”[⑧]

在陈州府，盐碱地影响农业生产的例子也有很多。道光《扶沟县志》：“扶沟碱地最多，重者只可煮晒碱硝，轻者非不可治。”[⑨]扶沟县的盐碱地依方志来看，碱性土居多，碱性离子水解致使土壤的pH值偏高，对种植农作物

---

① 武从超续修，赵文琳续纂：《陈留县志》卷八《田赋志》，页1，清宣统二年刊本。

② 田金祺等修，赵东阶等纂：《汜水县志》卷四《赋役志》，台北：成文出版社，1968年，第207页。

③ 何文明修，李绅纂：《洧川县志》卷三《籍赋志》，页1，清嘉庆二十三年刊本。

④ 施诚纂修：《鄢陵县志》卷六《赋役志·田赋》，页12，清乾隆三十七年刊本。

⑤ 萧德馨等修，熊绍龙等纂：《中牟县志》卷二《地理志·形势》，民国二十五年石印本，台北：成文出版社，1968年，第56页。

⑥ 刘德昌修，叶沄等纂：《商丘县志·旧志序·李序》，民国二十一年石印本，台北：成文出版社，1968年，第30页。

⑦ 于沧澜主纂，蒋师辙纂修：《光绪鹿邑县志》卷四《川渠考·川渠》，清光绪二十二年刊本，台北：成文出版社，1976年，第153页。

⑧ 韩世勋修，黎德芬纂：《夏邑县志》卷一《地理志·风土》，民国九年石印本，台北：成文出版社，1976年，第276页。

⑨ 王德瑛纂修：《扶沟县志》卷七《风土志·厚风俗告示附》，页8，清道光十三年刻本。

自然不利。影响农业生产使得民众生活贫困，甚至也影响到当地的民风。如乾隆《商水县志》载："土地瘠卤，民用不充，颇好讼狱。"[①]

以上记载清晰表明：清代开封、归德和陈州府境内由于盐碱地的大量存在对农业生产造成了不利影响。

方志中屡见的"地瘠民贫"直观表述了盐碱地对农业经济的影响。除了这些，从清代豫东地区一些县志亩产量的记载来看，同样能够看出这种影响的存在。

郭松义认为："黄河以北地区的产量，一般要高于黄河以南"。[②] 依郭氏的估计，河南的怀庆、卫辉和彰德三府的平均亩产在 1 ～ 2 石，高出其他府州。剩下府州的亩产通常在 1 石上下，有不少只有 5 ～ 6 斗。郭云奇统计了乾隆三十二年（1767）、嘉庆二十五年（1820）的河南各府州的田赋、户数，认为："豫北地区粮食产量比豫东、豫南均高。"[③]

因为计算的是平均亩产，即单位面积的产量，也就是说清代豫东的土地单位亩产是不如豫北的。影响亩产的因素与土壤肥力有直接关系，这一点郭松义虽有提及，但他只说了土地肥力与黄河泛滥、农田水利有关而未注意到盐碱地这个因素。根据笔者的分析，盐碱地不仅直接影响土壤肥力，而且大面积的盐碱地更是造成耕地面积的减少，所以盐碱地对亩产肯定有较大影响。

清乾隆初年，豫东盐碱化较高的地区如中牟、阳武、祥符、郑州、兰阳等县的盐碱地面积占耕地的比重高的能达到 21%，平均下来也有 7.292%，这么多面积的土地不能种植，对当地的农业生产定有不小的影响。在传统农业社会中，农民的生产和生活都依赖于土地，如此，对农民的生计也会产生影响。

清后期，豫东地区的降水变率异常频繁，包括盐碱及旱、涝、洪灾的频发，靠天吃饭的农业受影响尤为深重。社会经济结构中的农业发展受挫，也使得当地百姓不得不改变生存策略。一如《荥阳县志》所说："民质淳朴，风气闭塞。力农者多，工商之业素不讲求……近则民智渐开，晓然于世界潮

---

① 董榕修，郭熙纂，牛问仁续增修：《商水县志》卷一《舆地志・风俗》，页 17，清乾隆四十八年刊本。

② 郭松义：《清代北方旱作区的农业生产》，《中国经济史研究》1995 年第 1 期，第 29 页。

③ 郭云奇：《清前期河南田赋研究》，郑州大学硕士学位论文，2019 年，第 49 页。

流所趋，舍工商不足与图存，各业已竞相进步。”[①]

既然农业经济发展不景气，当地百姓便转向发展工商贸易。他们利用当地的特产从事交换或粗加工以出售来满足生活所需。如荥阳发展制草帽、丝织业、畜牧等代替农作物生产。有些县改种特种植物以获利。“硗瘠之区”的汜水“改良种植，精制肥料，凿井引渠，广辟园圃……种蓝靛利倍常农”。[②] 蓝靛可作染料，亦可用作药用。鉴于汜水的蚕桑、棉纺织业有一定基础，在传统农业难以获利的情况下，当地因地制宜发展起蓝靛种植。淮阳在清代“好尚稼穑”，至民国初商业经济才有起色。如方志所言：“近日市镇营业，土著渐多。旧俗业工者少，匠艺粗作，类多农人兼营。近来风气稍开，织工、染工及一切制造亦渐生新。”[③]

从方志上看，清代豫东地区发展商品经济的水平还比较低。徐浩认为，华北地区的农产品进入市场后，交换的目的主要是满足日常生活需要，小手工业者向商业转换的条件不成熟，商业资本利润不高，商品生产环节有很大局限性。[④] 农民由农转商，主要是生活所迫，是不得已而为之。“在传统结构不变的情况下，商业资本也难以找到真正革命性的出路。”[⑤]

也就是说，豫东农民发展棉纺织、制帽、农副产品贸易等商业活动虽然对传统的经济结构带来冲击，但并未能形成一定数量规模的工商业阶层从而带动产业结构的转型，因而未能改变整体的经济结构。从豫东的方志来看，即使是民国期间编纂的县志，发展工商实业并记录在案的州县数量并不多。这多少反映了当时乡村商业经济发展的真实面貌。

在市镇，尽管自清中期以来，豫东的朱仙镇、周口镇等市镇经济获得较大发展，粮食、药材、棉花及土特产品得以大量销售，但正如吴志远所说：“与江南、山东地区相比，河南地区的农业、手工业发展虽然有所发展，但程度有限，专业性的经济作物生产，机器化的手工业生产没有出现。”[⑥]

---

① 卢以洽等纂，张沂等辑：《续荥阳县志》卷四《食货·工商》，台北：成文出版社，1968年，第283页。

② 田金祺等修，赵东阶等纂：《汜水县志》卷七《实业志·农》，台北：成文出版社，1968年，第271页。

③ 郑康侯修，朱撰卿纂：《淮阳县志》卷二《舆地下·风土》，民国二十三年铅印本，台北：成文出版社，1976年，第122–123页。

④ 徐浩：《清代华北的农村市场》，《学习与探索》1999年第4期，第131页。

⑤ 徐浩：《论清代华北乡村工商业的扩张与局限》，《江海学刊》2000年第1期，第124页。

⑥ 吴志远：《清代河南商品经济研究》，南开大学博士学位论文，第261页。

清后期由于黄河决溢和改道严重破坏了水文生态，沉重打击了市镇经济的繁荣。道光二十一年（1841），黄河决口南泛，波及苏、豫、皖三省。河南惠济河两岸及附近祥符、陈留、杞县、通许、太康、睢州、柘城、鹿邑等地水灾最重，贾鲁河—沙河一带的灾情次之。[①] 开封从道光二十一年六月决口到翌年二月合龙，河水围城 8 个月。[②] 虽然清政府采取了一系列措施进行应对，但紧接着道光二十三年一场大暴雨又使得水情再度危急，黄河于中牟九堡决口，主溜袭夺贾鲁河，贾鲁河河道全部淤没。"河道已不通舟楫，朱仙镇之精华，至此损毁殆尽。"[③] 黄河决溢导致贾鲁河河道的淤塞，由于水路交通的改变而使昔日繁华的朱仙镇不复以往。

黄河频繁泛滥，盐碱地面积不断扩大。在此情况下，农业发展受阻，而商品经济又发展有限，因而百姓常为了生存而困于劳碌。地方县志上不乏"地瘠民贫"之语，绝非虚言。普通百姓生活困苦。《西华县续志》有载："农民异常刻苦，大抵以菜汤杂面充饥。至于婚丧庆节令时佳节间，有杂用海味者。中等之家肉菜而已……乡间草房最多，瓦房较少，楼房尤为寥寥。"[④]

再如通许县，"不少农家……麦前多食杂面及白薯，而全年食麦面者百不抽一焉……农家多住草房，瓦房甚少。因草房建筑易，而瓦房建筑非富有，蓄积广材、木料、砖瓦者不能也。"[⑤] 贫苦百姓少有资财，盖不起瓦房，仅靠茅草房遮风避雨。农村里能全年吃上面食的也不常见，可见农民生活的困苦。

农民越来越贫困，只得出卖自己的劳动力，成为"受田代耕者"，（佃农）"自备牛车籽粒者所获皆均之。主出籽粒者，佃得什之四。主并备牛车含秣者，佃得什之三。若仅仅为种植芸鉏，则所得不过什之二而已。"[⑥] 如此境况下，他们"被迫接受落后的租佃形式的桎梏，从而失掉更多的人身自由、生产自主权和劳动成果。"[⑦] 可以说，广大贫苦农民不仅要承受水旱灾害和土地

---

① 陈业新：《道光二十一年豫皖黄泛之灾与社会应对研究》，《清史研究》2011 年第 2 期，第 90 页。

② 田冰、吴小伦：《道光二十一年黄河水患与社会应对》，《中州学刊》2012 年第 1 期，第 141 页。

③ 任崇岳等：《河南古代史话》，郑州：河南人民出版社，1986 年，第 415 页。

④ 潘龙光等监修，张嘉谋等纂修：《西华县续志》卷五《民政志》，民国二十七年铅印本，台北：成文出版社，1968 年，第 263 页。

⑤ 张士杰修，侯崑禾纂：《通许县新志》卷十一《风土志·民生》，民国二十三年铅印本，台北：成文出版社，1976 年，第 371 页。

⑥ 于沧澜主纂，蒋师辙纂修：《鹿邑县志》卷九《风俗物产》，光绪二十二年刊本，台北：成文出版社，1976 年，第 339 页。

⑦ 王天奖：《近代河南租佃制度述略》，《史学月刊》1989 年第 4 期，第 60 页。

减产的影响，还要遭受地主阶级的盘剥，可想而知他们的生存状况。

总之，清代豫东自乾隆朝以后，随着盐碱地面积的扩大和黄河泛滥、水旱灾害及农民起义、土匪事件等频发，对豫东农民的生计带来不小的冲击。诸多县志所谓的“地瘠民贫”是真实的反映。盐碱地在其中也发挥了一定作用，而它的形成和扩大与黄河泛滥、气候变迁有着直接关系。这个事例清楚地凸显了环境变迁与社会变动间的联动和复杂关系，值得我们思考。

第三节　盐碱地资源与国家管理

在前文中，我们了解到盐碱地的盐碱土中富含氯化物、硫酸盐、碳酸盐等无机盐。这些盐分富集使得土壤盐碱化。虽然，对种植业尤其是种植农作物是不利的，影响产量从而打击农业经济，但这些无机盐也是重要的资源。其中，硝盐和土硝关乎国计民生，通过分析对它们的管理和利用可以管窥国家治理和地方管理间的复杂关系。

在豫东的开封、归德和陈州府各属县的方志中，硝盐、土硝是很多州县都有的物产，在盐碱土中最为常见。如民国《太康县志》：“乡民多食硝盐，俗称小盐。价极廉，产自田间。农民刮土滤水煮而成之……凡产盐之地皆不适宜树艺。”[①] 夏邑的土硝因质纯而闻名。《夏邑县志》：“邑产土硝甲于各县。采买军火者多取办于此。又有土碱及小盐，贫民亦借资糊口焉。”[②]

硝盐是一种白色粉末状固体，一般是含有硝酸钠和亚硝酸钠等杂质的氯化钠。在民国以前的方志上多称其为“土盐”“小盐”。硝盐的主要成分是氯化钠，所以也是食盐的一种，只不过含有各种杂质，而过去的提纯工艺低下使得氯化钠的纯度略低。杂质中含有镁离子使得味道微苦，含有的亚硝酸钠如长期过量摄入有致癌风险。由于制作工艺简单，可以就地取材，省却了交通运输的运费，故价格低廉。

中国古代的硝实际上是包含了几种化学物质，古籍中的“消”通“硝”，主要成分是硝酸钾和硫酸钠，部分指的是硫酸镁和硝酸钠。这些都属于易溶

① 杜鸿宾修，刘盼遂纂：《太康县志》卷三《政务志·商业》，民国二十二年铅印本，台北：成文出版社，1976年，第185页。

② 韩世勋修，黎德芬纂：《夏邑县志》卷一《地理·物产》，民国九年石印本，台北：成文出版社，1976年，第315页。

性盐类，在外形上也颇为相似。医书上记载它们的名字有很多，如芒硝、消石、朴硝、土硝、盐消等。它们的化学成分其实各有差异，但古人由于辨别不清常视其为一物异名。

土硝的主要成分是硝酸钾，俗称火硝或土硝。“现今中国矿物药中的硝（消）石是经过提炼的 KNO_3……是制造黑火药和烟火的原料，所以又名焰硝、火硝……它通常覆盖于地面、墙角。刮扫起来的，叫作硝土。”[①] 它结晶析出的形状与芒硝相似，加之在医疗功用上功能相仿，故古人常难以分辨而多有争论。

自唐代开始，炼丹方士和本草学家注意到芒硝、硝石、朴硝等主要产于盐卤之地。唐医家陈藏器在《本草拾遗》中说：“芒硝、消石并出西戎卤地，咸水结成。”[②] 盐碱土中一般含有氯化钠、碳酸钠和芒硝。当人们用盐碱土淋土熬盐后，剩下的溶液中可析出含碱的芒硝。是故李时珍说：“（朴消）此物见水即消，又能消化诸物，故谓之消……皆生斥卤之地，彼人刮扫煎汁，经宿结成，状如盐末。”[③]

总之，盐碱土中的这些盐类常混杂一起，所以民间熬制硝盐的过程中往往也可以得到土硝或芒硝。硝盐可以食用，而土硝是制造火药的原料，二者是重要的战略资源，在管理上关系盐政和军备，因而对社会经济和国防军备的重要性不言而喻。

一、盐的开发史概说

“人类各种动物，以至于原生动物，凡具新陈代谢之生理功能者，无不需要一定的盐分供给。”[④] 无论是在早期的渔猎采集阶段还是进入农业社会，人类从茹毛饮血到在自然界寻找食盐都是为了解决这个生存需求。

我国人民很早就开始开采海盐了。《世本》载：“黄帝时，诸侯有夙沙氏，

---

① 赵匡华、周嘉华：《中国科学技术史·化学卷》，北京：科学出版社，1998 年，第 494 页。

② 唐慎微撰，尚志钧等校点：《重修政和经史证类备用本草》卷三《消石》，北京：华夏出版社，1993 年，第 77 页。

③ 李时珍撰，刘衡如点校：《本草纲目》卷十一《石部·朴消》，北京：人民卫生出版社，1975 年，第 644 页。

④ 任乃强：《说盐》，《盐业史研究》1988 年第 1 期，第 3 页。

始以海水煮乳煎成盐。”[①]《说文解字》也有记载：“古者宿沙初作煮海盐。”[②]宿沙即夙沙，同名也。明人罗颀撰《物原》也说：“轩辕臣夙沙作盐。”[③]程文博等结合龙山时代鲁北盐业遗址的考察分析，指出：“夙沙氏煮盐的地望就在鲁北地区。”[④]古籍记载和考古发现相互印证，足见海盐开发之早。

先秦的海盐遗址主要分布在沿海地区，南北皆有。先民取用海盐的工具是一种盔形器。[⑤]据燕生东调查，在莱州湾沿岸地区主要分布有寿光双王城盐业遗址群、寿光大荒北央盐业遗址群、广饶东北坞盐业遗址群、广饶南河崖遗址群、寒亭央子遗址群、昌邑瓦城盐业遗址；在黄河三角洲地带，主要有沾化杨家遗址群、利津洋江遗址、东营刘集盐业遗址、庆云齐周务遗址、河北海兴盐业遗址等。[⑥]南方的沿海平原开发海盐的历史也很早，在江苏连云港、盐城地区等已发现一些唐以来的制盐遗物和遗址。近年来，在浙江宁波大榭岛[⑦]发掘了史前海盐遗址，推动了南方地区海盐遗址的研究。

秦汉以来，随着我国人口数量的增加、消费需求的增长和市场规模的扩大，海盐生产日渐兴盛。为了纳税和管理，早在春秋时期齐国就成立了专门的官盐生产部门来管理海盐的生产和销售。齐国因此而大获其利，富甲天下。《管子·地数》载管仲答齐桓公关于盐政时说：“齐有渠展之盐……君伐菹薪煮沸水为盐……阳春农事方作……北海之众毋得聚庸而煮盐……修河、济之流，南输梁、赵、宋、卫、濮阳。”[⑧]唐宋以后的海盐官场遍及沿海。

盐税一直是国家财政收入的主要来源。据《清史稿》载：“至乾隆三十一年，岁入地丁为二千九百九十一万两有奇，耗羡为三百万两有奇，盐科为五百七十四万两有奇，关税为五百四十余万两有奇”。[⑨]从这份统计中可以看到盐

---

① 佚名撰，王谟等辑：《世本》，北京：中华书局，《丛书集成初编》（第3699册），1985年，第16页。

② 许慎：《说文解字》，北京：中华书局，1963年，第247页上栏。

③ 罗颀：《物原》，北京：中华书局，《丛书集成初编》（第182册），1985年，第26页。

④ 程文博、贾洪波：《从龙山时代鲁北制盐遗址看“夙沙氏煮盐”地望》，《盐业史研究》2022年第2期，第12页。

⑤ 王青、李瑞成等：《山东寿光市大荒北央西周遗址的发掘》，《考古》2005年第12期，第47页。

⑥ 燕生东：《渤海南岸地区商周时期盐业遗址群结构研究——兼论制盐业的生产组织》，《古代文明》2010年，第99-128页。

⑦ 雷少：《浙江宁波大榭岛方墩东周制盐遗址的试掘与初步研究》，《东南文化》2022年第1期，第128-138页。

⑧ 佚名撰，李山译注：《管子·地数》，北京：中华书局，2009年，第340-341页。

⑨ 赵尔巽等撰：《清史稿》卷一百二十五《食货六·征榷会计》，北京：中华书局，1977年，第3703页。

税收入排名靠前。

池盐的开发史也相当早。池盐是内陆盐湖中天然结晶或者以盐湖卤水晒或熬成的盐。我国的内陆盐湖主要分布在干旱、半干旱气候带的西部地区，包括新疆、甘肃、陕西、宁夏、山西、内蒙古等省份。东北的黑龙江和吉林也有。历史上有名的池盐以山西解池为著，有学者考证，东下冯是迄今所知解池附近区域最可能与盐业直接相关的最早遗址。[①] 夏人对晋南的占据和经营非常早，二里头文化东下冯类型的形成与夏人北进有直接关系。到二里岗时期，商人对晋南的争夺不仅是商克夏，也与攫取铜、盐资源密切相关。[②]

关于运城盐湖的开发利用源远流长。《山海经·北山经》有载："又南三百里，曰景山，南望盐贩之泽，北望少泽"。晋郭璞注"盐贩之泽"云："即盐池也，今在河东猗氏县。或无贩字。"[③] 又《左传》："晋人谋去故绛。诸大夫皆曰：'必居郇。暇氏之地，沃饶而近盐。"东汉服虔注云："盐，盐池也。"[④] 此两例皆证河东池盐的利用开发之早和声名之盛。

早期对池盐的利用是取天然结晶，随着中原地区人口的增多，对盐的需求量持续增加，人们开始把盐池的卤水晒制成盐。及至唐，形成了"垦畦浇晒"的成熟工艺。这套制造工艺在《史记正义》中有载。张守节述曰："河东盐池是畦盐。作畦，若种韭一畦。天雨下，池中咸淡得均。即畎池中水上畔中，深一尺许，日暴之五六日则成。盐若白矾石，大小如双陆[⑤]。及暮，则呼为畦盐。"[⑥] 此法靠人工垦地成畦，再引入经雨水稀释后的卤水进入畦内，然后经过风吹日晒蒸发结晶成盐。

在制卤工艺上，古人还发明了一种测试卤水浓度的方法。《太平寰宇记》载："凡取卤制盐，以雨晴为度……取石莲十枚，尝其厚薄。全浮者全收盐，

---

① 戴向明：《晋南盐业资源与中原早期文明的生长：问题与假说》，《中原文物》2021年第4期，第48页。

② 刘莉、陈星灿：《中国早期国家的形成——从二里头和二里岗时期的中心和边缘之间的关系说起》，《古代文明》第1辑，2002年，第88–90页。

③ 袁珂校注：《山海经校注》卷三《南山经》，上海：上海古籍出版社，1980年，第89页。

④ 刘文淇：《春秋左氏传旧注疏证》，北京：科学出版社，1959年，第830页。

⑤ 双陆是古代一种游戏博具。唐宋时极为风行，棋盘呈长方形，参见蔡杰：《隋张盛墓出土双陆棋盘考辨》，《博物院》2020年第6期，第21–24页。此处的"双陆"应指的是双陆棋子，又名"双陆子"，在陕西历史博物馆藏有唐代的琥璃双陆子实物。

⑥ 司马迁撰，裴骃集解，司马贞索隐，张守节正义：《史记》卷一百二十九《货殖列传》，北京：中华书局，1959年，第3260页。

半浮者半收盐。三莲已下浮者，则卤水未堪。”[①]《太平寰宇记》记载了宋人用石莲子测试卤水浓度的方法。其原理具备浮沉子法的雏形，实质上利用特选物质来测试卤水中盐分的比重。特选物除了石莲子，还有鸡蛋、桃仁等其他选择。《西溪从语》有云：“盐场日以莲子试卤，择莲子重者用之。卤浮三莲、四莲，味重。五莲尤重……闽中之法以鸡子、桃仁试之，卤味重则正浮在上。咸淡相半则二物俱沉，与此相类。”[②]

除了海盐、池盐外，井盐也是一种开发利用较多的食盐。井盐是指凿井来开采地下的天然卤水及固态的岩盐。古代井盐的开采主要集中在巴蜀、云贵地区。井盐的开采始于战国。时太守李冰开发蜀郡，开凿广都盐井。《华阳国志》有云：“又识齐水脉，穿广都盐井、诸陂池。蜀于是盛有养生之饶焉。”[③]李冰创造性地开凿井盐，为巴蜀地区开发做了极大贡献，也开创了井盐在我国的利用。

井盐是把卤水中的盐分提炼出来，而开采卤水的方法主要是利用轱辘式滑车。在汉代的画像砖中，用绳两端系着吊桶，形象地描绘了井盐汲卤的场景。[④]关于熬制井盐的记载见于《博物志》：“临邛火井一所，从广五尺，深二三丈……昔时入以竹木投以取火，诸葛丞相往视之，后火转盛热，盆盖井上，煮盐得盐。”[⑤]

北宋之前，开采井盐一般利用的是浅层地下卤水。北宋庆历年间，川民在生产实践的基础上发明了“卓筒井”。“卓筒井技术发明后，很快在巴蜀各地推广，川民开始大规模采集深层天然卤水。”[⑥]这种深井钻探技术逐渐成熟后，人们在钻井时会遇到岩盐层。清末，川民开始利用水溶法开采地下岩盐矿层，岩盐资源随即也成为一种重要的食盐。

---

① 乐史：《太平寰宇记》卷一百三十《通州》，台北：商务印书馆，《景印文渊阁四库全书》（第470册），1986年，第275页下栏。

② 姚宽：《西溪丛语》卷上，台北：商务印书馆，《景印文渊阁四库全书》（第850册），1986年，第937–938页。

③ 常璩撰，任乃强校注：《华阳国志校补图注》卷三《蜀志·六》，上海：上海古籍出版社，1987年，第134页。

④ 王彦玉：《天生曰卤 人生曰盐 成都平原的盐井画像砖》，《大众考古》2018年第9期，第83–87页。

⑤ 张华撰，范宁校正：《博物志校正》卷二《异产》，北京：中华书局，1980年，第26页。范宁引《后汉书》疑句尾的“煮盐”当为“煮水”，很有道理，因“煮盐”颇讲不通。抑或为“煮卤”。“煮卤”者，盖因“盐”的异体字中有一字，上为“卤”的异体，下为“皿”，与“盐”字相类，或有誊抄讹误之发生。此处仅引《博物志》原文，未改。

⑥ 赵匡华、周嘉华：《中国科学技术史化学卷》，北京：科学出版社，1998年，第487页。

岩盐又名石盐，是天然形成的食盐晶体，可直接采用。岩盐，一部分产于盐池下面。唐《新修本草》有载："光明盐，味咸……生盐州五原，盐池下凿取之。大者如升，皆正方光澈。一名石盐。"[①]到了明代，随着开矿、深井钻探技术的进步，对岩盐的认识更加深入。李时珍说："石盐有山产、水产二种。山产者即厓盐也，一名生盐，生山厓之间……水产者生池底，状如水晶、石英，出西域诸处。"[②]

在内陆地区，人们开采利用岩盐最多的主要是盐井和盐湖中的天然矿体。西北地区天然盐湖众多，由于气候干燥，昼夜温差大，在盐湖的表面常有凝结的石盐。古时此地多为少数民族游牧地，这里出产的石盐在古籍中又被称为"戎盐"。《本草经集注》载："戎盐，主明目……一名胡盐，生胡盐山，及西羌北地，及酒泉福禄城东南角。北海青，南海赤。[③]十月采。"[④]戎盐的表面常呈现不同的颜色，常见的有白、青、红三种。"从类型上可分为光明盐、青盐、红盐等"，[⑤]古人对其名字和实物也常有争议。从归类上，它们当都属于岩盐一类。

综上所述，海盐、池盐、井盐和岩盐是古代最常见的四大食盐。它们的区别主要是出产地，其次是开采工艺。比如海盐、池盐和井盐主要是利用卤水煮盐，而岩盐主要是开采天然矿体。

就这四类食盐的开采量来说，海盐当为第一。据《清史稿》所述："长芦、奉天、山东、两淮、浙江、福建、广东之盐出于海，四川、云南出于井，河东、陕甘出于池。"[⑥]在清代，全国分为长芦、奉天、陕甘等11个盐区，其中，长芦盐区行销直隶、河南，奉天盐区行销奉天、吉林和黑龙江三省，山东盐区行销山东、河南、江苏、安徽，两淮盐区行销江苏、安徽、江西、湖北、湖南和河南六省，浙江盐区行销浙江、江苏、安徽、江西四省，福建

---

① 苏敬等撰，尚志钧辑校：《新修本草》卷四《光明盐》，合肥：安徽科学技术出版社，1981年，第122–123页。

② 李时珍撰，刘衡如点校：李时珍：《本草纲目》卷十一《石部·光明盐》，北京：人民卫生出版社，1975年，第637页。

③ 此句常为后世官修本草转引。句中的"北海"和"南海"显然位于我国的西北，若依青海湖为西海之说，则此句中的"北海"和"南海"或指青海湖北边和南边的某个湖泊。"北海青，南海赤"是指两地出产的戎盐颜色。

④ 陶弘景编，尚志钧、尚元胜辑校：《本草经集注》卷二《玉石三品·戎盐》，北京：人民卫生出版社，1994年，第173页。

⑤ 刘秀峰：《戎盐的演变史探究》，《盐业史研究》2020第1期，第69页。

⑥ 赵尔巽等撰：《清史稿》卷一百二十三《食货四·盐法》，北京：中华书局，1977年，第3604页。

盐区行销福建、浙江，广东盐区行销广东、广西、福建、江西、湖南、云南和贵州七省。东部沿海七大盐区的范围涵盖了人口最多的省份，而这些地方销售的官盐主要是海盐。四川和云南的井盐发达，其销售主要在本省及周边。河东和陕甘以池盐为主，行销也以本省为主。

除这四类食盐外，在河北、河南、陕西、山西和苏北的黄河故道两岸，因土壤富含盐分，成为盐碱土。1931 年，据张子丰撰写的调查报告："土盐出产无地不有，要以黄河两岸，山西北路及口外碱滩为最盛。黄河两岸西起甘边，东至武定……兼有六省流域。"[①] 每年的秋冬季节，在蒸发作用下，盐分上升，在土壤表面会形成白茫茫的盐层。当地百姓便刮土淋盐以为生计。这种食盐就是土盐，也称硝盐、小盐等。

刮土熬制土盐的最早记载始于北宋。收录在《证类本草》中由苏颂撰的《本草图经》载："又有并州两监末盐，乃刮碱煎炼，不甚佳……又通、泰、海州并有亭户刮碱，煎盐输官，如并州末盐之类，以供给江湖，极为饶衍。其味乃优于并州末盐也。滨州亦有人户煎炼草土盐，其色最粗黑，不堪入药，但可啖马耳。"[②] 并州、通州、泰州、滨州等地依古籍记载，"刮碱煎炼"成的"末盐"实际上就是土盐。

自北宋以来，随着黄河夺淮入海以及黄河泛滥频次的不断加剧，盐碱土也开始加速发育，面积也不断扩大，以致后世的文献对土盐的记载也越来越多。表现在清代豫东的方志上，开封、归德和陈州府很多州县都把硝盐或小盐作为当地特产。

相较于海盐，土盐的销售也以本地为主，主要在盐碱土分布区及其周边，表现出一定的地域性。结合清代豫东方志，可以明确地说，从盐碱土淋晒的硝盐在当地贫苦百姓的日常生活中发挥了重要作用。

二、清代豫东硝盐的私与禁

私盐的概念是相对官盐来说的。它与盐法密切相关。通俗讲就是违法的食盐。根据现代盐政对私盐的定义，是指"未经国家法定的盐政盐务管理部门允许，私产、私运、私销盐；擅自改变用途，偷漏国家税费、违反国家盐

---

① 张子丰、张英甫：《河南火硝土盐之调查》，天津：黄海化学工业研究社，1932 年，第 3 页。

② 唐慎微编，尚志钧等校点：《重修政和经史证类备用本草》卷四《食盐》，北京：华夏出版社，1993 年，第 100 页。

价管理政策随意改变价格售卖的盐；向食盐市场出售的工业盐、土盐、废盐等不符合国家卫生标准和质量标准的盐；向地甲病区运销的非碘盐及不合格碘盐”。①

私盐的产生是食盐专卖制度的产物。据史籍记载，商周时期的食盐生产和销售为民营，是自由经营，没有专门的管理制度即所谓盐法的约束。“至春秋中期，盐政管理领域出现的重大事件就是齐国在桓公即位后，用管仲之策，率先实行了盐专卖”。② 国家对食盐的垄断经营到西汉时进一步加强。汉武帝时“实行全国范围的官专卖制度，国家给生产者以生产工具，产出的盐全部由国家收购，再由国家加价出售”。③“长期以来，封建国家基本上始终对盐业的流通实行政府专卖的制度”。④

唐代以来，中国历史上的盐业经营体质逐渐转为专商引岸制。专商引岸制是国家选定有经营特许权的商人将盐运销到指定地点的行盐制度。具体来说，即所谓“签商认引，划界运销，按引征课”⑤。“食盐分区销售，各地所产食盐，皆划一定地区为其引地。盐销区一经划定，产区与销区之间便形成固定关系，被签选且已认引的盐商只能在规定的盐场买盐，在规定的引地内销售，一旦越界，即为违法私盐。”⑥ 此制一直沿用到清代至民国时期。

由于距离、交通条件和人力工本等因素，相邻盐区的盐价有高有低。如“十七年议准河南汝宁府属皆食淮盐，每斤定价二分。惟上蔡、西平、遂平三县……地方接壤芦盐，每斤卖钱十有六文……小民多食私盐”⑦。如此使得管辖盐区的盐课收入受损，因而即使是纳税过的官盐在邻区转售也被政府定性为私盐行为。

国家实行盐的专卖，政府的财政经济得以充实。历代的盐课在国家的财政收入中也一直稳居前茅。如清代的盐课收入仅次于田赋，是清前中期国家财政的第二大财源。垄断经营下，国家对盐业的干预越来越强烈和深入，盐

---

① 何克拉：《私盐流通及其危害初探》，《盐业史研究》1995 年第 3 期，第 58 页。
② 蒋大鸣：《中国盐业起源与早期盐政管理》，《盐业史研究》1996 年第 4 期，第 8 页。
③ 张小也：《清代私盐问题研究》，北京：社会科学文献出版社，2001 年，第 3 页。
④ 彭泽益：《盐业与盐业史研究》，《盐业史研究》1986 年第 1 辑，第 3 页。
⑤ 陈锋：《清代的盐政与盐税》，郑州：中州古籍出版社，1988 年，第 59 页。
⑥ 黄国信：《从“川盐济楚”到“淮川分界”——中国近代盐政史的一个侧面》，《中山大学学报（社会科学版）》2001 年第 2 期，第 82 页。
⑦ 清乾隆敕撰：《钦定大清会典则例》卷四十五《户部 · 盐法》，台北：商务印书馆，《景印文渊阁四库全书》（第 621 册），1986 年，第 428 页下栏。

政管理本应惠民，但盐务腐败难以避免，特别是盐价上涨对于贫民来说影响最大。于是，就有“狡猾的人贩卖私盐谋取暴利。他们只卖官价的一半，由于生产费低也可获很大的利益。”①

这些“密卖集团”就是贩卖私盐的人。历史上的朱全忠、黄巢、张士诚、方国珍、朱元璋等许多组织农民起义的领导者本身都是贩卖私盐出身或与私盐活动有密切联系。

私盐在生产、运输和销售环节发生，主要可分为场私、商私、官私和枭私四类：场私是发生在盐场管辖内的私盐，商私是指由商人运输和销售出现的贩私，官私多为政府官员利用权力走私贩盐，枭私即有组织有武装的贩运私盐，如上述黄巢之类就属于此列。还有一类为平民贩私，即普通百姓偷偷摸摸地贩私。私盐既包括逃税制造和销售的食盐，还包含未完全遵守盐法的各种行盐活动。比如清代，即使是官商身份，如不按规定跨区域行盐也算私盐。总之，凡有违盐法和盐政管理的贩盐行为都属于私盐。

清政府为防治私盐，制定了繁细的盐法。对于各种贩私行为的惩治都作有具体规定，依《钦定大清会典则例》② 的记载如表 5–1 所示。

表 5–1　清前中期私盐惩处条目

盐法出台时间	针对对象	贩私相关活动	惩罚措施
康熙十五年	界内本官衙役	私煎、私卖	革职、降三级调用兼辖官降一级罚俸
康熙十五年	失察地方官	旗人民兵聚众十人以上带军器兴贩私盐	革职，辖官降二级。留任限一年缉拿，不获照例革职
康熙十五年	督抚巡盐御史	旗人民兵聚众十人以上带军器兴贩私盐	如有失察官员徇私，参照徇私例议处
康熙三十年	失察各官	十人以上带有军器兴贩私盐	系本处拿获一半者免其处分；本处虽未拿获被别处全获者亦免其处分；若别处虽拿获，少一二人者仍照例分别革职、降级留任缉拿
康熙三十九年	枭徒	大伙兴贩、聚众拒捕、持械杀伤巡拿人	照缉拿强盗例

① ［日］佐伯富著，夏宏钟译：《中国盐政史研究》，《盐业史研究》1990 年第 3 期，第 50 页。

② 清乾隆敕撰：《钦定大清会典则例》卷十八《吏部・盐法》，台北：商务印书馆，《景印文渊阁四库全书》（第 620 册），1986 年，第 383–386 页。

（续表）

盐法出台时间	针对对象	贩私相关活动	惩罚措施
康熙三十九年	地方专官	枭徒贩私	不行擒拿为疏纵情弊者革职兼辖官降二级调用；如上司容隐照徇私例议处
康熙四十四年	失察官吏、知州	小伙兴贩私盐	失察一次者降职二级；失察二次者降职四级皆留任戴罪缉拿。年限已满不获仍罚俸一年；失察三次者革职。道府直隶州知州等官失察一次降职一级，失察二次降职二级，失察三次降职三级，皆留任戴罪缉拿
康熙五十六年	失察地方官	外省棍徒来境私贩	照定例处分。能拿获千斤以上者，覆实题请纪录
康熙五十六年	失察地方官	外省贫难军民肩挑背负易米度日作私贩	私用非刑害人致死者照诬良为盗例革职；如未经致死者降一级调用
雍正二年	地方官	盐枭由他处入境、巡役缉拿拘捕杀伤、当场人盐并获、疏纵防限内缉获过半以上	隐讳不报及人盐并获为开脱者将专官革职兼辖官降二级调用，不知情者各照失察私盐例论处
雍正六年	粮艘兵船、大小差船	夹带整包私盐、一切水陆私贩	即行缉拿照兴贩律治罪；疏纵失察照例追究；借拿私盐名故意勒商民需索照失察例处分
乾隆元年	地方官	奸徒抢夺盐店、哄闹盐场	获究主使同伙如获犯过半并获首犯者仍参疏防，照依盗案之例免其处分；如获究出主使同伙不及一半或不获首犯者照盗案参处，限年缉拿限满不获亦照盗案例处分；如平时有意姑息，参照溺职例革职
乾隆七年	地方官	衙役私煎、旗人私盐、行盐无术	自行察出未经拿获详报通缉者照例革职、降级留任限一年缉获，逾限不获仍照例降革，其兼辖之上司免议；旗人私盐事发其主系官，罚俸两月，如本官自行拿获免议；官员行盐无术以致商贩不煎或不行盐者皆罚俸一年，苦累需索以致商贩不煎者降一级调用

从表 5-1 来看，盐法针对对象涵盖盐官、盐枭、商贩、旗人、民人等。关于盐官、地方官的条例细则占大多数。处罚量刑不一，注意到乾隆七年（1742）关于旗人的一则条例，清楚地表明旗人在处分上有优待，也揭示了清代盐法对于满汉的区别对待。

一般来说，“凡无引而私行及越禁私贩者……由地方文武官缉治之。疏纵者论老弱孤独、担负四十斤以下者免讥。”[①] 普通百姓只要是私自煎制、运输及销售食盐的就属于违反盐法的行为，属于违禁。但对于老弱病残、孤独鳏寡私自销售 40 斤以下者可免。

上述通常是对于海盐、池盐和井盐来说。从文献来看，清政府界定硝盐是否私盐的标准较其他食盐要宽松。也就是说，不同于海盐、池盐、井盐等食盐，私自熬制硝盐并不违反盐法，但仅限于自用。

一则材料可做说明。雍正时，河南按察使王丕烈上疏称：“河南地产小盐四十斤以下，照肩挑、背负易米度日之例不必禁。四十斤以上许本地箩筐挑卖外，贩者禁。”硕色附议道：“豫省盐土煎淋即成土盐、碱土。硝土之底亦成土盐，名曰小盐。弛其禁，则官盐壅滞，奸商转借引行私。且产无定所，出无定时，未便招商办课。若必稽查，老少分别、本境外境，则巡缉者非污即纵。请嗣后。小盐止许食用，不得煎贩，照例禁。”[②] 部议的结果是“为便部议，如所请。”

关于硝盐的管制，王丕烈认为，40 斤以下不禁，40 斤以上在本地允许挑卖但不许到邻县售卖。硕色提议要严格管理，他认为硝盐只允许自家食用，不许销售。对比王丕烈和硕色对硝盐的不同态度，可以看出，清政府对硝盐的管理由松弛转为严格。

当硝盐威胁到官盐的行销时，更被视为私盐开始禁止。相比于其他私盐，硝盐的价格更加低廉。通常，土盐的产量不高，贫民百姓多刮土淋盐以糊口，但随着消费人群的数量日渐庞大，以致威胁到官盐的销售。“前经河南抚院雅奏，准贫民煎熬糊口……小民肆无忌惮，每遇潮汐以后积水难涸，风吹日晒，遍地皆盐……私盐充斥，官引难销”。[③] 光绪三年，李鸿章在《芦

---

① 允祹奉敕撰：《钦定大清会典》卷十五《户部 · 盐法》，台北：商务印书馆，《景印文渊阁四库全书》（第 619 册），1986 年，第 150 页上栏。

② 清乾隆敕撰：《八旗通志》卷一百五十三《人物志 · 硕色》，台北：商务印书馆，《景印文渊阁四库全书》（第 666 册），1986 年，第 544 页。

③ 韩世勋修，黎德芬纂：《夏邑县志》卷四《田赋盐引》，民国九年石印本，台北：成文出版社，1976 年，第 549 页。

课请缓奏销折》中称："去岁全省荒旱，硝盐太多，官盐壅至停秤……豫省之开封、陈州、南阳、许州各属久旱以后，粮价日昂，硝盐遍地。贫民取土煎售糊口，富户贪贱买食，势难严申厉禁，因而官盐销售大减。"[①] 依李鸿章所说，不只是贫民，就连富户在荒年也会舍官盐而食土盐。可见，在清后期国家财政入不敷出，普通地主大户也会勒紧裤腰带过日子。

硝盐威胁到官盐，对国库收入不利。为此，朝廷势必采取更严厉的措施来禁止硝盐。光绪末年，时任直隶总督的袁世凯上疏，奏称："匪徒私贩硝斤如有杀伤捕人，均照盐匪拘捕杀伤之例办理……因盐价昂涨，穷民多食硝盐，以致官盐销路不旺。设此条以惩私贩硝斤之徒。"[②] 袁世凯极力推行禁止硝盐的行为无疑加剧了政府和盐民之间的矛盾，遂导致硝盐产区内一系列民众对抗活动。

20 世纪二三十年代，在冀南就爆发了数起盐民同国民政府官军冲突的所谓"冀南硝盐风潮"。"政府部门及盐务机关对硝民实施了打压政策，使问题的发展越来越严重……盐务惨案时有发生"，[③] 引起了包括《大公报》在内社会各界的广泛关注。

尽管政府屡屡禁止硝盐走私，但实际效果不大。我们知道，硝盐的价格比官盐行私还要低廉，主要消费群体是穷苦贫民。穷苦百姓迫于生计，即使冒着违抗官府的风险也不得不选择硝盐。以民国时期的河南来说，据调查，"河南土盐产量，以民国十六年至十八年的三年中为最兴旺时期。因曾一度改为征税制，税率土盐每担八角。焖子盐每担为一元三角五分。于是土盐产区陡增至三十余县之多（以前仅十余县）。全省产量约在百万担以上。自民国十九年至现在，土盐又在禁止之例，不准其私自售卖。然禁者自禁，售者自售。贫民迫于生计，官方亦无可如何也"[④]。

就豫东来说，归德和陈州府的全部州县以及开封府的部分州县在方志上都有将硝盐或小盐、土盐作为土特产的记载。归德和陈州府所产的土盐更加驰名，如商丘、虞城、柘城、夏邑、睢州、民权、鹿邑等，在张子丰的调查报告上都有记载。因豫东百姓地瘠民贫，无力消费官盐，只能食用硝盐，即

---

① 李鸿章：《李文忠公奏稿》卷二十九《芦课请缓奏销折》，页 10，民国景金陵原刊本。

② 刘锦藻：《清朝续文献通考》卷二百四十四《刑考三》，民国景印十通本，上海：商务印书馆，1936 年，第 4050 页。

③ 冯文明：《二十世纪二三十年代冀南硝盐风潮研究》，郑州大学硕士学位论文，2012 年，第 37 页。

④ 张子丰、张英甫：《河南火硝土盐之调查》，天津：黄海化学工业研究社，1932 年，第 4 页。

使政府有意禁私，也无可奈何。当然，盐民和政府间的矛盾冲突也是时刻存在的。

还有一个问题值得深入思考：硝盐产于盐碱地中，而土地属于地主的私人财产，地主只要缴纳足额的田赋便再无瓜葛。因而，从这个角度来说贩售硝盐是一笔额外的财富。但对于贫民来说，他们难有片瓦安身，无立锥之地，所以，能够从事贩卖土盐的大部分只能是地主富户。硝盐的私与禁，折射出国与民争利的残酷。背后受害的却是广大的底层百姓。

再者，硝盐因常含杂质而味苦，价格极其低廉。与官盐的大量积压形成鲜明对比，硝盐在食盐市场上广泛流通，该状况深刻反映了地方经济发展的困顿。

总之，清政府对硝盐的态度从初始的容忍到越来越严厉再到视为私盐。个中变化实际上反映了清代国家经济逐渐由繁盛转为凋敝的过程。对于硝盐的贩私，不唯清政府，民国政府也是最终选择禁止。但从结果来看，屡禁不止是常态，“征既不可，禁又不能，卒成今日不存不废之局势”[①]。

中华人民共和国成立后，国家采取了扩大海盐生产和降低食盐价格并严格管控私盐的政策，其中最有力的措施当属控制食盐价格，使广大人民都能消费得起，从而极大压缩了贩私和售卖硝盐的利润空间，这样也就没人愿意再去食用有损健康的硝盐。两相比照，正是因为实行了新的管理制度，政策的实施以满足最广大百姓的利益为宗旨，在盐业管理上，宏观调控和市场经济两手抓，从根源上切断私盐的流通，所以才能有效地解决这一历史遗留问题。

三、清代豫东硝土的管制

硝土中一般含有钾、钠、镁等硝酸盐。土壤中的硝酸钾是制造黑火药和烟火的原料，又被称为焰硝、火硝。在自然界中，土壤里的含氮有机物经细菌的分解、氧化出硝酸并与土壤中的钾元素化合形成硝酸钾。通常呈盐晶状覆盖于地表、墙脚，在古籍中被称为“地霜”。人们刮扫下来又称之为硝土。

据张子丰、张英甫的调查，中国北方地区的硝土中含硝量排名靠前的省份有黑龙江、河南、山西、河北、辽宁、山东、陕西等。黑龙江的呼兰、绥

① 张子丰、张英甫：《河南火硝土盐之调查》，天津：黄海化学工业研究社，1932年，第16页。

化、兰西等地硝土的含硝量达到 15% 左右。河南汝南硝土的含硝量最高，有 32.83%，其他地区如开封、信阳、临汝硝土的含硝量略低，有 1% 左右。但开封及周边地区的盐碱土面积广大，虽然平均含硝量较低，但硝土的总量并不低。

从硝土中提取火硝的工序，第一步是选土。由于硝土需经过一定时间完成硝化作用，故旧土比新土出硝要多。在河南地区，根据经验“要以猪圈、厕所、墙根之土含硝量最多，街市之土次之。据云每视浮土略呈褐色而松者，即有硝之证明。”[①]第二步是淋卤，即洗淋硝土。如果是大量淋硝的话，取大缸四个为一组，同时用高粱秆、芦苇席做底，装入硝土并确保装入时各部均匀。然后往第一缸硝土中加水一担，使硝土各部浸润均匀。待缸中的滤液从底部小口漏出后，再往缸内加水一担，浸出的滤液收集好备用。可将第一缸淋滤出的滤液冲淋第二缸，如此反复，每缸用水淋滤三次或以上。第三步是熬卤、结晶。将淋滤过的滤液倒入熬硝锅中煮至水沸，往锅中加豆油可以除去水面的浮沫，反复熬制加豆油除沫三次，待食盐结晶后取出。继续熬煮，直到取一滴沸液冷却后能结出透明珠状物，此时将锅底残留的沉渣用筐布滤出。锅中剩下的滤液放入瓦器内冷却，待结晶后即成粗硝。将粗硝用水溶化，煮沸加入胶，搅匀再煮沸，沸水上面的浮沫仍用加豆油消除，反复熬煮，待火候到了取一滴沸液能够冷却析出结晶物的程度，停止烧火把沸液倒入瓦盆内冷却。结晶后的硝称之为毛硝。熬制出的毛硝一般含纯硝六到七成。熬硝的过程中产生的副产品主要是硝盐，剩下的残渣因含有火硝成分，可作为钾肥用于农耕。

火硝可以用于制作黑火药、焰火花炮、医疗、玻璃制造和食品防腐剂等。因火硝可制作火药，它与国防和军事的关系紧密。黑火药由三种物质混合构成，即硝石、硫黄和木炭。古籍中的硝石包含火硝和芒硝，用于造火药的常指火硝。一般认为，火药的发明出于炼丹术。在唐代以前，我国还没有火药。根据科技史学者的考证，“中国大约在晚唐时期（10 世纪初）发明了火药，并首先用于军事目的。”[②]最早的记载火药配方出现在宋仁宗康定元年（1040）由曾公亮、丁度等编撰的《武经总要》中。在“毒药烟球、蒺藜火球法、火药法”篇中记述了三种火药配方。以火药法为例，据载：“晋州硫

① 张子丰、张英甫：《河南火硝土盐之调查》，天津：黄海化学工业研究社，1932 年，第 8 页。
② 赵匡华、周嘉华：《中国科学技术史化学卷》，北京：科学出版社，1998 年，第 450 页。

黄十四两，窝黄七两，焰硝二斤半，麻茹一两，干漆一两，砒黄一两，定粉一两，竹茹一两……以晋州硫黄、窝黄、焰硝同捣，罗砒黄、定粉、黄丹同研，干漆捣为末，竹茹、麻茹即微炒为碎末，黄蜡、松脂、清油、桐油、浓油同熬成膏。入前药末，旋旋和匀，以纸五重裹衣，以麻缚定，更别镕松脂傅之，以炮放。复有放毒药烟球法具火攻门。”①

在上述的配方中，既有硫黄，又有焰硝，竹茹、松脂、干漆等含碳物质不仅易燃，还能兼做火药球的黏合剂。配方中的各种成分都按比例搭配，应是经过实战检验的。从配方的配比来看，火硝的配量是最多的。

从《武经总要》撰成到明永乐年间，火药的进一步研制有了长足发展，表现在制作经验、类型品种、火硝和硫黄提纯工艺上。《火龙经》《纪效新书》《神器谱》等一系列兵书中都有火药制造工艺，且制法愈发成熟和先进。明代中后期的火药成分中，焰硝所占的比重已大致达到 75%，明确成为“硝、硫、炭”体系的黑火药，剔除了宋代原始配方中的一些杂物。此配方也使得巨型火炮、火铳等兵器的应用越来越普遍。这种改变也标志着兵器史已完全进入热兵器时代。

对比于以往冷兵器时代的刀枪剑戟，火器在杀伤力和破坏力上明显更加强大。在明清易代中，火器同样发挥了巨大威力。② 因硝是制作火药的主要原料，火药的制作都是政府专营的，作为制作火药的硝土自然要受到官府的严格管制。清代制造火药由工部虞衡清吏司管理，具体由濯灵厂制备。按需供给，“或奉旨命官监督，或由部委官，无常制。小者曰鸟枪……曰铳皆随时成造。部设濯灵厂委官制备火药。特命大臣督理厂设石碾二百盘，每盘置药三十斤为一台……岁需火药铅弹皆动用公帑报部覆销”。③

清代对硝土的使用、买卖也有严格的禁令。清政府颁布律令严禁私自贩硝，惩治私贩的措施和力度是较重的。据《大清律例》载：“内地私贩硫黄五十斤、焰硝一百斤以上者，杖一百、徒三年。窝藏囤贩及知情卖与私贩者，俱照私贩例治罪……其产出硝黄、本省银匠药铺需用硝黄，每次不许过十斤，令其呈明地方官批限，买完缴销。违者，以私囤论罪。”④

---

① 曾公亮、丁度等奉敕撰：《武经总要前集》卷十二《守城 · 火药法》，台北：商务印书馆，《文渊阁四库全书》（第 726 册），1986 年，第 424 页上栏。

② 黄一农：《红夷大炮与皇太极创立的八旗汉军》，《历史研究》2004 年第 4 期，第 74–105 页。

③ 允祹奉敕撰：《钦定大清会典》卷七十三《工部 · 军器》，台北：商务印书馆，《景印文渊阁四库全书》（第 619 册），1986 年，第 677 页。

④ 张荣铮等点校：《大清律例》，天津：天津古籍出版社，1993 年，第 314 页。

清政府对境内采取了严密的律令以打击私采、私运、私销。严格的管控虽然在一段时间内维护了政权稳定，但由于统治者闭关锁国又不思进取，对于外部世界的科技进步熟视无睹，从乾隆会见英国使臣马戛尔尼的事件中可见一斑。统治者还陶醉于天朝上国的虚幻中，视西方科技为奇技淫巧，这也使得中国的火药制造还停留在黑火药阶段。

实际上，在明末已有人意识到中国在火器制造上落后于西方了。崇祯十六年（1643），汤若望和焦勖合著了《火攻挈要》，书中介绍了西方许多先进火器，涉及金属冶炼、机械制造与数理化知识，标志着明末中国火器发展的认识进入了新阶段。书中还有对宋元以来国内的火器评价。焦勖批评道："其中法制虽备，然多纷杂滥溢……种类虽多，而实效甚少"。[①] 不可否认，此时西方的火器发展已经超越了火药发源地的中国。焦勖是清醒认识到这个事实的有识之士。但可惜的是，这本书在清代长期被束之高阁，流传不广，直到道光年间潘仕成在编辑《海山仙馆丛书》时才刊印面世。

而此时的西方化工和军事科技高速发展。1771 年，英国人沃尔夫合成了苦味酸，最初用作染料，后来发现了它的爆炸功能，被广泛用于军事。1779 年，英国化学家霍华德发明了雷汞。1838 年，佩卢兹首先发现棉花浸于硝酸后可爆炸。1845 年，德国化学家舍恩拜发明了硝化纤维。1846 年，意大利化学家索布雷把甘油汇入硝酸和浓硫酸的混合液中，首次制得硝化甘油。硝化甘油是一种烈性液体炸药，危险性很大，轻微震动也会爆炸。1862 年，瑞典的诺贝尔改进了硝化甘油的稳定性。自此，威力更强的黄色火药在西方已完全替代了由中国传过去的黑火药。遗憾的是，此时的中国统治者仍故步自封，对外面的世界大变革缺乏足够的重视。

咸同以来，鸦片战争及太平天国、捻军起义等内外忧患不断袭来，特别是在剿灭太平天国的过程中，清政府真正认识到洋枪洋炮的威力。"同治四年，江苏巡抚李鸿章疏言，统军在江南剿贼，习见西洋火器之精，乃弃习用之抬枪、鸟枪，而改为洋枪队。"[②] 随着对新式武器重要性的认识，清政府一面从国外大量进口洋硝[③]，"均在香港、上海购买"[④]；一面开始重视国内军械

---

① ［德］汤若望授，焦勖述：《火攻挈要・自序》，《丛书集成初编》，上海：商务印书馆，1935 年，第 2 页。

② 赵尔巽等撰：《清史稿》卷一百四十《兵十一・制造》，北京：中华书局，1977 年，第 4133 页。

③ 此"洋硝"非指氯酸钾。清政府向列强采购的洋硝和国内的土硝成分大致雷同，只是硝酸钾的含量要高于国内大多地区。

④ 赵尔巽等撰：《清史稿》卷一百四十《兵十一・制造》，第 4133 页。

厂和兵工厂的建设。首先在沿海的上海、江苏、广东、天津设立机器局、碾硝房等军工厂。光绪四年（1878），丁宝桢、王文韶在山东和湖南设局开厂。次年，丁宝桢疏请在四川开办火药局。在朝廷的支持下，各省都掀起了兵工制造的浪潮。光绪二十三年，从河南巡抚刘树棠的上疏中得知，河南也开设了机器局，但规模甚小。

在洋务运动的带动下，尽管清朝国内展开了一系列轰轰烈烈的仿制洋枪洋炮的运动，大批的炼钢、炼铁、煤炉厂矿等拔地而起，制造的枪炮性能看起来如各省督抚所说的"与洋枪无异"，但制造的弹药仍是以黑火药为主。以北洋机器局为例，"机器局……每年能制造黑色火药七十余万磅，栗色火药二十五万余磅，棉花火药五万余磅，无烟火药八千余磅。"①

在"所费甚靡""经费太绌"或"外洋禁售军火"等情况下，清政府能采购的洋硝有限。为了抵御外辱，发展军工又不得不在国内大量采购土硝。如《夏邑县志》："邑产土硝，甲于各县。采办军火者多取办于此。"② 由此使得国内硝业获得了大发展。但限于硝一直是军用品，政府对硝土的管制虽然出现一些松动，但仍很严格。硝民必须先到官硝局登记在案，获得许可后才能制硝。制出的毛硝必须交给官硝局以换取酬劳，不得私售。民用则由官硝局售卖给用硝百姓。

我国的土硝因含杂质较多，加上化工科技落后而提纯技术不足，"提炼未得法，于时间、材料、劳力三者虚耗甚多，杂质既未尽除，价值反颇昂贵"。③ 是故不得不进口洋硝。1928 ～ 1930 年，进口洋硝总量就达 22794 担，价值银 25 万余两。正因如此，一方面不得不从国外采购洋硝以制造黄火药；另一方面限于经费和维护统治，又不得不重视黑火药的制造。而各省机器局制造的枪炮式样不一，弹量不同，如此局面的军工发展可谓问题重重。

光绪中叶，清政府国库虚乏程度加剧，面对浩繁军需，开源节流成为时政焦点，而洋硝在自强运动中大行其道已久。针对如何抵御洋产以塞漏卮、开发土产以裕国用及维护统治安全，一些省份采用了"化私为官"的策略。④ 在官督商办的原则下，借助发达的"盐运"系统，在各地设立官硝局，卖与

① 赵尔巽等撰：《清史稿》卷一百四十《兵十一 · 制造》，北京：中华书局，1977 年，第 4156 页。

② 韩世勋修，黎德芬纂：《夏邑县志》卷一《地理 · 物产》，民国九年石印本，台北：成文出版社，1976 年，第 315 页。

③ 张子丰、张英甫：《河南火硝土盐之调查》，天津：黄海化学工业研究社，1932 年，第 11 页。

④ 吕兴邦：《"化私为官"：〈南部档案〉所见清末硝磺政策转变及其在地效应》，《中国经济史研究》2019 年第 1 期，第 39–52 页。

百姓。

这些措施虽然意味着清政府对硝土管制出现了些许松动，但从总体来说，对土硝的管理仍很严格。真正的硝业市场并未兴旺。一个主要原因是硝土除了军用，民用最多的是用于钾肥。硝土不仅含钾也含氮，是一种较好的肥料。我国是农业大国，每年需用的钾肥量很大。但碍于清政府不放开限制，所以农业用硝并未形成规模，因而国内市场迟迟未成型。另外一个重要原因则是当时制钾肥的技术不高且尚未普及。不光是清政府，即使民国政府也仍以火硝为军用之一，加以种种限制。

四、小结

如上所述，黄河泛滥尤其是黄河自夺淮入海以来，在豫东地区加速了盐碱化的发展，使得盐碱地的面积加速扩大，以致不少州县内盐碱地连成一片。

一方面，由于盐碱地面积不断扩大，从而降低了可耕地面积，且使得土地贫瘠，影响土地产出。这就造成当地农业尤其是种植业经济发展的困难，给传统农业带来了危机。

另一方面，盐碱地在形成的过程中也生成了硝盐和土硝。这两种资源都是重要的战略资源。从清政府对它们的管理上看，情况略有不同。对硝盐的管理经历了一个从宽松到严紧的过程，而对土硝的管理一直很严，到清末出现一些松动。大致可以认为，对硝盐的管理是从松到严，对土硝的管理是从严到松。尽管如此，硝盐也是屡禁不止，虽然土硝放松管制，但实际并未促进硝业的大发展。百姓用硝，大多是用于生产焰火、食品防腐之类。

从这两种资源对百姓生活的影响上说，售卖硝盐影响到官盐收入，尤其在清后期国家财政疲敝不堪之际，清政府对硝盐采取了严紧措施。但众多的贫民百姓还是仰赖硝盐过活，所以说硝盐对百姓生活的影响和作用是很大的。土硝因为一直被视为军用品，清政府对于放开民间用硝高度警惕。只是在清末为了发展军工、弥补亏空而不得不发动民间制硝，虽说管制上有一些松懈，但在总的管理上仍处于比较严格的水准。也正因此，土硝的开发和利用价值并未得到大的发挥，商品化的市场和产业结构一直没有形成规模。

如果从北宋开始回顾豫东地区的农业经济发展，可以说，当时达到了历史上的巅峰。当然，主要是因为全国政治中心的地位使得豫东地区建立起经济优势。此后，随着豫东地区不再是政治中心，又远离经济发达的南方，黄河夺淮入海以后，黄河泛滥的频次加剧，盐碱地面积不断扩大，包括豫东在内的河南农业经济也不断衰败，这是明清以来河南农业发展的写照。与南方地区相比，河南也越来越贫困。所以说，豫东地区生态失衡的加剧导致了地方经济的发展迟滞。

在危机之下，传统农业社会的发展举步维艰，整个清代在豫东地区频发的自然灾害进一步打击了农业经济。如此局面迫使当地百姓必须想方设法以图发展，是故，清后期在豫东的少数州县出现了工商业缓慢发展的势头。但囿于传统农业社会生活观念的桎梏，百姓的思想观念仍停留在过去，他们还是把主要精力放在治理盐碱地和发展当地的特色农业上。这也体现出文化传统对社会转型的强大约束力。

传统农业社会下几千年来“重农轻商”的文化观念深深地影响着百姓对生业模式的选择和管理，百姓已然习惯于农业生产。虽然在西风东渐的冲击下，商品经济在豫东一度呈现星星之火的态势，但发展却举步维艰。代表生产力进步的新技术也很难推广到底层社会。因而，清代豫东的地方经济转型困难重重。

总之，盐碱地给当地百姓的农业生产带来灾害，深刻影响了农业经济的发展。虽然，盐碱地也产出硝盐、土硝等自然资源，但受限于管理体制和科技水平，未能为当地带来发展机遇。可以说，清代豫东的地方经济即使面临巨大压力，但在传统社会的束缚下其转型不仅是被动地，也是迟缓的。

第六章　清代豫东地区人类活动与盐碱地

前文讨论了和盐碱地的产生有关系的诸环境要素及它们之间的相互作用，各环境要素随着历史的变迁而不断变化，盐碱地作为诸要素综合作用的产物，它的产生及其发展过程也有历史的阶段性特点。除了自然因素，人类活动也是影响盐碱地产生的重要因素，人类通过人类活动参与了盐碱地的形成过程。

人因其有社会性，人与人之间的社会关系大多表现出群体性，小到一个家庭，大至国家，个人通过参与融入群体而形成社会。“人类活动”多数场合下是泛指群体性的人类参与的事件。

有一个很矛盾的问题必须抛出：如果从地球上第一块盐碱地的形成来讨论盐碱地的成因，那么需不需要考虑人类活动的影响呢？比如在地质时期的盐湖在人类尚未诞生以前就发育有盐碱地抑或海岸滩涂受海水侵蚀在人类到达前就已经成为盐碱地，那么这种情况下将人类活动作为那些地方盐碱地的形成原因就毫无意义。

为何又说人类活动也能影响盐碱地的产生呢？这是因为人类社会融入自然环境中了，从融入的那一刻起人类活动就加入自然环境变化的过程中，与气候、水文、地质等影响盐碱地产生的自然要素一样成为自然环境“大家庭”中的一员。但随着人类文明越来越高级，人类社会越来越强大，人类开始主导这个大家庭的发展走向，人类活动对大家庭里其他成员的影响也越来越大，大到自然环境的变化明显受到人类活动的影响。所以我们才说人类活动也能影响盐碱地的产生，也是盐碱地形成的一个因素。第一章已简单地做过总结。

再从史料上看，古人很早就想方设法去遏制盐碱地的产生和治理已有的盐碱地。人类活动又是治理盐碱地的方法，从这个角度笼统地把人类活动作为盐碱地的成因恐过于武断。人类活动与盐碱地之间的关系如何辩证地看待，需要具体问题具体分析。

工程建设最能体现人类活动，其中，水利工程建设往往需要很多人的参与，尤为典型。从大禹治水到后世人工修建的各种沟渠、堤坝和运河等，无不在史书上大书特书。古人利用水利工程除了引水灌溉外，还用它来洗盐冲盐，以此治理盐碱地，在史籍中有成功的案例。然而，从清代豫东地区的史料记载中，我们发现了一些关于水利工程与盐碱地之间的微妙关系。传统观念认为，水利建设是治理盐碱地的绝佳对策。通过审慎地分析，笔者认为，我们需要重新评估历史上水利建设与盐碱地的关系。是对策还是诱因？何以从对策转换成诱因？这些问题都值得我们深入思考。

本章的主要内容是盐碱地的治理方法，但题目为“人类活动与盐碱地”，其用意一是强调人类和盐碱地都是生态系统中地位平等的要素，二者不是主从关系；二是人类对盐碱地的某些“治理”举措在一定条件下反而会成为诱发盐碱地的原因。因此不用“治理方法”而用稍显中性的“人类活动”作为题目更符合文意。

第一节 清代豫东地区的水利工程建设

《史记·河渠书》开记述历代治河、水运交通及引水灌田之先河。“水利”也成为正史记载中必不可少之章节。使水为利不为害，需要人类修筑水利工程，或疏或堵又或引。司马迁时，黄河不如其后为患严重，而当时国内水利工程并不多，是故《河渠书》中将黄河堤防和各地沟渠杂糅在一起，广而谈之。其后，随着黄河屡迁屡决，河患深为人惧，黄河在河防建设中地位的不断升高，越来越多的志书将黄河的防务和区域沟渠、支河河道的建设改造分开来表述。一方面既是治史之需要和形势的变化；另一方面也说明古人对于黄河流经区域水文认识的提升。

对于黄河的开发、利用和防治，发展至清代已累积有丰富的河防经验。从雍正《河南通志》关于黄河防务的总结来看，清人已充分发挥了“堵、疏、引”三策相结合以期综合治理。堵，主要以筑堤、月堤、遥堤、坝、埽、垛等坝工施设为主防御黄河决口；疏，主要是开挖支河、湖陂等作为蓄水区；引，主要是修建沟、渠、涵洞等水利工程将河水引入农田实施灌溉。

其实，这种认识早在周代已有雏形。《周礼·地官·稻人》载：“稻人掌稼下地，以潴畜水，以防止水，以沟荡水，以遂均水，以列舍水，以浍写水。"[①]郑玄谓"偃潴者，畜流水之陂也。防，潴旁堤也。遂，田首受水小沟也。列，田之畦埒也。浍，田尾去水大沟。"郑玄解释了周代时稻人利用田间不同设施来掌控水资源的利用。从小沟和大沟的配套，可以看到古人很早就有将"堵、疏、引"策略综合起来的思想。

另外，对于黄河流经区域的淮系小河支流，通过开挖支河、沟渠、池陂等与它们连通起来，不仅实现了流域内水利交通上的便利，且构建了更大范围内的水文系统。

当然，在黄河不决溢的时候，这种设计思路有利于区域内水文系统的稳定，也有利于农田灌溉，对农业生产有极大的帮助。一旦黄河决溢，随着黄河河水涌入淮系支流，反而从整体上产生了诸多不利影响。

清代黄河沿线村落皆有修堤筑坝以防河决，并有一套河务管理制度和相关政策。实施分段管治，有厅、汛、堡等，数汛设一厅，汛内再分堡，如祥河厅、曹考厅、祥符上汛、祥符下汛、陈留汛。[②]并配有相应的河工、兵卒、民夫等，负有巡逻看护、检查维修、加筑堤坝之责。

《豫河志》："堤者，堤能御水而不能挑水，且所御者为平漫之水。镶之以埽，护之以砖石，然后能御有溜之水，然止于御水而已，终不能移其溜而使之远去也。坝之为制，斜插大溜之中。溜为坝阻，转而向外，能使坝前之堤无溜又能使坝下之堤无溜。"[③]陈善同引述刘成忠《河防刍议》这段话表明清代的筑堤造坝技术之高超，且也能看出堤、埽、坝等设施互成一体。

区域各县境内所建设的水利工程在结构设计上也具有功能一体化特征，以祥符为例，雍正《河南通志》载祥符县当时有7处水利设施，除了浚水和蓬陂为前代开挖沿袭下来外，其他5处皆于清雍正八年开浚，分别为董家堤沟、王卢集太黄堤北沟、埽河崖太黄堤北沟、埽河崖王家琉璃寺后太黄堤内新建涵洞和王卢集太黄堤内新建涵洞。[④]根据乾隆《祥符县志》中县境图和《地理志》的相关记载，将清代新开的相互联结的4处沟渠绘图如下：

① 阮元校刻：《十三经注疏·周礼注疏》北京：中华书局，1980年，第746页。
② 河南通志馆纂修：《河南通志稿·河渠五·工程表二》，页1、10、13、16，民国间稿本。
③ 吴筼孙主编，陈善同纂：《豫河志》卷二十八《附著三》，页3，民国十二年铅印本。
④ 田文镜、王士俊等监修，孙灏、顾栋高等编纂：《河南通志》卷十七《水利上》，台北：商务印书馆，《景印文渊阁四库全书》(第535册)，1986年，第450页。

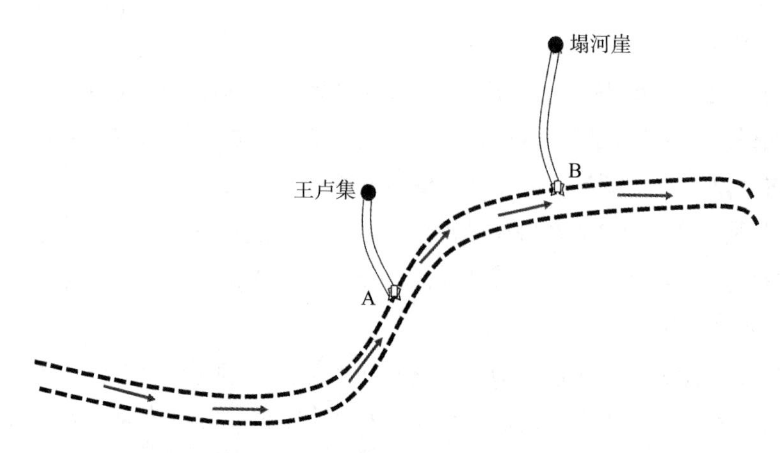

图 6–1 雍正八年祥符县新开浚沟渠位置与结构简图

图 6–1 中的黑色虚线条表示太黄堤，它是阻挡黄河北徙的堤坝工程；王卢集和塌河崖为祥符县的两个村落，王卢集在县东北五十里，塌河崖在县东北九十里；A 和 B 表示王卢集和塌河崖太黄堤内新建涵洞。沟渠在实际中其状一般并非平直如直线，故图中以微弯示之。

从图 6–1 可以看出，王卢集和塌河崖两村落通过修筑两条沟实现了与太黄堤的连通，通过两个涵洞对水位的调节可以在需要时将黄河水引入周边农田用以灌溉，同时起到分减黄河水量以防河决之功效。

祥符县的水利系统就结构来说属于较为简单的，稍微复杂的如太康县，在县境内挖掘有许多沟、池、潭、洼等沟洼作为受水区，即当黄河决溢时引黄河水流入这些沟、池以泄洪，平时也可蓄水。

通过图 6–1，我们可以看到，本区域内的水利工程可以说是互相联结，形成了各种相互连通的水利网。查雍正《河南通志》和乾隆《续河南通志》开封府、归德府和陈州府相关水利记载，为一览清代中前期本区域的水利工程建设发展概况，作表 6–1。

表 6–1 雍正《河南通志》载开封、归德、陈州三府各县水利工程数量表

县名	共有数量	新建数量	开浚时间	备注
祥符	7	5	雍正八年	
陈留	10	8	雍正五年	
杞县	7	5	雍正五年	

（续表）

县名	共有数量	新建数量	开浚时间	备注
通许	7	6	雍正五年	青冈沟起挖于康熙三十八年，雍正五年续挖而成。
太康	28	7	雍正五年	
尉氏	8	8	雍正五年	
洧川	37	12	康熙二十八年、雍正五年	康熙二十八年修小青河堤，雍正五年新建 11 渠。
鄢陵	10	8	雍正五年	
扶沟	4	2	雍正五年	
中牟	192			康熙十年续挖，雍正五年再疏浚。
阳武	15	15	雍正六、七年	
封丘	15	13	雍正五年	
兰阳	2	2	雍正七年	
仪封	4	4	雍正五年	
商丘	16	2	雍正五年	
宁陵	3	3	雍正五年	
永城	23			雍正六年疏浚深通
鹿邑	234	188	康熙二十八年、雍正五年	顺治六年开 119 道沟，康熙二十八年开大小沟 12 道并疏浚原 119 道沟，雍正五年开浚 57 沟。
虞城	3	3	雍正六年	
夏邑	2	2	雍正六年	
睢州	10	2	雍正六年	
考城	3			
柘城	2	2	雍正五年	
陈州	37	24	雍正五、六、七年	
西华	14	11	康熙五十年、雍正七、八年	康熙五十年开 1 支河，雍正七年开 5 沟，雍正八年开 5 沟。
商水	8	5	雍正五年	

（续表）

县名	共有数量	新建数量	开浚时间	备注
项城	31	21	康熙二十九年、雍正五年	康熙二十九年开 6 沟，雍正五年开 3 河 12 沟，又建砖桥 1 座。
沈丘	91	9	雍正五年	
禹州	12	12	雍正五年	
密县	无			四面皆山地高峻无灌田之渠，亦无洩水之沟
新郑	12	12	雍正五年	
郑州	7			
荥泽	无			
荥阳	无			
汜水	无			地高近水无受水之地，故无洩水之渠。

乾隆《续河南通志·河渠志》所记系截止到成志时间各府属县新修所建水利工程，“前志已载者不录”，查得开封府、归德府及陈州府各属县相关信息，作表 6–2。

表 6–2　1732 ～ 1767 年开封、归德、陈州府新增水利工程数量表

府名	新建数量	新建时间	备注
开封府	81	乾隆五、八、九、十五、十六、二十二年	杞县 4 个，祥符 4 个，鄢陵 1 个，中牟 3 个，阳武 2 个，封丘 1 个，陈留 3 个，洧川 7 个，兰阳 1 个，仪封 13 个，郑州 6 个，禹州 2 个，新郑 34 个。
归德府	257	乾隆十六、十七、二十二、二十三、二十九年	商丘 26 个，宁陵 5 个，鹿邑 150 个，夏邑 8 个，永城 19 个，虞城 7 个，睢州 11 个，考城 7 个，柘城 24 个。
陈州府	63	乾隆十六、十七、二十二、二十四、二十五、二十六年	淮宁 32 个，项城 2 个，太康 29 个。

雍正《河南通志》书成于雍正十年（1732）而乾隆《续河南通志》成于乾隆三十二年（1767），表 6–2 反映了雍正十年到乾隆三十二年间开封、归德和陈州府的水利建设情况。

从表6–1和表6–2的数据综合对比来看，本区域的水利建设主要集中在雍正和乾隆朝。雍正五年是雍正时期大兴水利的高峰期，大部分水利工程在雍正五年开浚；乾隆朝兴修水利的时段较为分散。从新建水利工程的数量来说，雍正朝共开浚438处，高于乾隆三十二年时乾隆朝新修的401处。

雍正十年之后，河南没有通志再详记水利建设，只能从其他河防、河务、河渠类典籍中管窥关于本区域的水利工程建设情况，再结合有限的纂修于嘉庆、道光、光绪及民国时期的方志资料，可以发现，自乾隆朝之后，区域内的水利建设在数量上比之于先前呈不断下降之势，止于清末不少县域内水利工程大多荒废。

拿归德府鹿邑县来说，鹿邑地理位置特殊，乾隆《鹿邑县志》载“涡河枝流东迳心闷寺又迳柘城……合受四水以达于亳，故冲决之患他邑分历之，而鹿独总汇之”。[①] 鹿邑处于涡河支流汇集点上，下游流入安徽亳州与淮河相通。其水利枢纽的作用非常重要，鉴于此，鹿邑县的水利建设深受朝廷重视。所以在雍正《河南通志》上可以发现鹿邑的水利工程在数量上远超其他县。明嘉靖十九年河决野鸡冈后黄河南徙，[②] 嘉靖二十三年后黄河北归故道后，受黄河决溢的威胁减轻。在此期间，鹿邑大兴水利以防河患。至清代，仍有许多沟渠可以利用，加上在康熙和雍正期间又新修了大量的水利工程，是故在表6–1中能够看到鹿邑的水利工程总数量较其他县要多得多。

在乾隆朝，截止到乾隆三十二年，鹿邑县内仍有大修水利之举。从表6–2可知，鹿邑在此期间共新修150处水利设施。不过，这种局面到清末有了变化。按于沧澜所言，三里河堤、清水河、黑河、沙水、东明河、偃王陂等这些或为天然河道或为人工开挖的小河基本上已处于“夏秋水涨冬春常涸”“多淤塞，夏秋微有水”的状况。顺治、康雍乾时期新濬的沟渠大多淤塞不堪再用，按于沧澜统计，至光绪二十二年（1896）止，鹿邑县境“新旧沟百有十三多”[③]。虽然在光绪十年鹿邑县令宋岱龄奉檄疏浚沟渠，又有新开15道沟渠之举，但与清前中期鹿邑大修水利的局面比起来，愈发显现出日暮西山之象。

---

① 许菼纂修：《鹿邑县志》卷三《河渠略 · 黄河古道》，页1，清乾隆十八年刊本。

② 于沧澜主纂，蒋师辙纂修：光绪《鹿邑县志》卷四《川渠》，光绪二十二年刊本，台北：成文出版社，1976年，第122页。许菼《鹿邑县志》云嘉靖二十一年河决野鸡冈，于志改为十九年，查《行水金鉴》《清史稿》等皆为十九年，知于志所述为是。

③ 于沧澜主纂，蒋师辙纂修：光绪《鹿邑县志》卷四《川渠》，第160页。

无独有偶，开封府中牟县清后期水利建设的境遇与鹿邑类同。中牟历经元代贾鲁治河后，在明万历二十三年又有大修水利，时知县陈幼学开沟渠196道，一时水患顿息。后历年久远，沟渠多淤塞。康熙十一年知县韩荩光“复加挑挖，并请发河夫一百七十一名，督率里民，逐一开浚”[①]。这样，重新疏浚了旧河渠。其后雍正时期又有疏浚，按表6–1数据所示，在雍正时期其境内尚存有192道河渠可供使用。至乾隆年间，这些河渠大多湮废，时知县孙和相循旧道开挖疏通，仅存47道。也即到乾隆十九年左右，中牟县境内可资利用的河渠数量已锐减大半。虽然乾隆年间中牟也有新开河渠，但河渠淤塞的数量和速度让我们不由疑问——何以短期内河渠淤废如此之快?

前文在述及黄河决溢时曾有涉及，中牟在康熙元年六月河决黄练口、雍正元年六月十一日河决十里店、雍正元年九月二十一日河决杨乔和乾隆十八年黄河逼近八堡这四次黄河水患中村落受淹，灾情严重。河决之后，沟渠或由于黄水冲毁或因泥沙淤积堵塞，中牟县境内的水利工程因此而遭受重创。且水去之后，县境内土地大半变为沙压盐碱土质。可见，造成中牟河渠淤废的原因更多要归于黄河等自然因素。

不过，人文因素与中牟水利建设渐趋衰败也有关系。乾隆后，中牟境内剩余的水利工程虽时有重新疏浚，但新建水利工程不见记载。民国《中牟县志》：“历年久远，存者无几……距今又六十年，存废之迹勘证颇难”。[②]

乾隆之后在其他县境内也有新修水利工程的，但从总体上说，其数量规模与前期比明显逊色不少。如陈州府项城在同治期间乡绅刘秀九等新开3沟，[③]商水在光绪二十四年由知县孙多祺捐俸购地新开杨沟1道，[④]太康在该时期新挖裹坡沟1道[⑤]。民国《太康县志·政务志·河务》：“以上统有河渠六十五道，旧志原有三十七道，新增二十八道”，也即杜鸿宾等查考前代旧志

---

① 孙和相修，王廷宣纂：《中牟县志》卷一《河渠》，页25，清乾隆十九年刊本。

② 萧德馨等修，熊绍龙等纂：《中牟县志》卷二《地理志·山川附沟渠》，民国二十五年石印本，台北：成文出版社，1968年，第86页。

③ 张镇芳修，施景舜纂：《项城县志》卷六《河渠志》，清宣统三年石印本，台北：成文出版社，1968年，第559页。张志载“同治壬午刘秀九等濬，立有碑”，按同治朝干支纪元并无“壬午”年之说，又按干支纪日则无从考证年份，若果有碑记，则张志抄录有误。

④ 徐家璘、宋景平等修，杨凌阁纂：《商水县志》卷六《河渠志》，民国七年刻本，台北：成文出版社，1975年，第396页。

⑤ 杜鸿宾修，刘盼遂纂：《太康县志》卷三《政务志·河务》，民国二十二年铅印本，台北：成文出版社，1976年，第203页。裹坡沟，民国《太康县志》载“沟名系得自传闻，未详挖自何时”，志书援引考证前代皆有归属，而不见裹坡沟，推测当新修于1732年之后。

时仅能查勘到37道河渠，表6–1和表6–2所记太康在1732年前共有57道，到民国时期仅余37道，即1732年之后太康县的河渠湮废了20道。

其他县域内水利设施也少有新修，如宁陵县在道光年间乡绅王春芳等疏浚开挖于康熙年间的筱河沟，后又于光绪十年再行疏通。[①]郑州在宣统三年对贾鲁河堤加宽筑高。[②]虞城惠民沟开挖于明代，自康熙二十九年重浚后至光绪年间并无大的修整。[③]综合来看，包括项城、商水、太康在内，方志所载多是关于旧河渠的重新疏浚和维护。

沟渠、池陂以及区域内支河沿岸所建的防护堤、涵洞主要用于农田水利以便灌溉，从上述史料来看，这类水利建设在雍正十年之后渐趋颓势。

在分析造成如此局面的原因之前，有必要回顾清代地方水利建设的管理及其机制。清代的农田水利建设属于地方政府的政务，并有一套完善的水利机构和职官系统，隶属于工部，地方上则由按察使、道员、州同、州判、通判、县丞、主簿等各级官吏负责。[④]就水利工程建设来说，主要有官修、官督民修和民修等形式。对于像黄、淮、运等大型的水利工程建设多是官修，由朝廷敕令修建，经费来源于国库，这一类河务的建设和管理也是我们所说的“河政”。就本区域来说，主要包括黄河、淮河沿线堤坝等水利工程的建设，河务的管理另有一套职官系统，其最高行政长官为河道总督。而上文所说的“沟渠、池陂”等地方水利工程建设，一般由地方官员负责。

关于河政部门和地方政府的关系，赵晓耕等认为“纵观有清一代，河督与地方督抚权责的重叠和交叉虽使得双方能够互相监督，彼此牵制，朝廷坐收控制之效”。[⑤]不过，二者权责的轻重对比在不同的历史时段，似有不同的变化。江晓成分析认为，随着治河权责从工部负责到总河负责，河道总督话语权在康熙、雍正和乾隆朝日益高涨，清前期河道总督的权力不断扩张。[⑥]

乾隆中期以后，清王朝颓势渐显，加之河政机构膨胀、人浮于事、河

① 肖济南修，吕敬直纂，河南省宁陵县地方志编纂委员会校注：《宁陵县志》卷二《地理志·河防》，清宣统三年刊本，郑州：中州古籍出版社，1989年，第66页。

② 周秉彝等修，刘瑞璘等纂：《郑县志》卷二《舆地志·堤防》，民国二十年重印本，台北：成文出版社，1968年，第132页。

③ 张元鉴、蒋光祖修，沈俨纂，李淇补修，席庆云补纂：《虞城县志》卷二《堤沟》，清光绪二十一年刊本，台北：成文出版社，1976年，第180页。

④ 廖艳彬：《清代农田水利多元官理机制及其效能研究》，《求索》2015年第9期，第147页。

⑤ 赵晓耕、赵启飞：《浅议清代河政部门与地方政府的关系》，《河南省政法管理干部学院学报》2009年第5期，第41页。

⑥ 江晓成：《清前期河道总督的权力及其演变》，《求是学刊》2015年第5期，第166–172页。

工经费也不断膨胀而贪污腐化现象层出不穷，为时人所诟病，如魏源《筹河篇》就有此类议论，可谓积弊日久。自道光后期起，内忧外患频仍，清王朝的统治面临越来越严重的威胁，为了自身的存续，清政府疏远了河务等传统要务，河政体制在国家大政中地位也随之下降。[①] 咸丰五年（1855）河决铜瓦厢，黄河改道北流，南河和东河干河部分河政机构节次被裁撤，河政体制开始解体。至甲午战争时，部分河段的河防已由地方巡抚负责督守。至清末，清王朝风雨飘摇，自顾不暇。光绪二十七年，清政府全废漕运，改征折漕，时河南巡抚锡良议请裁撤河道总督一职，翌年河道总督成为历史名词，[②] 河政体制最终解体。

就河南来说，河南巡抚对河南段河政的参与甚至兼管在雍正时期较为频繁。因管理山东、河南的东河总督驻地济宁和管理江南省段的南河总督驻地清江浦距离较远，而河南地处上游，首尾不能兼顾不便管理，河务繁重一时难以统筹，所以河南段河政在该时期内有交与河南巡抚兼管之例，如雍七年设立东河总督后，河南巡抚田文镜兼任。其后，继任河南巡抚的孙国玺兼任东河总督。[③] 王士俊继任河南巡抚后也曾兼任东河总督。[④]

了解了地方水利建设和河政间的复杂关系后，再来分析何以本区域内农田水利建设的发展过程会在雍正和乾隆朝前期出现一个短暂的高峰而随后逐渐颓废。

由于地方水利建设一般由地方官员负责管理，而建设经费的多寡跟地方财政收入是密切相关的。雍正和乾隆朝前期之所以出现一个农田水利建设的高峰，最重要的原因是财政支持。通过对比通志和地方志的记载，这段时间内的地方水利建设多数是官修，由国家财政拨款。这从侧面也反映出清政府的国库在雍正和乾隆前期的确是充盈的。少数县的水利工程数量较多，考虑到其中一些由乡绅出资捐建，属于官督民办性质，这也说明这些地方的富绅大户颇有资财，比如鹿邑。但像新郑，之前水利工程数量并不多，在乾隆前期短时间内新建了许多水利设施，与河防政策的导向和国家财政的支持关系更为密切。

---

① 贾国静：《清代河政体制演变论略》，《清史研究》2011 年第 3 期，第 71 页。

② 夏明方：《铜瓦厢改道后清政府对黄河的治理》，《清史研究》1995 年第 4 期，第 45 页。

③ 按，雍正《河南通志》卷三十五《职官》，《景印文渊阁四库全书》（第 536 册），第 338 页载有雍正十一年孙国玺任副总河。

④ 蒋良骐：《东华录》卷三十二，页 2，清乾隆刻本。文中有载“九月河东督王士俊纠参河南学政俞鸿图纳贿营私”。

另外，如果说光有财力支撑，王朝中央和地方政府不作为也是不行的。这段时期内大兴水利之举，与雍正和乾隆皇帝及地方官员对水利工程建设的高度重视是密不可分的。虽然田文镜、王士俊在任期间河南出现了虚报开垦地亩的丑闻，但他们在位期间的确也推动了水利建设。

联系前述，可以发现，这段时期大兴水利与河防也有重大关系。从表6–1和表6–2来看，开封府郑州、中牟、新郑在乾隆继位后修建的农田水利设施比之雍正时期要多出很多。盖因黄河自雍正六年、七年后渐次南徙，[①]为保全豫皖淮扬下游，清政府加快了治理河南段河道的进度。康熙时河道总督靳辅用力主要集中在江南河段，安徽的河患得以减少，水利工程建设也取得初步成效。至雍正时，一方面上游河南段黄河出现不断南徙之势，形势所需；另一方面，也有贯彻靳辅“审其全局，首尾合而治之”的治河理念。清政府遂在郑州、中牟一带修建了大量的堤坝、月堤，但这些堤工的修筑也与黄河该时期频繁在这一带决口有关。

乾隆三年，河督白钟山查勘贾鲁河道后上疏称“按豫省土地平衍，宋时四大漕河均已就淤，坡水无归多蓄聚洼地，遂成废壤……农田水利攸关民生，郑州中牟以下经管水利之丞、倅牧令加谨防护，毋使岁久填淤，不可以非要工而忽之也”。[②]身为河督，白钟山当然认为河防才是要工，不过从他的初衷来看，区域内的农田水利建设也有助于河防。

基于上述原因，本区域在雍正和乾隆前期才得以出现农田水利建设的高峰。

清后期由于政治腐败、内外忧患，清政府财政不断收缩，对于农田水利建设的热情和工作力度不断下降，大部分农田水利工程随之湮废，反映在史料上就是各县方志关于水利建设的内容寥寥，除了少数县如鹿邑，大多地方的水利工程早已湮废。徐浩在《论清代华北农田水利的失修问题》中深刻地分析了水利兴废和农业生产、社会发展的关系及其危害。[③]不过就河南来说，由于其检索方志偏少，就豫东地区清代开封、归德和陈州三府来说，该地区也曾经有过一段大兴水利的时期。

区域内农田水利建设还有一个问题也值得注意。光绪《扶沟县志》载扶

---

① 周秉彝等修，刘瑞璘等纂：《郑县志》卷二《舆地志·山川》，民国二十年重印本，台北：成文出版社，1968年，第109–110页。

② 康基田：《河渠纪闻》卷二十，页19，清嘉庆九年霞荫堂刻本。

③ 徐浩：《论清代华北农田水利的失修问题》,《中国社会经济史研究》1999年第3期，第51–58页。

沟县境内秦家冈、黄甫冈，此二冈地势较高。临县鄢陵原有36坡陂，但年久失修，后遇溱洧河泛滥成灾，为洩水鄢陵县民于雍正十一年、乾隆元年私掘秦、黄二冈引发争讼。虽然事件的结果以“扶沟缪公同鄢陵许公自秦家冈至黄甫冈偏寻河迹，访求故道，始得鄢陵朱家庄等处可因势疏濬出入河之道”[①]使双方皆大欢喜。这起以邻为壑事件的发生也反映了地方水利建设和管理中缺乏统筹，各自为政。如若早有规划，何至如此?

与地方水利建设相比，耐人寻味的是，事关黄河堤防的河防水利建设似也有同步下滑趋势。虽然在河渠志中不乏历次河决后清政府的敕令动工堵口及相关工程记载，比如中牟大工、荥工等重大河工建设事件，但史料中的一些记载也隐现河防建设自乾隆中期之后开始退化。

《豫河志》:“乾隆五十五年有江南老民汤乾学伏阙上言，近年河工多故，皆由不遵古法所致，并条陈卷埽种柳之事。则其时之埽已非康熙以前之埽……乾隆时常行之，节省镶埽之费以为培高堤岸之用。”[②]刘成忠《河防刍议》这段话指出了乾隆五十五年时河防工程建设中的腐败现象，为了中饱私囊而偷工减料致使埽的质量下降。联系上文对清代河政发展过程的叙述，这一则史料从河工建设角度再一次诠释了乾隆之后清王朝河政江河日下，河防水利工程建设中贪腐现象已成积弊。

1855年铜瓦厢决口后，黄河北流改道，除了新河道沿线村镇的堤防水利建设尚有继续加筑外，原古道沿岸的堤防工程建设随之松懈，一些地方的堤坝逐渐湮废。民国《考城县志》:“考邑旧跨大河，堤防最为要点，故纵横断连五十余处。然河逼则筑，河徙则废。自咸丰五年河北徙后，稍稍陵夷。民国六年经部议价卖归民开垦升科，境内残堤废坝虽有故址，胥成耕田矣。兹录可考者有十三处。”[③]夏明方纵览豫省概况，指出“豫河堤防渐就废弛”。[④]

综上，清代豫东地区在雍正、乾隆朝前期曾有过一段辉煌的大兴水利时期，此后逐渐湮废，其历史进程与河政的兴衰呈现一定的关联和同步性。

---

① 熊燦修，张文楷纂:《扶沟县志》卷六《赋役志·田赋》，清光绪十九年刊本，台北：成文出版社，1976年，第149-153页。

② 吴篑孙主编，陈善同纂:《豫河志》卷二十八《附著三》，页8，民国十二年铅印本。

③ 张之清修，田春同纂:《考城县志》卷四《建置志》，民国十三年铅印本，台北：成文出版社，1976年，第211-212页。

④ 夏明方:《铜瓦厢改道后清政府对黄河的治理》,《清史研究》1995年第4期，第42页。

第二节　水利建设和盐碱地的关系

开封、归德和陈州府在雍正和乾隆前期有过一段大兴水利建设的时段。那么这些水利工程和本区盐碱地之间有何关系？以及怎么评价这段时期的水利工程建设在本区盐碱地的形成和发展过程中发挥的作用？

这段时期的水利工程建设可以说奠定了区域内各县清代水利建设的基本格局。毫无疑问，水利工程建设是人类有意识改变地貌的活动。而地貌的改变又能影响区域水文地质的变化，所以二者首先可以肯定是有关系的。

当然，有必要结合定量和定性分析从客观和主观角度来审视一下这些工程建设对于地貌的改变程度。

雍正《河南通志》载："又曰土以方一丈高一尺为一方……主土者，就近挑挖之土，以所筑之堤为准者也。取土宜离堤十五丈外，起之挑至堤基之上……每堤高一尺，两面坦坡必须宽六尺。如高一丈之堤，应筑宽六丈之堤再加堤身二丈，则顶宽二丈，底当宽八丈，高一丈。"① 这段话引自潘季驯《河防一览》，是讲河工建设关于修堤取土的具体方法和实践总结。虽然难以断定清代在具体施工中是否严格按照如此标准，但为我们提供了一个可从定量角度估算工程量的参考。

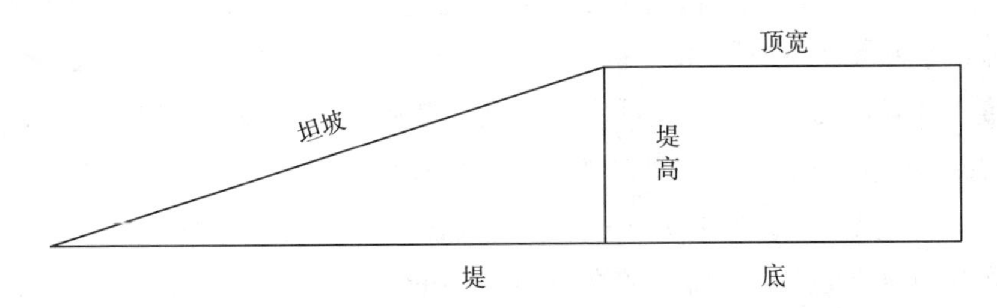

图 6-2　《河防一览》所载修建河堤剖面结构示意简图

堤高1尺，两面坦坡须宽6尺，则堤的剖面直角三角形的坡角约为9.6°。堤高 1 丈，底宽 8 丈，如图 6-2 所示，根据三角函数关系，实际上三角形的另一边边长为约 5.92 丈，加所谓"堤身二丈"，其实不到 8 丈，当然这只是笔者根据上述文意结合现代工程结构知识所做的数据分析。实际中，不排除坦坡面有弧度的情况下，堤底的长度会有变化，抑或潘季驯按四舍五入取其

① 田文镜、王士俊等监修，孙灏、顾栋高等编纂：《河南通志》卷十六《河防五》，台北：商务印书馆，《景印文渊阁四库全书》(第 535 册)，1986 年，第 430–431 页。

约数罢了。

以上根据史料所载，用图示的方法展示了《河防一览》关于河堤结构施工的相关细节。又土方其实就是河堤剖面面积乘以河堤长度，即河堤的体积。其实《河防一览》描述很清楚，"又曰土以方一丈高一尺为一方"，此处"方"系指正方形的边长为1丈，正如袁敏等认为的"中国古代体积度量方法，就是将立体图形化为底面为单位正方形的直棱柱"[①]。因我国古代没有严格区分面积和长度及体积的单位名称，故常有用长度单位表示面积的现象，如丈是长度单位，这里用来表示面积。

按这种计算方法，也即1立方（土方）等于1平方丈乘以1尺。又按清代稳定时期的度量衡制，1尺等于32厘米，[②]合0.32米，则1土方等于3.2768立方米。如果以《河防一览》所述的河堤工程数据为标准，图6–2的直角梯形面积S等于顶宽加上堤底乘以堤高再除以2，则S等于5平方丈。又"按自砀山以下黄运两岸及归仁高堰至海口一带缕、遥、月堤统计四十五万四千丈"[③]，若这454万尺长的河堤皆按"顶宽二丈、堤底八丈、堤高一丈"来算，则挑挖的土方共计要2270万，按现代单位换算为74383360立方米。且图6–2所示的仅为河堤的一半，通常堤有南北两岸，即所谓"两面坦坡"，如此一来，建这样规格的河堤则需要更多土方。

上述列举砀山以下南河河段，多在皖境，不在豫省，且为明代当时数据，这里只是为方便计算举例示之。《防河奏议》："奏为遵旨确议，仰祈睿鉴事。雍正二年十一月二十二日，臣于武陟工次跪接皇上朱批……窃思豫省两岸堤长一千三百余里，加以近年新建埽坝，并岁抢各工，不下数十处……"[④]雍正二年"闰四月……丙戌，以嵇曾筠为河道副总督"[⑤]。上文系嵇曾筠查勘河南堤工后给雍正的奏疏，其中提到当时河南两岸河堤长1300多里。历代因度量衡不同，一"里"的长度不一。《畴人传》："蒋友仁，乾隆

① 袁敏、曲安京：《中国古代面积与体积的度量》，《华夏文化》1997年第1期，第29页。

② 丘光明：《中国古代度量衡》，北京：商务印书馆，1996年，第190页；吴慧：《新编简明中国度量衡通史》，北京：中国计量出版社，2006年，第148页。

③ 田文镜、王士俊等监修，孙灏、顾栋高等编纂：《河南通志》卷十六《河防五》，台北：商务印书馆，《景印文渊阁四库全书》（第535册），1986年，第433页。

④ 嵇曾筠：《防河奏议》卷一《议留堡夫并建堡房》，页38–39，清雍正十一年刻本。

⑤ 赵尔巽等撰：《清史稿》卷九《世宗本纪》，北京：中华书局，1977年，第312页。

二十三年间入中国……按京师营造尺，一里得一百八十丈”。[①]又《清朝续文献通考》：“最短度分二种，一曰尺制，以尺为单位，所以度寻之长短也。一曰里制，以一千八百尺为一里”[②]。此即谓“五尺为一步，二步为一丈，十丈为一引，十八引为一里”。

按1里等于1800尺的换算关系，则雍正二年（1724）河南境内的河堤长度超过748.8公里。现在河南省境东西横亘580多公里，南北纵跨530公里。[③]若河堤仍按《河防一览》图6-2所示的结构和数据修建，所需土方量相当于在地面上挖一条宽5米，深10.24米，长748.8公里的深沟。可想而知，清代雍正时修建河南河堤工程的土方量有多么惊人，且这还只是雍正二年时河南的河堤长度。其后，黄河多次决口，在决口河段都有加筑增高河堤及在堤外又修月堤、遥堤等多重堤坝，且不说河堤每年都有岁修维护，这些工程量算起来更是庞大。

工程量庞大，自然花费甚巨。以乾隆四十六年（1781）河决青龙岗为例，河督李奉翰在奏折中称青龙岗至孔家庄一带包括孔家庄以南旧河因淤约计2000余丈皆需挑挖疏濬再开引河建坝工。[④]道光二十三年（1843）河决中牟，中牟九堡“口门宽三百六十余丈”[⑤]，总计堵口用银1190万两。《孚惠全书》载：“十九日奉上谕，豫省堵筑青龙岗漫工及筑堤渠酌增夫料价，直银九百四十余万两。”[⑥]虽然青龙岗坝工及筑堤长度难以确证，但从这两次河工耗费银两数量来看，这些有名的河工其工程量是巨大的。

耗资巨大的水利工程对国家财政的影响很大。夏明方在《铜瓦厢改道后清政府对黄河的治理》一文中说“嘉道年间，清政府每年的国库收入不过四千万两”[⑦]，联系上文，可见黄河一旦出现像青龙岗、中牟决口这种重大河患时，其对清朝财政收支的影响是非常严重的。

---

① 阮元等撰，彭卫国、王原华点校：《畴人传汇编》卷四十六《西洋四附》，扬州：广陵书社，2008年，第542–543页。

② 刘锦藻：《清朝续文献通考》卷一百九十一《乐考四》，北京：商务印书馆，1955年，第9380页。

③ 李永文等：《河南地理》，开封：河南大学出版社，1995年，第1页。

④《清高宗实录》卷一千一百三十八，辛丑八月条：“又谕本日李奉翰会勘青龙岗堵筑坝工及拟挑引河情形一摺于摺内详悉批示矣……仍将拟开引河宽深丈尺详悉覆奏”。

⑤ 刘照渊：《黄河水利大事记》，北京：方志出版社，2005年，第139页。

⑥ 彭玉瑞等纂修：《孚惠全书》卷十一《差役蠲缓·御制降旨蠲免豫工分年带征增价银两诗以志事》，页6，民国罗振玉石印本。

⑦ 夏明方：《铜瓦厢改道后清政府对黄河的治理》，《清史研究》1995年第4期，第44页。

再看区域内地方水利建设工程，仍以雍正《河南通志》载祥符县为例，比如图6–1中所示的王卢集太黄堤北沟，它在太黄堤的北岸，长2563丈3尺、宽1丈5尺、深5尺。修筑这样一条截面为长方形的沟，不严格考虑其在地表上的曲折，所需的土方约合62996立方米。又据表6–1和表6–2的统计结果，雍正和乾隆前期本区域新修的沟渠、池陂总数合计839处，当然具体每条沟、渠、池、陂、洼等的深度和长度不一，这里只是从定量角度来说明该时期新修的农田水利工程所需要的工程量也十分庞大。

上文所说的工程量是指这些水利工程建设中需要挑挖的土方量。如此大规模的人类活动与区域内的盐碱地又有何关系呢？特别是区域内的农田水利建设，既然雍乾时期有过一段大兴水利的高峰期，是否意味着区域内的盐碱地面积因此而必然减少呢？

以往有学者在述及水利建设中总有一种“只要修建了水利工程，就会减少盐碱地”的思维倾向。谈及西门豹、史起、郑国，总会提及“斥卤皆成膏腴”，这些案例仿佛在告诉世人，修建水利就一定能够治理盐碱地。笔者在初读此类史料也有此种感受。然而，就清代开封、归德和陈州三府的方志总体来看，这样的记载的确有一些，但更多的则是“河决多沙卤、隰洼斥卤”等描述。

据现代土壤学和盐碱地治理的相关研究，盐碱地的治理主要有三种方法：物理改良方法、化学改良方法和生物改良方法。[①]物理改良方法是指采用物理方法改造盐碱土，如修建水利工程灌溉洗盐、深翻土壤、外运客土置换旧土等；化学改良方法指通过增施化学改良剂和有机质的方式对土壤中的盐分进行转化、吸附或固定，如撒播有机肥、利用脱硫石膏等；生物改良方法指利用动、植物包括土壤中的微生物来改良盐碱土，如投放蚯蚓、植树造林、种植耐盐碱植物等。

显然，水利建设属于改造盐碱地方法中的物理改良方法。既然经实践检验，修建水利有改良盐碱地之功效，却又如何解释上述情况呢？

这个问题需要辨证看待，之所以出现上述疑惑实际上反映了一种认识论的差异。农田水利工程能够灌溉，引来的水也确实能够冲刷盐碱土，人们

① 关于盐碱地治理和改良的论述较多，仅举几例：徐云兵：《盐碱地的改良和应用》，《现代园艺》2016年第6期，第147页；张蓉蓉：《土壤盐碱化的危害及改良方法》，《现代农业科技》2019年第21期，第178–179页；曾玉霞、李兴强：《盐碱地改良技术探讨》，《吉林农业》2019年第13期，第80页。

用这种方法来治理盐碱地是符合科学原理的，但至于结果如何需要辩证地看待。其原因在于当我们搜检史料时，其实看到的往往是经历了诸多变化之后的结果。

一言以蔽之，水利建设确有治理盐碱土之功效，但当水利工程湮废淤积时，水利工程由于泥沙淤积抬高了水面，与两侧地面之间形成了地上河的水位差，在地上河的条件下反倒容易诱发盐碱地的生成。也就是说，要分具体情况对水利工程治理盐碱地的功能进行评价。

还有必要讨论我国古代田间灌溉和排水技术及灌溉工具，这里面涉及灌溉方式的判断，是属于漫灌还是淋灌？灌溉按对水量的控制可分为平地漫灌和节水灌溉。[①]古代社会传统的地面灌溉方式包括畦灌、沟灌、淹灌等。[②]我国古代很早就有“均衡灌溉用水”[③]的先进理念，制定科学的用水时间和用水次序。此举既体现了古代劳动人民已经意识到灌溉用水并非越多越好，更体现了在水资源匮乏之时节约用水的良好习惯。在灌溉器具上，至明清时期，已经发展到水车、筒车、辘轳等机具，[④]另外田间地头用于取水的工具不外乎从瓦罐、陶盆演变为瓢、桶而已。

在达到同样灌溉效果下，用瓢、桶取水灌溉显然要比畦灌、沟灌等漫灌方式更节约水量。也即一定程度上，前者属于一种“节水灌溉”方式。然而，和现代科学意义上的概念相比，用瓢桶取水撒于田间这种方式却不属于节水灌溉的方式，尽管事实上它的确要比那种漫灌方式要省水的多。

所谓的“均衡灌溉”，其实质是要求灌溉使得土壤维持一定湿润度。过量灌溉既超过了利于植物生长需水的限度又是一种资源浪费。如此来看，我们用瓢桶取水虽然每一次取水量是少了，但如果单位时间内洒水次数过多，其实算不得是一种节水灌溉，所以，现代国内外许多地区都采用更科学的淋灌、喷灌和滴灌方式。既提高了水的利用效率，又大幅度节约水资源。徐云兵在《盐碱地的改良和应用》中也指出，国外盐碱地治理以淋洗排盐为主。[⑤]所以，从整体上说，古代多数情况下粗放的灌溉方式对盐碱地的改良，其效果是要打折扣的。

---

① 王永维、苗香雯等：《平地漫灌灌溉水净化与循环利用研究》，《农机化研究》2004年第3期，第90页。

② 张芳：《中国古代的灌溉技术》，《古今农业》1991年第1期，第50页。

③ 周魁一：《中国古代农田灌溉排水技术》，《古今农业》1997年第1期，第1–4页。

④ 耿戈军：《我国古代的灌溉机具》，《治淮》1994年第8期，第50页。

⑤ 徐云兵：《盐碱地的改良和应用》，《现代园艺》2016年第6期，第147页。

为什么漫灌不利于治理盐碱地呢？因为漫灌对于盐碱土盐分的冲洗效果并不理想。我们不妨把黄河的每一次决溢泛滥视为对流经区域的一次漫灌，从这个角度就更容易理解了。

且漫灌还可引起土壤次生盐碱化。因为在这种方式的灌溉过程中，水分带动盐分在土壤中扰动，还可以使原本不是盐碱土或盐碱化较轻的邻近土壤加深盐碱化。当然，淋灌和滴灌也不一定能完全避免这种情况，只是从总体效果上说要优于漫灌这种方式。对于盐碱地的治理来说，如果只谈论灌溉可以洗盐，很容易会只想到凡是灌溉就能治理盐碱地，从而忽视了其他情况的考量。正是因为影响盐碱地产生的诸多因素本身也处于相互影响并不断变化的过程中，所以更需要用辩证性思维去审视。

把这些细节问题分析之后，方能较客观地看待雍乾时期的农田水利建设和盐碱地的关系。需要补充一点，这些农田水利在部分县志中确有使盐碱地减少的记载。笔者还认为，必须和黄河决溢联系起来看。概括来说，在黄河未决溢时，当地的水文系统运行正常，此时农田水利有利于治理盐碱地，但因粗放的灌溉方式导致治理效果有限；在黄河决溢后，农田水利因冲毁或淤积，其治理盐碱地的效果大打折扣甚至还能引发盐碱地的产生。只有这样辩证地分析，方能解释史料中的相互矛盾之处。

黄河堤防的建设和盐碱地的关系又如何？顾名思义，黄河堤防是为了防止黄河决堤，主要作用是为了保护沿岸民众生命和财产安全，另外它也与当地农田水利联通可供民众引水灌溉。在黄河未决堤时，由于黄河泥沙含量大，淤积严重，使得河床不断抬高，导致在部分河段出现“悬河”。地上河意味着黄河水位高于沿岸地表，地下径流中黄河水常补给沿岸地下水，使得沿岸地区地下水位也不断抬升。地下水位的抬升使得土壤层盐分也不断朝表层富集，这也是导致盐碱地产生的一个重要原因。值得注意的是，黄河沿岸地下水位升高的另一个原因与人类长期以来的灌溉是分不开的。就是说，造成地下水位上升的原因不是唯一的，大多数情况下，常常是几个原因共同作用的结果。

如前文所述，在黄河河道及河水泛滥之地，常引河流冲刷地表，地貌凹凸不平，在低洼积水地方常形成盐碱地；在沿岸，由于地下水位过高导致盐碱化的比比皆是。这也是我们在黄河旧河道及沿岸周边地区常能见到盐碱地分布的原因。

如此说来，修建黄河堤坝与盐碱地的产生也有关系。这看起来似乎与我们以往认识有矛盾。埃及阿斯旺大坝建成后曾一度饱受赞誉，30 多年之后，人们也发现阿斯旺大坝周围出现了一些环境和生态问题，其中土壤盐碱化比较严重。[①] 阿斯旺大坝建好后，尼罗河谷更高的地方也增加了不少耕地，人们在这里耕种灌溉，使得地下水位上升，逐渐导致尼罗河两岸土壤盐碱化。[②]

阿斯旺大坝建成后产生的副作用带给我们的启示是辩证地看待水利工程带来的效应。对黄河堤坝来说，它既能用来引水灌溉作为一种改良盐碱地的方法，但同时它也是推动盐碱地形成的一个因素。

这也并非是说任由黄河在华北平原肆意奔腾，自由泛滥，而是说要针对具体问题进行有效的治理。如果说确实能够实现潘季驯“束水攻沙”的预期目标，使得黄河河床水位下降，黄河不再决溢，区域内的水文系统运转正常，区域内盐碱土壤辅之以科学改良方法，则盐碱地的面积必将越来越少。说到底，这需要区域内综合治理并且采用现代科学技术。中华人民共和国成立后，在华北平原开展了持久的“洪、涝、旱、碱”综合治理工作，对黄河和淮河都取得了行之有效的治理成果，盐碱地的面积得以不断减少。[③] 与清代相比，其实在很多方面，清人也有类似观念，但限于时代局限，落后的社会生产力和科学技术阻碍了他们在盐碱地治理上前进的步伐。

另外，需要指出的是，在关于黄河治理上，清代一直缺乏重视黄河中游治理的理念。谭其骧深刻剖析了黄河中游是黄河治理的关键所在。[④] 黄河泥沙主要来自中游黄土高原，这才是主要矛盾和矛盾的主要方面。近年来的治黄成果已表明这种认识是最终解决问题的正确方法。

其实清代也不乏有识之人提过在黄河中游地区修建河坝以蓄沙减淤。乾隆八年，监察御史胡定奏河防事宜，曰：“黄河之沙，多出自三门以上及山西条山一带破涧中。请令地方官于涧口筑坝堰，水发，沙滞涧中，渐为平壤，可种秋麦。”河督白钟山驳斥道：“河流本自浑浊，自出九渡河，水即浑浊。河南土性疏散，经行六七百里。潘季驯云，流日久，土日松。土愈松，

---

① 王数：《阿斯旺大坝对尼罗河水质的影响》，《世界农业》1998 年第 12 期，第 37 页。

② 朱铁蓉、杨芳丽：《阿斯旺水利枢纽对生态和环境的影响》，《湖北水力发电》2008 年第 4 期，第 77 页。

③ 赵济、陈永文等：《中国自然地理》，北京：高等教育出版社，1995 年，第 219 页。

④ 谭其骧：《何以黄河在东汉以后会出现一个长期安流的局面》，《长水集》（下），北京：人民出版社，1987 年，第 5–6 页。

水愈浊，岂能筑坝筑堰而遏之？使滞汰沙澄源，古未有行之者。”[1]

李荣华指出“居住在黄土高原地区的人们，在实践的基础上，形成了治理黄土高原水土流失的基本措施”[2]，在黄土高原修建坝堰的历史可追溯到明代。抛开胡定与白钟山“河议”之争的背景不谈，胡定所说是有道理的。中华人民共和国成立后，在黄河中游也先后修建了三门峡和小浪底水利工程，对黄河中游的泥沙治理起到不少作用。白钟山所谓“古未有行之者”，说明了清代河务重臣囿于成见，缺乏创见。当然，他说的“土松”确为实情，就当时的科技条件和工程技术实施起来，难度超乎他之所想。

前文有述，康雍乾时期，河务向为要务，由于皇帝的重视和支持，河督的权势随着河政的发展一度膨胀。即使胡定的建议有不少合理成分，但不被朝廷重视。不过，还应看到，单纯地在中游修建水坝等水利工程，仅靠此法对黄河中游的治理其功效是有所欠缺的。必须同治理盐碱地一样，用多种方法采取多种措施综合治理。

至此，回顾开篇所提出的问题，总而言之，不宜过分夸大清代水利工程对治理盐碱地的功效。本区域在雍乾时期的确有过大兴水利，为当地的农业灌溉和农业生产提供了很大帮助。但到清后期，随着经济的衰败，水利工程年久失修，不仅难以发挥效能，而且日渐淤积的水利工程反倒诱发了次生盐碱化。

正如魏克循在《河南土壤地理》所言，从 1958 ～ 1961 年在本区域也有过大修水利的经历，然而“只灌不排”导致产生了大量的次生盐碱地。两相对比，使我们意识到，必须重新审视清代乃至历史时期内史料所载的修建水利工程治理盐碱地的效果，应摒弃“凡是修建水利工程就一定能治理好盐碱地”的不当认识。

再参照 20 世纪 60 年代调整后的水利方针，可知清代豫东地区在雍正和乾隆朝时期大兴水利过程中将农田水利和黄河堤坝联通的举措就本地区而言，可谓有利有弊。联通沟渠和堤坝从而构建了一个大区域的水利网，虽然有利于农田灌溉，然而，黄河在本区善淤善决，一旦黄河决溢，河水裹着泥沙漫溢到沟渠之内，不仅加速了沟渠的淤积，也不利于河水的排泄下渗。一言以蔽之，清代的农田水利工程建设只是起到了“引、灌、蓄”的功用，并

---

① 康基田：《河渠纪闻》卷二十一《河督白钟山奏覆御史胡定条奏河防事宜》，页 11–12，清嘉庆九年霞荫堂刻本。

② 李荣华：《清代黄土高原水土流失及社会应对机制》，《兰州学刊》2015 年第 5 期，第 87 页。

没有做好排泄地表水和地下水的工作，地下水位长期降不下去，不能从根本上阻止盐碱地的产生。

总之，不能有效降低地下水位，只灌不排，反而会引发次生盐碱化。所以 20 世纪 60 年代后，豫东地区拆除了很多不合理的水利设施，采取了其他一系列有效措施，使地下水位下降，从而逐渐得以控制住盐碱地继续增加的势头。

第三节　清代豫东地区人类对盐碱地的治理与评价

清代豫东地区盐碱地的治理方法主要有物理、化学和生物方法。此三种方法的历史渊源都在清代以前，前文有述。在继承前代的基础上，清代又有一些技术上的创新。单就豫东地区来看，受西方科技传播的影响，化学方法的创新成分更多一些。

一、治理盐碱地的物理和化学方法

上节所讲的水利工程属于物理方法中的一种，不过这种方法也不是万全之策，有时反而会成为促进盐碱地发育形成的推手。

且在修建水利工程的过程中，我们注意到潘季驯《河防一览》的描述，挖土宜在 15 丈外，如果 15 丈外的土壤是盐碱土的话，等于说是用盐碱土混融未盐碱化土壤，这种情况易引发次生盐碱化。虽然，上文中说用客土置换旧土是一种改良盐碱土的方法，它是指挖走盐碱土再铺上新土，而不是让二者混融。遗憾的是，从史料中难以发现用这种方法来改造盐碱土的记载。至于深翻土壤，鉴于我国有着深厚的农业耕作历史，深翻土壤也是改良土壤肥力的常用手段，自不必多说，但本区历史上由于黄河频繁决徙，往往一次黄河泛滥，就会导致盐碱地再度发育，所以说它是一种改良盐碱土的方法，但具体效果要视情况而定。

除了物理方法，清代豫东地区人们在生活中也采用了化学和生物方法来改良盐碱地。

现代治理盐碱地的化学方法中主要包括增施化学药剂、撒播有机肥、脱硫石膏等。化学试剂主要以现代化工生产的化学产品为主，虽然我国古代也有漫长的化学发展史，按其应用又可细分为陶瓷化学、冶金化学、炼丹术化学、盐硝化学、酿造化学、制糖化学、染色化学等门类。[①] 但化学作为一门系统的自然科学，在19世纪以后才逐步传入我国。[②] 而制造化学药剂用来改造盐碱土在清代应是极少涉及的，虽然不能排除不经意间有用同样的化学原理制造出了类似于现代的化学药剂并用来改良土壤，但应该是极为少见的。这类化学试剂主要有聚马来酸酐[③]、聚丙烯酸[④]等，遇水呈酸性，可降低盐碱土中的碱性。

有机肥是指来源于动物和植物，用动植物的残体、代谢物等为土壤提供肥力的物质。狭义上，有机肥料又叫农家肥料，它是农村中利用各种有机物质，就地取材就地积存的一种自然肥料。[⑤]《汜胜之书》："汤有旱灾，伊尹作为区田，教民粪种，负水浇稼"[⑥]。于省吾指出："今验之于甲骨文，则商代武丁时期已经有了农田垦殖"[⑦]。有农田垦殖不代表必然有农田施肥，在此问题上，胡厚宣连发数文，指出："论者以为殷代使用烧田耕作法……那当然就还不知道人工施肥。但是，由甲骨文字看来，卜辞里却有极清楚的施用人工粪肥的资料。"[⑧] 可见，我国的农田施肥起始于殷商时代。至周代，《周礼·地官·司徒》提到草人"咸潟用貆"，前文有述，是指用"貆"的粪便施肥以改良土壤。

---

① 卢嘉锡主编，赵匡华、周嘉华著：《中国科学技术史：化学卷》，北京：科学出版社，1998年，目录页。

② 卢嘉锡主编，赵匡华、周嘉华著：《中国科学技术史：化学卷》，第1页。在清末从国外传来一些西人化学著作，并被译为中文版，见潘吉星：《清代出版的农业化学专著〈农务化学问答〉》，《中国农史》1984年第2期，第93–98页。

③ 申泮文、王积涛等编著：《化合物词典》，上海：上海辞书出版社，2002年，第297页。马来酸酐又称顺丁烯二酸酐，聚马来酸酐由马来酸酐聚合而成，其最早的制造方法为辐射聚合法，于1961年开发出来，见王世亮：《聚马来酸酐的制备方法》，《安徽化工》1996年第2期，第18页。

④ 张登侠编：《聚丙烯酸酯类透明塑料》，北京：石油化学工业出版社，1975年，第1页，"1901年研究与合成了一些丙烯酸酯类，由于原料昂贵，只停留在实验室试制阶段……甲基丙烯酸甲酯大量生产是从1936年开始的"。

⑤ 毛达如编：《有机肥料》，北京：农业出版社，1982年，第1页。

⑥ 万国鼎辑释：《汜胜之书辑释》，北京：中华书局，1957年，第62页。"粪种"，万国鼎释为"施肥下种"或"施肥种植"。

⑦ 于省吾：《从甲骨文看商代的农田垦殖》，《考古》1972年第4期，第45页。

⑧ 胡厚宣：《殷代农作施肥说》，《历史研究》1955年第1期，第100–101页。此后，在《文物》（1963年第5期）和《社会科学战线》（1981年第1期），胡厚宣进一步补证和阐述了关于殷代已有农田施肥的观点。

以后的历代农书如《齐民要术》《王桢农书》《农政全书》等都有记述用动物粪肥改良土壤,“粪壤者，所以变薄田为良田，化硗土为肥土”[①]“多得粪可以壅田”[②]。发展至清代，随着农业技术的不断提高，对有机肥的利用在认识上也多有进步。《授时通考》在培土、耕作等农业生产过程中极力突出施肥的重要性，但也强调“故粪田最宜斟酌得宜为善，若骤用生粪及布粪过多，力竣热即杀物，反为害矣”[③]。根据不同类型的土壤宜采用不同的有机肥，对症下药。如“江南水地多冷，故用火粪，种麦种蔬尤佳”“泥粪于沟巷内，乘船以竹夹取青泥……同大粪合用”“下田水冷亦有用石灰为粪，治则土暖而苗易发”“凡退下一切禽兽毛羽亲肌之物，最为肥泽，积之为粪，胜于草木”。[④]

有关河南地方农耕的农学专著中也有论述有机肥的，如《泽农要录》：“男子兼作，妇人童稚量力分工，定为课业，各务精勤。若粪治得法，沃灌以时，人力既到，则地利自饶。”[⑤]《泽农要录》主要介绍水稻种植和稻田开垦，其中关于粪肥肥土的记载也有不少。另外，书中就盐碱斥卤地的开垦，吴邦庆指出“其地初种水稗，斥卤既尽，渐可种稻。所谓泻斥卤兮生稻粱，非虚语也”。稗子因其耐盐碱，吴氏认为可根据其习性先种稗子改良土壤，然后再重水稻。这种方法属于用生物方法治理盐碱，即种植抗盐碱植物来改善盐碱土壤的理化性质。

用有机肥改良盐碱土的原理是有机肥中含有的有机物在细菌、微生物等作用下可分解为一些酸性物质，可以中和盐碱土的碱性。需要指出，草木灰是植物燃烧后的残余物，也可以作为有机肥。但草木灰水解后呈碱性，若施用于盐碱土壤反倒有加重盐碱化的可能。古人虽未必洞悉土壤盐碱化的原理，但从有限的史料记载来看，以草木灰来治理斥卤盐碱的记述未见。这说明，在长期的农业实践中，古人也掌握了相关的正确认识。

石膏可以治理盐碱，清人也有认识。石膏的主要化学成分是硫酸钙的水合物，通过与盐碱土壤中的碳酸钠、碳酸氢钠反应生成易溶于水的硫酸钠，

① 王祯：《农书》卷三《粪壤篇第八》，台北：商务印书馆，《景印文渊阁四库全书》（第730册），1986年，第335页。

② 徐光启：《农政全书》卷四十一《牧养》，北京：中华书局，1956年，第814页。

③ 鄂尔泰、张廷玉等奉敕撰，董诰等奉敕补：《钦定授时通考》卷三十五《功作》，台北：商务印书馆，《景印文渊阁四库全书》（第732册），1986年，第462页。

④ 鄂尔泰、张廷玉等奉敕撰，董诰等奉敕补：《钦定授时通考》卷三十五《功作》，第460页。

⑤ 吴邦庆：《泽农要录》卷二《田制第二》，页8，清道光刻本。

可随水冲掉。[①] 再据一般化学常识，硫酸钠化学性质稳定，土壤胶体呈中性，而碳酸钠中碳酸根离子水解显碱性。《农学纂要》："石膏，性能溶解，中有硫养钙质，施于大小豆……玉蜀黍尤宜治碱地，加石膏后……即将草和土犁作肥粪"。[②]

石膏在我国的应用历史悠久，长期以来主要用于医药领域，在《神农本草经》中就有，陶弘景《名医别录》将其归于石类，以后历代医家皆有记述。《本草纲目》："今人以石膏收豆腐，乃昔人所不知。"[③] 李时珍此言表明，用石膏点豆腐的做法出现较晚。元代医学名家朱震亨始断定含结晶水的石膏是软石膏，李时珍接着明确指出石膏分为软、硬两种，作为医药配方原料的是硬石膏。南方以软石膏为寒水石，与凝水石同名异物，所谓石膏点豆腐就是用软石膏的凝水性特质使胶体中的蛋白质发生凝聚与水分离。

又《格物中法》："石膏，南人以之壅田，岁糜千百石。"[④]李时珍言："阎孝忠曰南方以寒水石为石膏，以石膏为寒水石，与汴京相反，乃大误也。"[⑤] 阎孝忠是北宋医家，阎氏所说是针对当时南北医家对石膏的名实之辩，从他所说的这句话可以得到另一个信息，即阎孝忠认为当时南方人口中的"石膏"实际上指的是化工和建筑学上定义的硬石膏。硬石膏矿在我国的现代分布主要在长江流域和南方地区。这从地理分布上也契合上述说法。

软石膏又称二水石膏，是含有两份结晶水的硫酸钙。[⑥] 天然状态下软石膏可通过加热到 200℃以上脱水变为硬石膏。不过硬石膏容易吸水再生成软石膏，在自然情况下二者常常伴随共生，只不过是在矿物含量上存在差异，有些石膏矿富含硬石膏而已。所谓南方硬石膏矿分布多，是从这方面来说的。

至于刘岳云所谓的"南人以之壅田"，经查证他所说的"石膏"，意指软、硬石膏皆可。事实上，软、硬石膏的化学成分并无大的差别，差异在结晶水上，而结晶水又可在二者之间通过加热或吸收实现转化。软石膏可以通过加热冷凝转变为硬石膏，在此过程中石膏的形态变软，现代建筑、化工和医疗上有用液态石膏，但其化学成分并无改变。

---

① 李守明：《盐碱地改良与利用》，呼和浩特：内蒙古人民出版社，1985 年，第 57 页。
② 陈恢吾：《农学纂要》卷一《用肥》，页 2，清光绪刻本。
③ 李时珍：《本草纲目》（校点本）卷九《石膏》，北京：人民卫生出版社，1975 年，第 544 页。
④ 刘岳云：《格物中法》卷四中《土部》，页 11，清同治刘氏家刻本。
⑤ 李时珍：《本草纲目》（校点本）卷九《石膏》，第 543 页。
⑥ 应城石膏矿编：《石膏》，北京：中国建筑工业出版社，1978 年，第 1 页。

北方地区也有不少石膏矿，《名医别录》："生齐山及齐卢山、鲁蒙山，采无时。"陶弘景说当时在山东境内就有石膏矿在一直开采。[①] 现代探明，在我国境内石膏矿的分布较为普遍。盖校瑞等指出："西部石膏矿的矿层厚，埋藏浅，如甘肃、宁夏、青海的一些矿山宜于露天开采，云南、四川的一些矿山可以先露天开采，再转入地下开采；而中国中部和东部的石膏矿，一般埋藏较深，且多为薄层矿，需要地下开采，开采难度较大。"[②]

据上所述，似乎古人对于石膏有不少认识，但何以用石膏改造盐碱地的方法长期未有记述呢？

主要有以下原因：①南方地区虽然可能早有石膏壅土的认识，但并没有应用于改造盐碱土上。因南北土壤质地不同，南方地区多为酸性土壤。②石膏长期用于医疗，且直到元代医家才对石膏的分类和性质有了长足认识，但这种认识还只局限于矿物结构和形态上。对于其具体的化学成分和改造盐碱土中化学反应的原理是未明的。所以，直到晚清，随着西学东渐的深入，从国外传来的西学知识推动了用石膏改良盐碱地的认知。陈恢吾在《农学纂要》中才加以记述。③石膏生于石膏矿中，开采矿石的技术难度大，需要的人力、物力使得这种矿物在应用上并不普遍。特别对于中、东部地区来说，没有现代科技条件而不能大规模开采和应用。因而在古代，石膏多用作医疗，其应用面是较窄的。如《新唐书》有载："房州房陵郡……土贡：蜡、苍矾、麝香、钟乳、雷丸、石膏、竹鼦。"[③]

总之，限于上述种种原因，石膏用于改良盐碱土的方法长期以来未能为北方地区所应用。前述所说的脱硫石膏，其主要成分和天然石膏一样，经过现代科技处理，具有粒度小、纯度高、有害杂质少等特点，所以其改良盐碱土的效能更为优化。

二、治理盐碱地的生物方法

清代豫东地区用化学方法改良盐碱土，主要体现在用有机肥和矿物质。

---

① 陶弘景撰，尚志钧辑校：《名医别录》（辑校本），北京：人民卫生出版社，1986年，第104页。

② 盖校瑞、孟祥薇：《我国石膏矿产资源特征及其开发利用现状》，载田震远主编：《2010年全国非金属矿产资源与勘察技术交流会论文专辑》，北京：《中国非金属矿工业导刊》编辑部，2010年，第19页。

③ 欧阳修、宋祁撰：《新唐书》卷四十《地理志》，北京：中华书局，1975年，第1032页。

常用的有植树造林和种植抗盐碱植物。

植树造林可以涵养水源、防风固沙、增加湿度降低蒸发，同时落叶腐烂可为土壤提供营养，为土壤中的微生物和动物提供生境，有助于改良土壤结构，是一种经济实惠，对环境保护、林木资源开发和利用十分有益的活动。

我国古代很早就已经认识到林木对环境的保护作用，认识到林木可以保持水土、调节气候、减少水旱灾害，从而提高农业产量。① 为此，建立有专门的林业管理部门，并出台有相关的林业政策。郑辉通过研究从先秦至明清时期中国历代的林业政策和管理措施，把中国古代林业政策和管理分为六个阶段，认为宋元时期是古代林业政策和管理发展史上的成熟阶段。② 林政管理部门的不断完善其实是建立在林业资源的不断耗损并在局部地区出现环境和生态问题的基础上的。林鸿荣认为："唐代北方森林面积进一步缩小，不少林区残败，又兼自然恢复力弱，相应的生态后果当然接踵而至。" ③ 虽然唐政府有相关诏令禁止滥砍滥伐，一定程度上阻止了森林的人为破坏，但唐代统治者还没有把森林当作一种重要的资源来看待，没有看到林业工作在经济、社会中的作用与影响力。④ 所以到宋代，北方地区的林木资源确实已经遭到严重破坏。⑤ 这并非意味着，宋人没有积极地植树造林，而是说毁林的速度超过了林木再生产的速度。毁林和造林两种活动同时都在不停进行着，谢志诚总结了关于宋代山林的毁林活动，主要垦山造田、大兴土木、冶铁和战争破坏⑥。从历史上看，我国森林覆盖率随着人口的不断增加而逐渐减少，在宋代为 27% ～ 33%⑦。

---

① 刘彦威：《中国古代对林木资源的保护》，《古今农业》2000 年第 2 期，第 35 页。

② 郑辉：《中国古代林业政策和管理研究》，北京林业大学博士学位论文，2013 年，第 78–109 页。

③ 林鸿荣：《隋唐五代森林述略》，《农业考古》1995 年第 1 期，第 222 页。

④ 刘锡涛：《唐代林政与唐人植树》，《陕西师范大学继续教育学报》2003 年第 2 期，第 78 页。

⑤ 熊燕军：《宋代江南崛起与南北自然环境变迁——兼论宋代北方林木资源的破坏》，《重庆社会科学》2006 年第 5 期，第 89 页。

⑥ 谢志诚：《宋代的造林毁林对生态环境的影响》，《河北学刊》1996 年第 4 期，第 98–99 页。

⑦ 樊宝敏、董源：《中国历代森林覆盖率的探讨》，《北京林业大学学报》2001 年第 4 期，第 62 页。本文推测的依据是人口增多了，人类活动所占用的地理空间必然要使得森林资源的占有空间减少。方法是根据人口增长曲线，结合学界认可的森林覆盖率数值进行插值运算，从而推出其他时段的森林覆盖率。其依据所反映的思路是合理的，但文中图 1 的变化曲线和某些历史时段的森林覆盖率具体数值是否如作者所述，值得再讨论。因为人口史关于各历史时段的具体人口数在一些问题上尚有各种争议，所以据此推导出来的数据曲线其准确性也有随着人口史相关研究的变动有进一步修正的必要。但森林覆盖率曲线的变化趋势确实应如论文所说，是在不断降低的。

明清时期，随着人们对森林保护意识的进一步提高，林业政策进一步完善，林业管理也更趋严格。如在林区内设立税关；护林碑在全国范围内大量出现，成为家族、村落、寺院和官府保护林木的惯用做法和基本形式[①]；在局部地区设立禁垦区，禁止砍伐森林等。不过，该时期内对森林资源的开采和利用在深度上也超越前代。王君以贵州清水江流域林业的开发为例，深度揭示了森林资源已成为人类生活中不可或缺的一个产业并影响着人类的社会生活。[②]清代由于人口增殖，包括薪柴需求、林产品贸易等在内的活动，尽管我们可以见到清人在林业管理上采用诸多举措，但森林资源总量仍有所下降。

在植树造林的林木种类上，根据其用途可分为经济林、行道树、护堤林、园林和军事防御林等。经济林主要指有经济价值的林木，如果树类、桑树、核桃、漆树、茶树等。鉴于园林和军事防御林的种植区域特殊，数量较少，就本区域来说，主要以经济林、行道树和护堤林为常见。

关于经济林的记载，可从方志“物产”卷里略窥一二。古代对植物种类的分类没有现代这么精细，经济林木一般归于“果类”和“木类”，不过要注意，其中有部分植物按现代定义不属于木本植物，如莲房、西瓜、藕等属于草本植物，在《开封府志》《陈州府志》和《归德府志》中将其归为果类，需要辨别。

据统计，清代开封府、归德府和陈州府的经济林木可见表6–3。

表6–3　清代开封府、归德府和陈州府经济林木种类一览表

府名	经济林木名称	出处
开封府	苹果、沙果、花红、核桃、文官、葡萄、柿、榴、枣、桃、杏、梅、李、松、柏、杨、柳、椿、槐、榆、桧、楮、桑、柘、桐、楸、楝、棠	康熙《开封府志》[③]
陈州府	石榴、胡桃、杏、桃、李、梅、枣、柿、栗、花红、沙果、苹婆、羊枣、葡萄、樱桃、银杏、梨、榆、柳、杨、柏、桧、松、楮、桑、椿、桐、楸、竹、梧、皂角、冬青、楝	乾隆《陈州府志》[④]

① 倪根金:《明清护林碑研究》,《中国农史》1995年第4期，第87页。

② 王君:《嵌入社会的林业：明清时期清水江流域的开发与人群互动》,《原生态民族文化学刊》2019年第5期，第13–21页。

③ 管竭忠修，张沐等纂:《开封府志》卷十五《物产》，页3，清康熙三十四年刻同治二年重修本。

④ 崔应阶修，姚之琅纂:《陈州府志》卷十一《物产附》，页6，清乾隆十二年刊本。

（续表）

府名	经济林木名称	出处
归德府	桃、李、梨、杏、梅、枣、柿、柰、葡萄、石榴、沙果、苹果、桑、槐、榆、柳、椿、棠、桧、柏、柘、桐、楮、槿、楸、楝、椒、竹、冬青	乾隆《归德府志》[①]

花红即林檎，雍正《畿辅通志》："畿辅旧志，俗名甜果，即林檎"[②]。苹婆，《广州府志》："苹蓤，一名材檎树，极高，叶大而光润，荚如皂角而大……此与北方蘋婆果绝不相类，而名与林檎相混"[③]。因书写传抄常有讹误，古籍中不乏将"苹婆"和"苹蓤"混淆之说，《广州府志》所谓"苹蓤"即现代所称的"凤眼果"，与北人所称的"蘋婆"不同。但因行文常简称，如将"苹蓤果"称为"苹果"，此一来就引发名物称谓上的混乱。北方所谓的"苹婆"其实就是苹果的俗名。也有为以示区别，将"苹蓤"改为"频婆"的，如《植物名实图考长编》："频婆，岭南杂记：频婆果如大皂荚，荚内鲜红，子亦如皂荚子。皮紫，肉如栗，其皮有数层，层层剥之，始见肉。彼人詈颜厚者，曰频婆脸。"[④]

大多数林木种类在三府中皆有分布，个别林木为当地特有。表中多数经济林木为高大乔木，也有较低矮的灌木或小乔木，如槿树、花椒。

行道树是种植在道路两旁的树木。我国种植行道树始于西周。[⑤]我国最初种植行道树的目的可能为"列树以表道"，"表道树"的产生与疆域的扩大和交通的发展又有一定联系。[⑥]秦汉以后，随着大一统帝国的发展，特别是交通的发展，种植行道树为历代所延续。游修龄通过考察历代行道树树种的选择，指出"秦以青松为主，汉以后直至唐宋则以槐树为主，明清转以柳树为主。[⑦]"

从清代的记载来看，确如游老所言。《世宗宪皇帝上谕内阁》："又奉上

① 陈锡辂修，查岐昌纂：《归德府志》卷十九《赋税略下 · 土产》，页 15，清乾隆十九年刊本。

② 唐执玉、李卫等监修，田易等纂：《畿辅通志》卷五十六《土产》，台北：商务印书馆，《景印文渊阁四库全书》（第 505 册），1986 年，第 297 页。

③ 戴肇辰等修，史澄等纂：《广州府志》卷十六《舆地略八 · 物产》，页 14，清光绪五年刻本。

④ 吴其濬：《植物名实图考长编》卷十六《果类》，北京：商务印书馆，1959 年，第 902 页。

⑤ 刘锡涛：《中国古代行道树和护堤林》，《甘肃林业》1999 年第 2 期，第 36 页。

⑥ 罗桂环、汪子春：《略述我国古代行道树的起源和发展》，《西北大学学报》1986 年第 1 期，第 115 页。

⑦ 游修龄：《槐柳与古代的行道树》，《中国农史》1996 年第 4 期，第 87 页。

谕，由京师至江南道路往来，行旅繁多。朕于雍正七年特遣大臣官员前往，督率地方官员修理平治，不惜帑金，成功迅速。又令道旁种树以为行人憩息之所。比时，田文镜率河南官员种植培养林木，茂密较盛他省，经过之人皆共见之。凡此道路树木皆朕降旨，交与该地方官随时留心保护者。近闻官吏怠忽，日渐废弛。低洼之处每多积水，桥梁亦渐折陷，车辆难行。道旁所种柳树残缺未补，且有附近兵民斫伐为薪者，此皆有司漫不经心而大吏又不稽查之故，甚属不合。”[①] 雍正十一年（1733）六月二十一日，鉴于京师到江南的官道河南段出现了道路失修、行道树残缺不全并有盗伐之事，雍正帝谕示地方官员迅速修理不得迟缓，补种柳树并禁止砍伐，一经发现将严惩不贷。

在清人的游记中也常可见到柳树作为行道树的记载。谭莹在《乐志堂诗集》有云：“小红低唱谁新作，惨绿依然尚少年。请看道旁杨柳树，浓阴仍扑总宜船。”[②]《梦堂诗稿》：“把臂记芜城，江郎旧有声。十年尝两地，乍见是濒行。入洛人争识，临边我远征。那堪官道柳，树树作离情。”[③] 又《白鹿山房诗集》：“马首依残月，鸡声破晓寒。鸣镳随估客，大纛避高官。白草连天短，黄尘浴日乾。风吹道旁柳，树树拂征鞍。”[④]

虽然游修龄通过观察古籍中行道树种类的变化得出“大约从宋代始，以柳树（或枫柳榆柳并称）作行道树的记述渐渐抬头”，[⑤] 但并未说明柳树取代槐树成为行道树主体的原因。

杨属与柳属同属杨柳科，属于杨柳科的树木有三个异于其他树种的特征：杨柳科主要靠无性方法，而不是用种子来繁殖；雌雄异株；杂交经常在不同类型及互补性别的树木之间进行。[⑥] 栽培杨柳科主要用插条方法，这种方法的好处是只要发现一株有繁育价值的植株，便可以不断地用这种简单方法培育出无数的植株。拿柳树来说，柳树生长快速。[⑦] 槐树，豆科槐属植物，

① 允禄奉敕编，弘昼续编：《世宗宪皇帝上谕内阁》卷一百三十二《雍正十一年六月》，台北：商务印书馆，《景印文渊阁四库全书》（第415册），1986年，第669页。

② 谭莹：《乐志堂诗集》卷一《西园吟社第三集珠江秋禊》，页14，清咸丰九年吏隐园刻本。

③ 英廉：《梦堂诗稿》卷九《寄江于九》，页5，清嘉庆二年刻本。

④ 方中发：《白鹿山房诗集》卷五《邯郸晓发》，页3，清康熙云松阁刻本。

⑤ 游修龄：《槐柳与古代的行道树》，《中国农史》1996年第4期，第89页。

⑥ 联合国粮食及农业组织：《杨树和柳树》，罗马：国际杨树委员会，1979年，第12页。

⑦ 杨镇、郭景鲜等：《林木栽培》，石家庄：河北科学技术出版社，1985年，第220页。

又名国槐、家槐等，栽培方法为播种育苗。[①] 也就是说，柳树与槐树相比，具有易成活、生长快、栽培方法简单等优点。

余君通过观察古代栽培柳树的方法，指出："古代农林方面的书籍记载的柳的栽种多是用扦插的方法，很少提到有其他方法"[②]。根据《齐民要术》对"插柳"的记载，可知，用扦插（插条）法植柳在南北朝时已经很成熟了。再联系游修龄的推论，经过隋唐的进一步发展，终于至宋代开始出现植柳作行道树记载越来越多的现象，以至于以后行道树多以柳树为主体。

因杨树和柳树在形态上比较相似，杨属和柳属在现代植物学分类上也属于同一科，古人常把杨、柳并称，在名物解释上常以此释彼，混为一类。其实，二者并非是同一种属，当然，这是由于时代的局限所造成的。

如果游修龄的推论属实，即柳树自宋之后取代槐树成为行道树的主要树种，我们还可以有进一步认识：人类活动（人工栽培）主导了这场变革。或者说，由于人工选择使得柳树脱颖而出。槐树由于不具备柳树栽培的优点，逐渐退居行道树树种选择的次席。

当然，这并不是说清代行道树种没有槐树，如游修龄引尚秉和《历代风俗事物考》对清官道的回忆，说是"两旁树柳，中杂以槐"，就是说槐树仍有作行道树，只不过不是主要树种。

柳树除了作为行道树的优势种外，在护堤林中也是常用树种。《钦定大清会典则例》载："（雍正）五年，议准直隶州县闲旷之地，令相其土宜，各种薪果。如各处河堤，栽种柳树。"[③] 又"顺治十三年定濒河州县新旧堤岸皆种榆柳，严禁放牧。各官栽柳自万株至三万株以上者，分别叙录。不及三千株并不栽种者分别条处。"[④] 清代对河堤沿岸栽柳十分重视，出台了各种相关政策以鼓励官员种植，对种植不力者还会给予相应惩处。《清史稿》："因谕大学士曰：于成龙前奏靳辅未曾种柳河堤，朕南巡时，指河干之柳问之，无辞以对。又奏靳辅放水淹民田……下部议，将于成龙革职枷责。"[⑤] 康熙三十三

---

① 上海市林业总站编：《林木栽培与养护管理》，上海：上海科学技术出版社，2004年，第154页。

② 余君：《中国古代柳树的栽培及柳文化》，《北京林业大学学报（社会科学版）》2006年第3期，第35页。

③ 清乾隆十二年奉敕撰：《钦定大清会典则例》卷三十五《户部·田赋二》，台北：商务印书馆，《景印文渊阁四库全书》（第621册），1986年，第98页。

④ 清乾隆十二年奉敕撰：《钦定大清会典则例》卷一百三十三《工部·河工四》，《景印文渊阁四库全书》（第624册），第190页。

⑤ 赵尔巽等撰：《清史稿》卷七《圣祖本纪二》，北京：中华书局，1977年，第238–239页。

年，因河议之争，于成龙以河堤未栽柳为由攻讦河道总督靳辅。因河工是国家要务，事关国计民生，所以对护堤林的重视不言而喻，而在诸多记载中提及最多的便是栽柳。

除了堤岸，在盐碱地上植树造林的记载也有不少，如《丁文诚公奏稿》："臣亦深恐海岸盐碱之地，于树木不能相宜。当饬令各州县查询沿海居民，并相度土宜能不施种，兼谕何树宜生即种何树。如实系碱地不毛及海潮冲刷之区，则稍为缩入内地栽植，其缩入之处亦须接续，毋令间断。"① 光绪二年二月，丁宝桢就筹办海防事宜向朝廷建议在海岸植树造林，并提出应问询沿海居民选用抗盐碱的树种进行种植。

《惇裕堂文集》："均徭役，兴书院，以废寺地立义学，以洼碱地劝种树，皆寻常循分之事"。② 又《钦定大清会典则例》："九年题准直隶、天津、河间各属土性宜枣，种植最多深。冀亦产桃梨，至于榆柳杨树之类，河洼碱地各有所宜……应令该管各官劝谕旗人亦可多为栽种。"③ 这些史料皆说明清人对植树造林可改良盐碱土、在盐碱地种植抗盐碱林木比较了解。《永清县志》："东乡滨河河东韩村陈各庄一带，地土硗瘠多沙碱，不宜五谷。居民率种柳树。"④ 不单是永清县的县民知道植柳可以改良盐碱土，在《钦定八旗通志》、光绪《顺天府志》等都有类似记载。由此可见，用植树造林来改良盐碱地的方法已为清人所熟知并惯用在生活中。

除柳树外，榆树、胡杨等皆系耐盐碱树种。《钦定大清会典则例》载："至于榆、柳、杨树之类，河洼碱地各有所宜……应令该管各官劝谕旗人亦可多为栽种。"⑤ 以政令通告世人，彰显了清政府对盐碱地农业生产的重视。这则史料也表明清人对榆树、杨树、柳树等抗盐碱树种有成熟的认识。

枣树、杏树也被用作抗盐碱树种。《赈纪》载："庆云东北二乡，最为荒碱，度其土宜，分植榆、柳、枣、杏，官为采购枝条，视无地及地少而瘠薄者给种。"⑥ 由官府采购榆、柳、枣、杏，再分与灾民在荒碱地上种植。靳娟⑦

---

① 丁宝桢：《丁文诚公奏稿》卷十二《沿海种树片》，页13，清光绪十九年刻光绪二十五年补刻本。
② 桂超万：《惇裕堂文集》卷二《复陈登之司马书》，页16，清同治五年刻惇裕堂全集本。
③ 清乾隆十二年奉敕撰：《钦定大清会典则例》卷三十五《户部·田赋二》，台北：商务印书馆，《景印文渊阁四库全书》（第621册），1986年，第103页。
④ 周震荣修，章学诚纂：《永清县志》第十《户书第二》，页75，清乾隆四十四年刻本。
⑤ 清乾隆十二年奉敕撰《钦定大清会典则例》卷三十五《户部·田赋二》，第103页。
⑥ 方观承辑：《赈纪》卷四《展赈·院奏覆赈恤庆监偏灾摺》，页66，清乾隆刻本。
⑦ 靳娟、鲁晓燕等：《果树耐盐性研究进展》，《园艺学报》2014年第9期，第30–31页。

和李秀芬[1]的研究表明，枣树和杏树都能在盐碱地上生长，但杏树的耐盐性稍弱。

总之，清代豫东地区常见抗盐碱树种有柳、榆、杨、枣、杏树等。需说明一点，现代治理盐碱地所推荐树种是针对柳属和杨属中的若干种，很难说古人种植抗盐碱的树种就完全和今天一样，加之史料琐碎，古人的分类又与今人不尽相同，我们只能从总体上作一简要论述。

除了种植耐盐碱的树种，清人还通过种植草本植物来治理盐碱地，如乾隆《扶沟县志》提到种苜蓿。苜蓿耐盐碱，常作为改良盐碱地的植物。此外，稗草也是一种抗盐碱植物。在《泽农要录》中提到在盐碱土壤上种植水稻时可先种稗，待土壤肥力提升再种稻。还有豌豆，《殊域周咨录》载："城北大山西、南、东皆平旷地，多碱卤，宜种麦、豌豆，农耕亦用粪壤。"[2]其实豆科植物有不少都可以改良盐碱地。豆科植物可通过根瘤菌固定空气中的氮元素，植株死亡后腐烂分解成为肥料能为土壤提供氮肥，从而提高土壤肥力。比如《救荒简易书》就提到一种小子黑豆适宜在盐碱地上种植。《救荒简易书》："滑县老农及长垣县老农、祥符县老农皆曰淤地宜种豆。又曰小子黑豆宜种碱地兼宜种下凹地。"[3]《救荒简易书》是晚晴时期一部重要的救荒类农书，书中有专门讲述在盐碱地上种植的农作物。现将内容摘录如表 6–4。

表 6–4 《救荒简易书》中碱地宜种植物名录

《救荒简易书》中的分类	植物名称
麦类	碱麦、臭麦、大麦
谷类	黑子谷、红子谷（赤粱粟）、白子谷（白粱粟）、薏苡谷、踵子谷
高粱	黑子高粱、红子高粱、白子高粱
黍类	黑子黍（秬、秠）、白子黍（赤黍、丹黍）、红子黍
稷类	黑子稷、白子稷、红子稷、黄子稷
豆类	小子黑豆
菜类	红色胡萝卜、黄色胡萝卜、莙荙菜、冬葵菜、扫帚菜、尖叶苋、圆叶苋、罂粟苗、红花苗、黑皮南瓜

① 李秀芬、朱金兆等：《黄河三角洲地区 14 个树种抗盐性对比分析》，《上海农业学报》2013 年第 5 期，第 30 页。

② 严从简：《殊域周咨录》卷十二《西戎》，页 5，明万历刻本。

③ 郭云升：《救荒简易书》卷一《救荒月令 · 三月》，页 6，清光绪二十二年郭氏刻本。

表中部分作物附有郭云升按语，其称谓可在农书类中检索。薏苡穀即薏苡，罂粟苗即罂粟的幼苗。莙荙、冬葵、苋等也皆可在农书、医书类古籍中见到。唯有碱麦、蹱子谷仅见于《救荒简易书》，且郭云升未有名物注解。

碱麦，杨延明等通过选取小麦的两个品种（商丘碱麦和济源 728）考察了小麦幼苗对盐渍胁迫的生理反应，认为“商丘碱麦比济源728抗盐力强”[①]。又《抗灾稳收作物品种介绍》一书中称：“红碱麦是我省京广铁路以东，沿黄河两岸盐碱地区所种植的农家品种。主要分布在开封、杞县、商丘、虞城、夏邑……是普通小麦的一个变种。”[②]可知，碱麦是当地人对一种抗盐碱小麦的称呼。另《救荒简易书》云：“碱麦宜种，碱地解。碱麦出黄河北岸黄陵集、巨岗集、刘广集等村，其性耐碱，宜种碱地。”[③]那么郭氏所谓产麦地是否和现代所述的地区吻合呢？《肇域志》：“朱仙镇集在城南四十五里，宋岳飞败金人处……黄陵集在城北七十里。”[④]黄陵集在今封丘县黄陵镇一带，合于《肇域志》地望。由此可判明，郭云升所谓“碱麦”是当地培育出的一种耐盐碱的小麦品种，其名得来由此。

蹱子谷，《救荒简易书》曰：“山东老农曰蹱子谷出莱州府黄县、潍县海岸，性甚耐碱，虽极重之碱地种蹱子谷亦能收。”查方志“土产”无录此物，据其生于海岸、盐碱耐受力极强，疑其或为碱蓬。

臭麦，郭云升说它“出滑县、浚县及长垣县等处。其在野也，六畜不敢食其苗，其入仓百日乃敢食其粟，故以臭字名之”。《淮海英灵集》：“秋风裁剪臭麦一区，饥鸡弗愿。甜瓜五色美于甘瓠，结草为菴……荞花锦互三豆”[⑤]。注曰：“范有臭麦，成熟后则不臭”。《范县诗》中的“荞花”为荞麦的花。荞麦是蓼科荞麦属的双子叶植物，具有较强的适应性，对温度、光照、水分、土壤、肥料等条件要求不严格，即使在土地贫瘠、耕作粗放的情况下，或多或少也能获得一定收获。[⑥]可见，荞麦不是麦类，那么“臭麦”与荞麦有何联系呢？依郭氏所说臭麦“六畜不敢食其苗”，这个特点荞麦倒有符合之处。杨明泰说：“荞麦为一年生草本植物，分布于全国各地，其干燥

① 杨延明、芦翠乔等：《小麦幼苗对盐渍胁迫的生理反应研究》，《河南科学》1986 年第 Z1 期，第 145 页。
② 河南省农业厅种子局编：《抗灾稳收作物品种介绍》，郑州：河南人民出版社，1964 年，第 9 页。
③ 郭云升：《救荒简易书》卷二《救荒土宜・碱地》，页 2，清光绪二十二年郭氏刻本。
④ 顾炎武：《肇域志》卷一十七，页 16，清抄本。
⑤ 阮元辑：《淮海英灵集》（丙集）卷四《范县诗》，页 4，清嘉庆三年小琅嬛仙馆刻本。
⑥ 陆大彪、王天云等：《荞麦》，北京：科学普及出版社，1986 年，第 5 页。

的叶、茎、果实均可粉糠作猪饲料，虽说可引起过敏反应，在临床上还未碰到过，而由其嫩苗引起的猪中毒性荨麻疹（感光过敏）时有发生。”[①]还有一些兽医学者对猪因食用嫩荞麦苗引发中毒也有过研究。[②]

“臭麦”并不是其散发有臭味，而是因六畜不能食其嫩苗得名。现代兽医临床经验也表明，猪会因食用嫩荞麦苗引发中毒症状。虽然未能找到其他五畜也有类似症状，但从有限的史料来看，荞麦作为郭云升所谓的“臭麦”可能性是最大的。

荞麦，早在《齐民要术·杂说》就有论述，[③]不过并未提及“六畜不敢食”，以后的农书也鲜少提到。回顾荞麦的栽培历史，可谓久远，但荞麦嫩苗的这一特性却不为人知。很大一部分原因在于荞麦并非是主要栽培植物；且荞麦亩产较低，多用来作为辅粮或救荒之用。另外，据杨明泰、高恩长等所述，出现不良反应的动物主要是白猪，黑猪也有，但没白猪案例高，这些情况说明普遍性并不明显。郭云升据地方老农的经验总结，很可能只是反映了局部地区的这种情况，其间或有夸大、讹传。

在现代部分麦田耕作专著中，也有视荞麦为杂草的，[④]如野生的苦荞麦是荞麦的一种。当然，上述推论是在联系名物称谓的古今之别及结合该物的主要特征所做的释疑，或有不当之处。

另，表 6–4 中的“扫帚菜”也是一种地方俗名。光绪《重修天津府志》载：“扫帚菜，按沧州志见菜属，南皮县志见草属，云即地肤。又于药属出地肤子，云即扫帚菜子。”[⑤]地肤在车晋滇书中也是一种麦田杂草，须知，说它是杂草无非因为它威胁到麦子的产量，并非是从其使用价值来说。

---

① 杨明泰：《荞麦苗引起猪中毒性荨麻疹的诊疗》，《畜牧兽医科技信息》2008 年第 1 期，第 28 页。

② 高恩长：《生喂荞麦苗引起仔猪中毒》，《畜牧与兽医》1982 年第 4 期，第 173–175 页；强明哲：《猪荞麦苗中毒的综合防治》，《中兽医学杂志》2011 年第 1 期，第 56 页。

③ 贾思勰著，石声汉译注，石定枎、谭光万补注：《齐民要术》，北京：中华书局，2015 年，第 28 页。

④ 车晋滇编著：《53 种麦田杂草识别与防除技术》，北京：中国农业出版社，2000 年，第 13–14 页。

⑤ 沈家本、荣铨修，徐宗亮、蔡启盛纂：《重修天津府志》卷二十六《舆地八·风俗物产》，页 13，清光绪二十五年刻本。

又据现代盐碱土壤改良的相关研究，[①] 除上述植物，主要还有稗草、毛茸子、马蔺、草木樨、芦苇、田菁等。查阅方志，相互比对，可以看出，豫东地区开封、归德和陈州三府境内的耐盐碱植物种类大致相同。另据《物产志》相关记载，在陈州府和归德府还有蓖麻分布，陈州府还有罂粟种植。蓖麻也是一种适应性较强的植物，具有一定的抗盐碱能力。

还要指出，上述植物中如地肤、稗、芦苇、田菁等并非是人为种植的作物，更多时候是野生的田间杂草，由于其适应盐碱土壤，所以在当地常见。至于表 6–4 中耐盐碱的麦、谷、稷、高粱包括豆类等品种是人类栽培的结果。人类选育适宜盐碱地生长的农作物包括对品种的改良和认识，这个过程有着漫长的历史。

三、小结

综上所述，有清一代，豫东地区的古人采用了种种举措对盐碱地开展治理和利用。就治理来说，与今日所用方法相比，涵盖了常用的物理、化学和生物方法。

物理方法中，清人主要通过大修水利工程来冲盐洗盐。深耕土壤也是常见可行的方法。从史料记载来看，水利工程对盐碱地的治理效果并不理想。受黄河泛滥和社会经济疲敝的影响，当水利工程淤废时，不仅灌溉农田的效果减弱，且地下水位抬高而引发次生盐碱化。

化学方法中，主要通过有机肥提高土壤肥力来改良盐碱地。随着西学东渐，清后期，有识之士逐渐掌握了用现代科学方法治理盐碱地的相关知识并著书立说。如陈恢吾《农学纂要》、刘岳云《格物中法》所记的用石膏治理盐碱地。随着实践和认识的深入，此法传入河南，在方志和农书中也有相关记载。

生物方法中，主要是植树造林和种植耐盐碱植物。如在行道和堤坝上种

---

① 主要参考下列书目：山东省水利科学研究所编：《盐碱地改良》，济南：山东科学技术出版社，1979 年，第 87–92 页；李学曾：《陕西盐碱地改良》，西安：陕西科学技术出版社，1981 年，第 95–132 页；李守明：《盐碱地改良与利用》，呼和浩特：内蒙古人民出版社，1985 年，第 66–68 页。三书中关于绿肥改良盐碱土壤的常用植物基本类同，因为研究的是清代，所以下文中剔除了像柽麻、法国菠菜等后来培育出的改良品种和国外引进品种。有些植物如柽麻，俗名“太阳麻、印度麻”，虽很早在我国南方地区有分布和栽培，但其传入北方地区较晚，详见：河南省农林科学院土壤肥料研究所编：《柽麻》，郑州：河南人民出版社，1978 年，第 1 页。

柳树，在地方志《物产》卷中常见其他如榆树、胡杨、槐树、苹果、桃树、李树、梨树、枣树等抗旱耐盐碱树种。种植耐盐碱植物，除了因地制宜种植适应盐碱地生存的五谷外，还培育出了一些地方品种，如碱麦等。

值得注意的是，尽管《泽农要录》指出用稗子可改良盐碱地，然后再在改良后的土地上种稻，但是大面积种稻往往容易破坏水盐平衡，抬高地下水位并引发稻田周围次生盐碱化。[①] 原因在于种植水稻需要大量灌溉水，潜水位抬高较快，而豫东平原土壤的透水性差，地下水下渗缓慢。如此地下水位居高不下，自然土壤盐渍化难以避免。所以，一定要保障稻田排水通畅，防止周围地下水位的抬高。

此外，本区人们还引种了一些外来植物，如苜蓿、胡萝卜、蓖麻、罂粟等。可以说，清人所用于治理和改良盐碱地的常用方法与今日大同小异，只不过在某些具体措施上因未能完全掌握其中的自然规律和科学认识，影响了盐碱地治理工作的效率和结果。尽管如此，很多行之有效的方法也为后世提供了宝贵的参考经验。

① 魏克循主编:《河南土壤地理》，郑州：河南科学技术出版社，1995 年，第 453 页。

第七章
清代豫东地区的盐碱地治理工作对当下的启示

清代豫东地区对盐碱地开展了长期的治理工作，也取得了不少成效。当然，限于时代的局限，也留给后代一些足以警醒的教训。结合现代的盐碱地治理工作，通过古今对比，可以从中归纳和总结出一些有益的启示。

第一节　清代豫东盐碱地治理思想的转变

豫东考察盐碱地治理思想的转变可管窥当时全局之一斑。盐碱土属于土壤的一种，是一种肥力低下的土壤。在现代科学中，土壤盐渍化是一种地质灾害。然而，纵观史籍，古人在很长的历史时期内并没有把土壤盐碱化视为一种灾害。相比我国悠长的农业耕作史，不能不说是一个值得思考的问题。

一、历史时期对土壤盐碱化的认识

如前文所述，我国古人很早就对土壤盐碱化有了认识。《禹贡》《管子·地员》《周礼》《吕氏春秋》等古籍中都有土壤分类的知识。之后的《史记》《汉书》，包括《说文解字》中关于盐、卤等字义的剖解都可看出，古人已经认识到土壤盐碱化的实质是土壤中的盐分富集过多。应该说，这种认识是科学的，与国外同期相比是要领先很多的。但是为什么古人并没有把土壤盐碱化作为一种灾害来看待呢?

灾害，按现代定义是指能够对人类和人类赖以生存的环境造成破坏性影响的事物总称，通常包括一切对自然生态环境、人类社会的物质和精神文明建设，尤其是人们的生命财产等造成危害的天然事件和社会事件。

《说文解字》载："烖，天火曰烖……灾，或从宀火。"[①] 段玉裁注曰："《左传》曰，人火之也。凡火，人火曰火，天火曰災。按经多言災，惟此言火耳。引申为凡害之称。"[②]按段氏之说，灾的最初本义是指自然发生的火灾。因"灾"发而生害，故"灾害"一词渐有焉。

甲骨文中的"灾"字有三源。《古文字类编》[③]《甲骨文合集》36378中的"灾"作波浪的水形，后世演化为"災"。作火灾的"灾"字，甲骨文的象形为房屋内有火。[④]另有作兵灾的"灾"字，甲骨文"从戈上发形，会斩首意"。[⑤]在《甲骨文合集》6570、28341条中均表此意。按照今人研究，许慎与段玉裁之说皆有修正之必要。

"灾"字多源，盖古人记事最初用一字指示一事也。从"灾"的造字可见，商代先民对灾害的分类很细。后世的火灾、水灾和兵灾在字形演化中逐渐以"灾"字为主体。"災""烖"多作"灾"的异体字在特指水灾、兵灾的情况下出现。

自《汉书·五行志》以来，历代典籍记载的灾害对象主要囊括了水、旱、涝、蝗、兵、疫及异常天文地质现象，而对土壤灾害基本上没有记载。也就是说，在古代人们确实没有把土壤盐碱化视作灾害。

其原因，笔者认为主要有两点：一是在北宋以前黄河流域的盐碱土面积并不大，虽然有一些记载，如西门豹治邺引漳河以治卤，但相对于总体来说，面积不大，故而危害甚小达不到引起普遍重视的程度。关于这一点，笔者的论述已有充分分析，不再赘述。二是受我国传统农学思想的制约，古人对土壤肥力与农作物生长关系的机理缺乏科学认知。一直到清代晚期，随着西学东渐的浪潮，土壤的构成、土壤矿物质养料和作物生长的生物、化学知识传入中国后，国人才有了盐碱危害作物生长的认识。

秦汉以来，自《氾胜之书》《四民月令》《齐民要术》等农书的发展，关于土壤分类、土地利用、中耕技术、施肥灌溉等农业思想和技术的阐述不断推陈出新，达到一个个新高度。但是，农学作为科学，它势必要受到哲学的引导和制约。古代的农学思想虽然既充满了朴素的辩证唯物主义，又受到传

---

① 许慎:《说文解字》，北京：中华书局，1963年，第209页上栏。
② 段玉裁注:《说文解字注》，上海：上海古籍出版社，1981年，第484页。
③ 高明:《古文字类编》，北京：中华书局，1986年，第481页。
④ 徐无闻:《甲金篆隶大字典》，成都：四川辞书出版社，1991年，第697页。
⑤ 李学勤编:《字源》，天津：天津古籍出版社，2012年，第896页。

统文化的影响，比如关于天时、地利、人和的“三才”理论，土宜论和土脉论等，但是科学的体系一直没有建立。多为生产实践中所得出的经验性认识，缺乏科学的理论总结。

“三才”之说前文有述。土宜论较具体，是我国古代关于土壤因地制宜的理论指导。如《淮南子·地形训》载：“东方川谷之所注……其地宜麦……南方阳气之所积……其地宜稻……西方高土……其地宜黍……北方幽暗不明……其地宜菽。”①《淮南子·主术训》也有类似表达。此外，还见于王充的《论衡》。《论衡·量知篇》云：“地性生草，山性生木。如地种葵韭，山树枣栗，名曰美园茂林，不复与一恒地。”②此外，早期的道教典籍《太平经》里也有类似阐述。《太平经》载：“天地之性，万物各自有宜。当任其所长，所能为，所不能为者，不可强也……五土各取其所宜……则万物不得成，竟其天年。”③

《齐民要术》进一步发展了“土宜论”的农学思想。指出因土种植，土宜与物宜相结合。“如去城郭近，务须多种苽、菜、茄子等”。④“肥硗高下，各因其宜。丘、陵、阪、险，不生五谷者，树以竹、木”。⑤诸如此种表述在《齐民要求》中多有记载。贾思勰的土宜论将作物和土壤相和，代表了南北朝时期农学思想的高峰。

土脉论是把土壤视为有气脉的有机体，也是我国一个传统的土壤理论。在《氾胜之书》中提到的“地气”“和土”等都强调调和土壤的湿润、松紧程度，以使地气顺畅，达到“和气”的程度。

但无论是土宜论还是土脉论，由于受传统哲学思想的束缚，主要是阴阳五行思想的限制，其中含有不少的主观唯心主义色彩。阴阳五行动辄讲五土、五色，阴阳相和，使得农学思想也充满了神秘主义。在此情况下，对土宜和物宜如何相结合的机理缺乏探究，多是用经验性的实践来作为理论指导。故而对土壤盐碱化危害土壤肥力的认识不深入。

东汉的王充在地脉论的基础上结合他自身的辩证唯物主义思想提出了土壤肥力的可变性。“不复与一恒地”明确指明土壤肥力并不是一成不变的，可

① 赵宗乙：《淮南子译注》，哈尔滨：黑龙江人民出版社，2003年，第210页。
② 王充：《论衡》，台北：商务印书馆，《景印文渊阁四库全书》（第862册），1986年，第152页。
③ 王明：《太平经合校》，北京：中华书局，1960年，第203页。
④ 石声汉译注，石定枎等补注：《齐民要术》，北京：中华书局，2015年，第31页。
⑤ 石声汉译注，石定枎等补注：《齐民要术》，第102页。

高可低，是变化的。这与《吕氏春秋》是前后承继的，正如《吕氏春秋·任地》有云："地可使肥，亦可使棘。"[①]不过，这种充满辩证唯物主义的农学思想在古代熠熠生辉是因为它并不占据主导思想。在"天人感应""阴阳五行"思想的盛行下，并未能进一步推动农学思想走向现代土壤科学的道路。

另外，渗入农学思想的天命观也深刻影响了古人对土壤盐碱为害的认知。天命观的形成很早，在远古时代，在古人的意识中，自然界对于人类而言充满神秘色彩，他们把自然界中的某种现象解读为上天的某种启示，并产生了特定的精神信仰，这种精神信仰有原始宗教的意味。在宗教中，各种自然现象对应着各种神灵，如自然神、祖先神、鬼神等。

神灵是人的创造，神性则是人的特性的异化。人总是按照自身的属性和特征去构造神灵的神性，一般也是按照人自己支配和操纵自然世界和人间生活的可能需要，去设想神灵所拥有的职能。因此对于人所能支配和操纵的事物，往往认为它们是服从于人的意志和命令。把这种情况移植到宗教世界，就把人的意志和命令异化为所谓神意或天命，认为自然世界和人间生活是按照这种神意和天命，服从于神灵的支配和操纵，于是形成了天命观。

天命观到周代出现重大变革。"天命靡常""敬天保民"观念的提出，意味着周人抛弃殷人信赖天命以为生的观念，转向寻求明德受命。殷商命定之天向周人道德之天的转变，理性精神亦随之出现，继而得以发扬光大，从此成为传统文化的正统。周人天命观的变革，在文化、政治史上具有划时代意义，它深刻影响了社会结构和国家政治，对灾害治理同样也有思想和行动纲领上的指导意义。

"天命"一词见于最早的青铜铭文是何尊。何尊是西周早期一个名叫何的西周宗室贵族所做的祭器。上有铭文，"昔在尔考公氏，克弼文王，肆文王受大命，唯武王既克大邑商"。[②]铭文中的"大命"即天命。武王克商后，祭告上天，此事也载于《尚书》。《尚书·多士》有："有命曰割殷。告敕于帝。"[③]《多士》篇讲述了商代夏，周克商是尊天命。商不再被天帝所护佑，而周代商是惟天命、显民祇。何尊铭文反映出周人强调自己取得政权合于天意，具有绝对的正当性。

---

① 张双棣等译注：《吕氏春秋译注》，长春：吉林文史出版社，1987年，第923页。

② 中国社会科学院考古研究所编：《殷周金文集成》（修订增补本），北京：中华书局，2007年，第3704页。

③ 阮元校刻：《十三经注疏·尚书正义》，北京：中华书局，1980年，第220页。

周人建国后，文王或武王受“天命”（大令）的说法不断被加深、巩固，但凡忆及周人代殷，或祖述先王之德，类似的说法比比皆是。如大盂鼎铭文载：“丕显文王，受天有大令（命）”[①]。𤼈钟铭文有：“曰古文王，初盭龢于政，上帝降懿德大甹，匍有四方”[②]。文王或武王因天命得位的观念在青铜铭文中屡屡可见，成为周王朝立国宣扬的宗旨。周人的天命观深刻影响了古人对灾害的思想认识。

在远古时期，人类社会就开始受到自然灾害的侵扰。长期的生活实践使人们意识到灾害的恐怖，尤其是水、旱、洪涝等天灾。由于社会生产力水平低下，科技手段落后，人类无力克服这些灾害。一旦灾害降临，只能逃避，譬如商代前期不断迁徙，或者采用禳祭等方式应对灾害。如商汤初年遇到大旱，商汤祷于桑林，以求上天消弭灾害。

这种对灾害的思想认识延续了很长时间，至少在西周前人们都认为灾害的发生是“天毒降灾荒”[③]“天降丧乱，饥馑荐臻”[④]。当时人们认为灾害的发生主要是由神灵等超自然力量引发的。而到了西周，人们对灾害发生的原因有了认识上的深入，除了仍迷信神灵外，开始把灾害归咎于政治上的失德。如《尚书·微子》说天降灾荒于纣王，乃因商纣及其贵族沉湎于酗酒。酗酒失德，这就使灾害与德政联系起来。再如周幽王时期“三川皆震”，包括郑玄在内的学者都把幽王失政作为灾害发生的原因。

正是从西周开始，灾害治理思想相比以往体现出积极主动的一面。在灾害治理的制度上，出现了国家专职制度。职权更加分明，职责更加细致。在防治火灾、水灾时，上至国都下至乡间都有相应的人员负责，分工更加明细。政治制度上的完善体现了国家在灾害治理上高度重视。周王朝的统治者们当然不希望他们抨击的商王失德失政事件也发生在自己身上。

经周人革新的天命观更加强调人的主观能动性。在这种思想的影响下，除了那些人力无法抗拒的灾害，如洪涝、干旱、火灾、蝗灾、疾疫包括战争，像土壤盐碱化这种灾害因当时面积小、危害不大而未受重视。加之古时人口密度较小，盐碱地的开发利用也不多，所以古人长期不把盐碱地视为一

---

① 中国社会科学院考古研究所编：《殷周金文集成》（修订增补本），北京：中华书局，2007年，第1517页。

② 中国社会科学院考古研究所编：《殷周金文集成》（修订增补本），第297页。

③ 阮元校刻：《十三经注疏·尚书正义》，北京：中华书局，1980年，第177页。

④ 阮元校刻：《十三经注疏·毛诗正义》，北京：中华书局，1980年，第561页。

种灾害。史起治邺的例子说明了古人了解土壤盐碱化会影响土壤肥力，也说明古人认为盐碱地是可以治理的。出于这种认识，人们自然不会认为盐碱地是一种农业灾害。但这种情况在宋以后逐渐发生了转变。

二、辩证看待“地力常新壮”

宋元时期，随着农业生产的进一步发展，中国人口也迎来一次高速增长。人口的增加不仅仅是农业发展的体现，同时它也对农业带来了极大压力。“宋代人口增长迅速、分布不均，土地兼并严重，使人口与土地矛盾突出”。[①] 人口增多导致人多地少的局面，因而向山林、湖泊开辟新土地趋之若鹜。

“靖康之变”后，大批北方士人南迁，“虽然这一时期土地的垦辟数量也在增加，但因其增长速度不及人口过快的增长速度，因此不可避免地出现了人多地少的矛盾”[②]。江南地区的土地开发一时压力大增。土地有贫瘠肥沃之分，人们都想挑肥捡腴，大片贫瘠之地的开发利用成了问题。另外，古人发现“地久耕则耗”，就有人弃耕。如此，地少人多、生存压力的矛盾格外突出。

在此情景下，南宋陈旉撰《农书》提出“地力常新壮”之说，认为“地久耕则耗”并不是不能克服的，“先王之制如此，非独以谓土敝则草木不长，气衰而生物不遂也”。[③] 他认为采用粪肥、沃土可改良土壤肥力，“土化之法，以物地相宜而为之。种别土之等差而用粪治……凡田土种三五年，其力已乏，斯说殆不然也，是未深思也。若能时加新沃之土壤，以粪治之，则益精熟肥美，其力当常新壮矣。抑何敝何衰之有？”[④]

陈旉的农学思想具有重大的时代意义，“中国传统农业在精耕细作、地力常新、多种经营、生态平衡等方面创造了举世瞩目的辉煌，其中地力常新

---

① 方宝璋：《宋代解决人口与土地矛盾思想研究》，《山西财经大学学报》2009年第2期，第13页。

② 张俊飞：《两宋时期的人地矛盾及解决方式探讨》，《江苏教育学院学报（社会科学）》2012年第3期，第60页。

③ 陈旉：《农书》卷上《财力之宜篇》，台北：商务印书馆，《景印文渊阁四库全书》（第730册），1986年，第173页。

④ 陈旉：《农书》卷上《粪田之宜篇》，第177页。

论是中国传统农学中最辉煌的思想之一。”[①]“这一思想的提出不仅体现着农学家的智慧和人与地相互促进的农业哲学思想，而且反映着古人对所耕种的土地具有的呵护和挚爱之情……古人并未超越土壤生态的要求，而是以符合土壤生态循环的方式为其施肥，使多年耕种的土壤能够长久保持常新，从而将人类生存所依赖的农业土壤带入良性生态循环之中”。[②]

“地力常新壮”强调发挥人的主观能动性，通过施肥、新加沃土以改良土壤，从而保持地力常新，深刻影响了我国古代农学思想的发展。诚如阎莉等人所说，这一思想并未超越土壤生态的要求，实际上反映的是在客观条件的制约下最大化的改良土壤。这对于南方地区或者全国范围的土地利用来说，是非常值得提倡的。但对于南宋以来北方地区尤其是黄河流域日益恶化的生态环境以及土壤生态来说，有必要辩证看待。

南宋建炎二年（1128），东京留守杜充掘河以阻金兵，此举使得黄河夺淮入海，从此黄河的河道南迁。随着战争对北方地区的破坏，黄河流域的森林植被等生态环境也不复往日。早在隋唐之时，包括战争在内的人类活动对森林的砍伐已使得黄河流域的森林储量大幅减少。林鸿荣概述了隋唐时期关内、河南、河东道、陇右道、河北道的森林状况，指出唐代北方森林面积进一步缩小，不少林区残败，又兼自然恢复力弱，相应的生态后果接踵而至。[③]昔日膏壤沃野千里之地，变成水土流失、土质明显恶化的土地。陕州、同州、华州等地出现了“地瘠民贫”的现象。

到宋代，林木资源的锐减更加严重。战争是砍伐森林的一个重要原因。史载契丹军队“沿途民居园囿桑柘，必夷伐焚荡……必先砍伐园林，然后驱掠老幼，运土木填壕堑……又与本国州县起汉人乡兵万人，随军专伐园林，填道路。御寨及诸营垒，唯用桑柘梨栗。军退，纵火焚之”。[④]战争往往坚壁清野，对沿途林木的破坏非常严重。除战争外，宋代由于人地矛盾加剧，出现与山争地、与水争地、与海争地态势，其中对山田的开发，使得大片绿色森林在版图上消失。[⑤]

---

① 卢可燕等：《地力常新思想对农业现代化发展的影响》，《现代农业科技》2021 年第 2 期，第 222 页。

② 阎莉等：《中国传统农业的“地力常新壮”思想探析》，《农村经济与科技》2020 年第 15 期，第 4 页。

③ 林鸿荣：《隋唐五代森林述略》，《农业考古》1995 年第 1 期，第 218–222 页。

④ 脱脱等撰：《辽史》卷三十四《兵卫制上》，北京：中华书局，1974 年，第 398–399 页。

⑤ 陈雍：《两宋时期森林破坏情况的历史考察》，《农业考古》2013 年第 1 期，第 210 页。

气候异常也是一个重要原因。按竺可桢的研究，12 世纪我国有一个较长的低温期，气温较现代平均温度下降 2℃左右[①]。这个低温期从 1110 年持续到 1196 年[②]。气候的冷干影响了森林植被的生长，由于水热条件的变化，森林分布收缩。总之，森林资源的破坏标志着黄河流域生态环境的明显恶化。

尤其是明清小冰期的到来，北方地区气候干旱化愈发严重，黄河流域如豫东地区出现的土地盐碱化也愈发严重。在此情况下，“地力常新壮”虽然仍被视为农学思想的主导，但是方志中随处可见的“地瘠民贫”也确实是不争的事实。

究其原因，盖黄河流域的生态环境走向恶化实乃气候系统、水文系统控制下的长尺度变化，而土壤生态受它们的控制和影响。土壤生态的平衡说到底是一种动态平衡，实际上也是在不断地变化。“地力常新壮”强调在客观条件下发挥人的主观能动使得土壤肥力保持常新，固然是积极的，可行的，但对于发生在豫东地区的土壤盐碱化来说，不是单凭施肥和新加沃土就可以起到立竿见影的效果的。

从中华人民共和国成立后治理盐碱的举措来看，豫东地区在大力降低地下水位的情况下才初步控制住了盐碱化的发展。而在古代社会，是没有那些技术和工程设备的。豫东的百姓们也是采用了种种治理盐碱土的方法。但从结果上看，实际收效并不明显，所以，从这个角度来说，我们要辩证看待“地力常新壮”思想。

三、盐碱治理思想的转变

黄河自五代后期以来，结束了此前安流的局面。北宋后，屡有决溢和泛滥。在黄河频繁泛滥之下，当时已有不少良田变为盐碱地。《宋史・地理志》载：“大名、澶渊、安阳、临洛、汲郡之地，颇杂斥卤，宜于畜牧。”[③]此时黄河河道尚未改迁，以史料所载，豫北、冀南地区有相当范围的盐碱地不宜耕作。黄河作为宋辽界河，“倚为藩卫”，临河两岸自然是“侵蚀民田、岁失边粟”。宋熙宁年间，盐碱地沿着黄河河道分布，范围广阔，“深、冀、沧、瀛

① 竺可桢：《中国近五千年来气候变迁的初步研究》，《中国科学》1973 年第 2 期，第 187 页。

② 满志敏：《黄淮海平原北宋至元中叶的气候冷暖状况》，《历史地理》1993 年第 11 辑，第 87 页。

③ 脱脱等撰：《宋史》卷八十六《地理志二》，北京：中华书局，1977 年，第 2131 页。

间，唯大河、滹沱、漳水所淤，方为美田，淤淀不至处，悉是斥卤，不可种艺。”①

从宋人的记载中，可知当时盐碱之害实为农业耕种之大害。斥卤之地，不可种艺。然当时盐碱地的分布主要是冀南和豫北，又分布地区处于宋辽前线的边区，战争频仍无暇顾及农业生产，故尚未引起国人的高度重视。

入明以来，随着大一统王朝的再度建立，恢复农业生产成为朝廷的头等大事，鼓励垦殖、拓荒是国之大政。面对北方地区的盐碱地，朝廷曾专门在塘沽实验改良方法。“臣窃见天津葛沽一带，咸谓此地从来斥卤，不耕种……或种薥豆或旱稻……据副总兵陈燮禀称，水稻约可收六千余石，薥豆可收四五千石。于是，地方军民始信闽浙治地之法可行于北海，而臣与各官益信斥卤可尽变为膏腴也。”②

这则史料说明了当时北人缺乏治理盐碱的对策，在盐碱地上种植的作物是借鉴闽浙一带的经验。从《农政全书》对地方水利的介绍来看，江南水利为当时朝廷下大力气的地方，故而江南的农业开垦获得了空前发展。再从社会经济史的发展来看，随着经济重心的南移，江南地区的社会经济在宋代已超越中原，农业经济的发展同样如此。江南地区的水利建设被朝廷格外重视，而黄河流域尤其是河南的农业经济虽说在明清时期有不同程度的恢复，但与此前相比已不复往日之辉煌。在这种情况下，北方地区对于盐碱治理缺乏经验是可以理解的，故而徐光启举例说明以闽浙之法治之。

细思之下，这一案例还有其他背景。我们知道，南方气候温热湿润，降雨充沛，土壤显酸性，地处内陆的土壤很少有盐碱地。徐光启所谓的“闽浙之法”实际上是沿海地区的人们在围海造田时对滨海土地采取的治理措施。南方地区围海造田，实则是因人口激增导致人地关系紧张的表现。

再从清代豫东地区35县的方志记载来看，地少人多、地瘠民贫的现象在乾隆朝之后愈发明显。结合人口史的研究，嘉道年间也是清代人口高速增长的时代。在土地集中、贫富分化日益剧烈的社会危机下，大批底层百姓只能仰赖盐碱地这种“下地”过活，可想而知，生存压力之大。即使是地主富户，也面临着盐碱地面积不断扩大的危害，所以方志中不乏编志者对土地盐

---

① 沈括：《梦溪笔谈》卷十二《权智》，台北：商务印书馆，《景印文渊阁四库全书》（第862册），1986年，第785页。

② 徐光启：《农政全书》卷八《农事·开垦》，台北：商务印书馆，《景印文渊阁四库全书》（第731册），1986年，第107页。

碱化的忧心忡忡。泽卤为害，治理盐碱成为编志者重视土壤垦殖的一方面。

但豫东的盐碱地形成有其特殊性，它是在长期黄河及其支流泛滥，区域水文系统紊乱的基础上形成的。水盐关系失衡已久，加之黄河治理尤为艰难，依靠传统治理盐碱的方法很难根治。说到底，豫东盐碱地与生态环境的失衡有莫大关系，它的治理需要从生态治理上入手，这是我们从历史中汲取的经验。

从豫东盐碱地的治理史来看，北宋以来，随着人口增殖，人地矛盾加剧，在黄河流域表现得尤为突出。此前不被人们视为灾害的盐碱地逐渐成为百姓重视的一种农业灾害，尤其是清代以来，地方志上不乏记载盐碱为害的记录，这个转变意味着盐碱地治理思想的改变，也折射出人类社会的生存压力之大。

第二节　盐碱治理治水先行

从整个盐碱地的发展史来看，本区域盐碱地的形成和扩大与区域水文系统的紊乱密切相关，而区域水文系统紊乱的主要原因是黄河泛滥。盐碱土也是在黄河历次泛滥交互沉积的母质上发育而成的，所以盐碱地的治理优先要治水，首要工作是治理黄河。

纵观历史，自王景治河后，黄河虽时有决口泛滥，但总体上安澜八百多年。此后，历唐末至南宋初，黄河南流夺淮入海，直至1855年铜瓦厢决口，再到近现代黄河稳定在新河道。历代河工为治黄绞尽脑汁，想尽对策。其中，王景和潘季驯的成就斐然，成为治黄史上的名人。他们的治黄方针，后人概括为“宽河滞沙”和“束水攻沙”。

潘季驯是提出束水攻沙治黄思想的第一人。“束水攻沙”也是清代河督们治黄所遵循的指导方针，然而从效果上看，“其实际效果看远远不如宽河分流滞沙的效果”。[①]束水攻沙只能作用于局部，只有当下游处处都束水攻沙，方能将泥沙送入大海。局部的束水攻沙会导致下游的泥沙淤积加剧，所以说只是解决一时之策，这也是清代以靳辅为代表的河督们所未想到的，也是清

① 王兆印、王春红：《束水攻沙还是宽河滞沙？治黄两千年之争，谁是谁非？》，《治黄科技信息》2013年第6期，第4页。

代河患屡治不宁的原因。直到民国时期，王化云复采用王景的治黄思路，明确提出“宽河滞沙”思想并作为治黄方针，此后黄河连续多年没有决溢，直至现在这仍是黄河治理的主导思想。

当然，这并不是说潘季驯、靳辅的治黄方针没有用。水利工作者根据实践提出，在实际工作中应多种方针配合，因地制宜，实现“宽河固堤”与“束水攻沙”治黄方略的有机统一。[①] 在现代科技条件下，特别是工程技术高速发展的今天，相信今后治黄工作必将取得进一步的突破。

联想到清代胡定所提的建议，可说是超越时代的创见，然限于当时的科学认识和工程技术水平，只能留下历史遗憾。应该看到，我们今天之所以能够做好盐碱地的治理工作，使盐碱地的面积不断减少，是建立在不断总结前人成功和失败的经验基础上的。

除了黄河，贾鲁河和涡河的治理同样重要，中华人民共和国成立后，立即展开了对贾鲁河和涡河的区域治理。自 1958 年起，在贾鲁河上游陆续修建了 35 座中、小型水库。当地群众在河滩修筑了生产堤、阻水桥、拦滩渠等设施，并沿河滩种植阻水树木，还专门成立了河道清淤机构。在持续不断的努力下，贾鲁河的水文得以好转。

1965 年，涡河开始进行系统治理。当地百姓重新开挖河道，比如 1951 年新挖了百邸沟。对河道做了截弯取直，比如 1965 ～ 1966 年将上惠贾渠和马家沟改漕入涡河河道。新建了涡河大寺闸枢纽工程、涡河涡阳闸等水利设施。经过治理，涡河及其支流的水文状况明显改善，流域内的防洪压力大为降低。

随着黄河及其主要支流的综合治理，豫东地区的洪水泛滥得到了极大改善。区域水文系统走向稳定有序，既有利于发展农业生产、农田水利的规划和建设，也有助于从源头上解决形成盐碱地的水文因素。

还应指出，在中国共产党的领导下，河南人民战天斗地，以焦裕禄同志为代表，在科学的规划和理念引导下，发扬“焦裕禄精神”，以极大的热情和斗志对流域内的盐碱地实施综合治理。多年过去，生态环境改善了，黄河不仅多年安澜且水质提高，淮河流域的农田水利又重新造福百姓，盐碱地的面积也不断缩减，经过改良后的盐碱地农作物产量大增，极大地促进了粮食

---

① 李文学、李勇：《论“宽河固堤”与“束水攻沙”治黄方略的有机统一》，《水利学报》2002 年第 10 期，第 96–101 页。

生产，改善了百姓生活。正是因为中国共产党的正确领导和人民群众的大力支持才使得盐碱地治理工作在短期内获得重大突破。

2021 年 10 月 8 日，中共中央、国务院印发了《黄河流域生态保护和高质量发展规划纲要》，从全局角度谋划了黄河流域的生态保护和发展要求，提出了“节水优先、空间均衡、系统治理、两手发力”的治水思路，从系统工程和全局角度寻求新的治理之道；把治理好黄河当作治国理政的大事来抓，站在人与自然和谐共生的战略高度，提出了“统筹山水林田湖草沙系统治理”“把水资源作为最大的刚性约束”“紧紧抓住水沙关系调节这个‘牛鼻子’”等一系列重大要求，指引黄河保护治理变革性实践，将人民治黄事业引入崭新境界。

当前，黄河下游标准化堤防全面建成，干流堤防全面达标，显著提升了防洪能力。通过强化水资源统一调度，实施用水总量和强度双控，黄河实现连续 22 年不断流。实施上中游水土流失区重点防治工程、国家水土保持重点建设工程等，持续开展退耕还林还草，加强小流域综合治理，强化人为水土流失监管，积极探索黄土高原小流域水土保持特色产业综合体建设，绿水青山与金山银山相融相生的格局加快形成，水土流失呈现面积强度“双下降”、水蚀风蚀“双减少”态势。黄河中下游的生态出现了根本性好转，黄河的水质也有提升。

党的十八大以来，黄河流域水土保持工作成效显著，入黄河泥沙大幅减少，生态环境持续向好，有力支撑了流域省份经济社会可持续发展，流域水资源保障能力进一步提升。据生态环境部自然生态保护司司长王志斌在 2023 年 4 月 27 日生态环境部举行的新闻发布会中介绍，黄河源头、黄河三角洲生物多样性稳步提升，如黄河三角洲自然保护区鸟类数量由建区时（1992 年）187 种增加到 371 种，生物多样性显著增加，黄河流域生态环境持续向好。黄河流域全面落实减煤、控车、抑尘、治源、禁燃、增绿等措施，协同推动黄河流域大气治理联防联控，黄河流域空气质量持续改善；2020 年，流域细颗粒物（PM2.5）浓度下降到 38 微克 / 立方米，较 2015 年降幅 25.5%；可吸入颗粒物（PM10）浓度下降到 69 微克 / 立方米，降幅 26.6%；优良天数比率提高 3.1%，重污染天数比率降低 1.6%。

黄河流域全面开展流域重点河湖污染防治行动，实施“一河一策”及不达标断面限期治理措施，实现黄河水环境质量综合提升。2020 年，黄河流域Ⅰ～Ⅲ类断面占比为 84.7%，相比 2016 年增加 25.6%。其中，黄河干流水质为优，主要支流水质由轻度污染改善为良好，Ⅰ～Ⅲ类断面占比为80.2%，相比2016年增加31.2%，劣Ⅴ类断面已实现全面消除。黄河流域严格执行相关行业企业布局选址要求，结合推进新型城镇化、产业结构调整和化解过剩产能等，有序搬迁或依法关闭对土壤造成严重污染的现有企业。累计完成近2800块地块土壤环境调查，对150多块地块开展土壤污染风险评估，土壤污染整治有序推进。在黄河流域的持续发展过程中，我们应当继续重建和恢复植被，减少土地的侵蚀和水土流失。通过大规模的植树造林、湿地保护等举措，逐渐恢复黄河流域的生态平衡，改善水资源状况。同时控制水土流失，通过引导农民采取可持续的农业种植方式，减少农草地的破坏，坚持人与自然和谐共生，实现共赢。

第三节　做好流域排水工作

对于豫东地区来说，通过上文对清人运用物理、化学和生物方法治理盐碱地的种种举措所做的总结和评价，可以看到清人在盐碱地治理工作上也做过积极努力和各种应对。但由于清后期盐碱地面积的不断扩大使得我们在总体评价清人的工作上所得的印象看起来不够深刻。事实上，清人治理盐碱地的一些不足与中华人民共和国成立后我们所走的一些弯路别无二致。不能过于苛求而厚此薄彼。我们今天用于治理和改良盐碱地的方法除了在物理、化学和生物方法上采用新技术、新材料，基本上沿用了清代的方法。

而我们之所以能够取得今天的成效，最主要两点是：①治理了在本区域盐碱地形成机制上发挥最大作用的黄河，使之不再频繁泛滥决溢。②针对盐碱地的成因做好了排水工作，以人工方式辅助改善区域水资源的大循环。这两点其实都和水有关。

水资源的大循环是通过大气降水、地表和地下径流、汇入海洋、蒸发升腾等环节完成。本区域盐碱地形成的本质是地下径流不通畅，多余的水分富集在土壤里排不走。所以，最根本解决盐碱地的途径是做好土壤排水工作。

排水方式一般有水平排水、垂直排水和生物排水三种。水平排水主要指明沟和地下暗管排水；垂直排水也叫竖井排水，把灌溉和排水相结合，又称井灌井排；生物排水即林带吸收蒸腾排水。[①]

明沟排水是建立一套地面排水系统，把地上、地下和土壤中多余的水排走，达到控制适宜的地下水位之目的。明沟排水不是新生事物，在我国有着悠久的历史。早在龙山文化时期，生活在河南淮阳的古人就有制作陶水管用于排水的设计。在淮阳平粮台古城遗址的南门路土下出土有陶排水管道。[②]我国古代的排水系统在城邑、住宅、园林、陵墓、佛像等建筑物中都有着先进的设计理念和技术。[③]尤其在人居环境上，都城的排水设计更能体现出古人遵守水循环自然规律的生态理念。[④]从平粮台古城到偃师商城再到齐临淄故城及其后的秦咸阳、唐长安、金中都和明清紫禁城，这些古城都有一套完备的排水系统，且越往后设计理念越完善。

除了城镇，在从事农业生产的农田中，古人很早也有排水系统的考量和设计。《周礼·地官·遂人》："凡治野，夫间有遂，遂上有径；十夫有沟，沟上有畛；百夫有洫，洫上有涂"。[⑤]郑玄注曰："遂，广深各二尺，沟倍之，洫倍沟"。许慎《说文解字》："沟，水渎。广四尺，深四尺。"[⑥]"径""畛"和"涂"都是道路。依许慎和郑玄之说，遂和径、沟和畛、洫和涂在高度上有落差，道路上的水流自然会顺着低处的水沟流走。遂、沟和洫发挥了排水沟的功用。从郑玄对遂、沟和洫的广深注释来看，遂、沟和洫的深度又各不相同，可知早在先秦时期古人在农田和道路间的排水设计已相当精妙。

再从农田耕作来看，战国时期的垄作法在两垄间有一条沟，这条沟的功用能把农田土壤中多余的水分排走。至西汉赵过推行代田法，垄沟互换。既

① 邹广荣、董冠群编著：《农田灌溉与排水》，北京：农业出版社，1982年，第87页。

② 曹桂岑：《淮阳平粮台龙山文化城址出土的陶甗和陶水管》，《华夏考古》1991年第2期，第112页。

③ 余蔚茗、李树平等：《中国古代排水系统初探》，《中国水利》2007年第4期，第51–53页。

④ 参见郑晓云：《古代中国的排水：历史智慧与经验》，《云南社会科学》2014年第6期，第161–164页；单霁翔：《故宫排水系统营造与维护中的"工匠精神"》，《北京规划建设》2017年第2期，第64–66页；陶克菲、赵惠芬等：《我国古代排水、排污设施的变化及发展》，《中国环境管理》2014年第2期，第32–35页；李贞子、车伍等：《我国古代城镇道路大排水系统分析及对现代的启示》，《中国给水排水》2015年第10期，第1–7页；陈晓敏：《漫谈中国古代城市排水设施》，《才智》2008年第20期，第30–32页。

⑤ 阮元校刻：《十三经注疏》，北京：中华书局，1980年，第740页。

⑥ 许慎：《说文解字》，北京：中华书局，1963年，第232页。

充分利用土壤肥力，又不浪费土地空间，同时还保有土壤排水的通道。[①]先民们的智慧让人赞叹。时至今日，我们在农村的田间地头也常见农田排水沟的设计。应该说，我国自古以来并不缺乏排水设计的理念，对排水的重视从城镇到乡村已渗入到百姓生活中的各个方面。不过，垄沟设计主要是为了抗旱保墒，兼具排水功能。在黄河经常漫溢的下游地区，一旦黄河决溢、泥沙淤积，土壤结构发生改变，其排水性能的实际效用就会大打折扣。

前文在总结清人建设水利工程之得失时，曾指出清人没有做好地下水的排水工作。从盐碱地的治理效果来看，确实如此。深刻剖析其原因，可以说，如果不是北宋之后黄河在本区域的肆意泛滥，使田地冲毁、沟渠淤废、区域水文系统紊乱、地表和地下水排水不畅，本区域的盐碱地不会增加得这么快。

20 世纪 60 年代以来，盐碱区采用了暗管排水、竖井排水等现代技术来降低地下水位。暗管排水是在地下埋藏石质、陶质或塑料管道来排除土壤多余水分，其特点是排得快，降得深。与明沟排水比较，具有工程量小、地面建筑少、土地利用率高等优点。缺点是一次性投资较大，施工技术要求高。暗管排水在许多国家都广泛采用，我国起步较晚，从 50 年代末开始试验研究，到 70 年代才组织系统研究和推广。[②]竖井排水是利用浅井用抽水泵抽取地下水，其优点是可以大面积降低地下水位，降低水位的效果显著，不易坍塌淤积。缺点是需要消耗能源，运行管理费用较高。从实践来看，正如魏克循所说，20 世纪 70 年代开封、商丘和周口地区大量建造机井、真空井，采用竖井排水方式迅速降低了大片区域内的地下水位，使得次生盐碱化得以减轻。

如上所述，地下水位通过人工干预的方式降低下来，而抽取出的地下水也通过人工干预实现了空间上的转移。整个过程并非是在自然状态下完成的，而是一种依靠人力辅助完成而不可持续发展的方式。区域土壤深层的地下径流仍然是一种不通畅的状态。

今后，应考虑发展新的工程技术来解决地下水排水问题。同时，也要注意因开采地下水带来的地面沉降问题。近年来，地下水位不断下降，并且随

---

① 韩同超：《汉代华北的耕作与环境：关于三杨庄遗址内农田垄作的探讨》，《中国历史地理论丛》2010 年第 1 辑，第 43 页。韩氏说“三杨庄遗址内农田开垦的垄沟极有可能是为了适应雨季排水的需要”，此说甚为合理。

② 严思诚编著：《农田地下排水》，北京：水利电力出版社，1986 年，第 24 页。

着入黄泥沙量的锐减，导致入黄泥沙填海速率与海水侵蚀速率之间的平衡被打破，海水倒灌导致湿地萎缩的同时，反过来也导致土壤盐渍化加剧。

总之，包括盐碱地在内的生态环境治理是一项系统工程，对黄河流域的生态修复要抓住主要矛盾和矛盾的主要方面，以重点突破带动全局工作提升，注重统筹兼顾，增强各项工作的系统性、整体性和协同性。从解决突出生态环境问题入手，在重点区域、重点领域、关键环节采取有力措施。同时，要从系统工程和全局角度寻求新的治理之道，必须要综合考虑各种因素，采取统筹稳妥的方案以取得成效。

第四节　重视生态效益和机构管理

对于盐碱地的治理，我们更要从利于区域生态发展的高度去思考问题。采用富有生态效益的治理方法不仅契合当下黄河流域高质量发展的需要，更是一条可持续发展的路子。

从豫东地区对盐碱地的治理经验来看，《河南通志》引潘季驯《河防一览》水工建设所提到的用客土置换旧土的方法可作为一种备选方案。鉴于黄泛区内的土壤在黄河泛滥带来的泥沙沉积影响下不利于地下径流的流通，可以运来其他地区的新土以置换旧土。不过，考虑到盐碱地面积广大，其成本不低，未必适宜大面积推广。

事实上，清代开封府、归德府和陈州府三府采用生物方法治理盐碱地的举措应该引起我们的高度重视，这对于我们治理残留的中、重度盐碱地有重要指导意义。联系前文绪论所提到的毛乌素沙地的治理经验，可知植树造林、种草对土壤腐殖质的重塑十分重要。当土壤腐殖质养分丰富时，土壤中的生物和微生物才会参与土壤的成土发育过程。长久持续下去必定会改善盐碱地的土壤状况，也能让区域生态走向良性发展。兴修水利也好，深翻土壤也罢，包括前文所述的用化学方法，只是一时改良了盐碱土壤，一旦黄河泛滥又或暴雨积涝，土壤复又返盐，治标不治本。而植树造林可以有效地促进地下水循环，是一种对症施药的解决方法。

结合清人所用的生物方法，可以在中牟、郑州、开封、兰考、杞县、通许等现在仍是盐碱地的中、重度盐碱区大力开展植树造林。其选育树种可参考表 6–3 所示。

兰考种植泡桐的经验可供借鉴。泡桐是泡桐科泡桐属植物，乔木高达10米以上。泡桐最适宜生长于排水良好、土层深厚、通气性好的沙壤土或沙砾土。泡桐的适应性较强，一般在酸性或碱性较强的土壤中，或在较瘠薄的低山、丘陵或平原地区也均能生长，但忌积水。兰考泡桐是豫东的特有种。1974年10月，河南泡桐选育协作组在兰考召开泡桐选育协作会，正式命名"兰考泡桐"。焦裕禄同志在兰考治理盐碱风沙地时，兰考泡桐发挥了很大作用。兰考泡桐大大改善了兰考的自然环境，环境的改善又促使农业全面增产增收，同时也带动了木材加工工业的发展，这样也促使地方经济有了改善。

此外，表6–4中的耐盐碱草本植物，也应该大力种植。需要注意的是，人工参与控制的农田生态系统相比自然生态系统在应对环境冲击和系统自身的稳定性上都有所欠缺，而且农作物需要灌溉，稍有不慎便会返盐，或许会加大盐碱地的治理难度。

对于诸如尉氏、洧川、鹿邑、夏邑、柘城、商水、西华等轻度盐碱区来说，当地发展农业应向节水农业和生态农业转变。改变以往的农田漫灌方式，推广喷灌、滴灌等更为集约的灌溉方式。同时在经济条件许可的情况下，做好暗管排水工作。

黄泛区盐碱地的治理需要重视的另一点是管理机构的独立和权责分明。本区域在清代雍乾时期出现过一个水利工程建设的高峰，当时也是河督权势最为炙热之时。随着河政体制在国家大政中的地位不断下降，地方水利工程也逐渐淤废。而本区域盐碱地的总面积也不断增加。区域盐碱地面积的增加与河务的衰败在清后期表现得非常明显。二者的关系虽非直接相关，但在发展上呈现同步性。该事件对我们今后治理盐碱地也有启示作用。

具体来说，应成立专门机构负责黄泛区的管理，其职权享有独立性，也便于统筹管理。避免出现如光绪《扶沟县志》所载的扶沟和鄢陵县以邻为壑、各自为政的事件。国外的一些经验也表明上述思考有其合理性。美国洪泛平原管理审查委员会多年的工作所存在的问题之一就是"部门与分工需要进一步明确、计划没有很好地协调"。[①]

周口黄泛区农场的建设和发展经验也值得借鉴。黄泛区农场地处周口市辖区，点状分布于西华和扶沟两县，与周围18个乡镇毗邻，是河南省唯一的省属大型国有农场。从1951年正式建设，历经多年发展，现已成为河南省

① 谭炳卿、沈承珠：《美国洪泛平原管理的新方向》，《灾害学》1996年第3期，第94页。

重要的粮种繁育推广基地、生猪养殖和出口基地、果蔬生产贮藏基地。[①] 近年来，农场积极向生态农业转变，不断探索传统农业的技术优势，提出种养结合农业的发展思路。[②] 在农场的管理上注重管理体制的改革，学习国外先进企业的管理模式，将发展农业产业化与实现农场的企业化相结合。在管理体制上强调大农场统筹小农场，强化农场的统一管理和服务职能，既坚持了标准化生产，又能解决小农场的增产增收问题。[③]

我国当前正大力推进城镇化，全国各地的城市建设如火如荼。值得引起重视的是，应严格控制对黄泛区盐碱荒地的土地利用。特别是一些地方政府和开发商不顾生态，将盐碱地开发为建筑用地。随着城市化进程的不断加快，黄河三角洲地区出现建设用地使用盐碱地的现象，盐渍土具有腐蚀性，对建筑物基础会产生一定危害。如何在发展经济和保护生态之间做好平衡值得思考。

盐碱荒地的开发利用，应把重建生态作为第一要务。当下，我国正在努力实现中华民族的伟大复兴，而河南也在努力实现预定目标。在国家倡导生态文明、走可持续发展道路的规划下，河南应走在时代前列。应结合河南厚重历史文化的特点，大力建设生态文明旅游区，在旅游区内突出历史文化特色。

生态是人类生存和发展的前提和基础，生态兴则文明兴，生态衰则文明衰。黄河文明衰落源自生态衰落，生态衰落源自人类行为的破坏力度超出生态系统的恢复力。黄河流域的历史和现实昭示，我们必须认识到人与自然是生命共同体的关系，采取有效措施协调处理好人与自然的关系，共同守护好这条珍贵的河流。黄河流域生命共同体的建设需要从多个角度进行考虑和实践，积极践行绿色发展理念，大力推动资源节约集约利用，加大生态系统保护力度，实施重大生态保护和修复工程，构建生态廊道和生物多样性保护网络，努力走出一条符合我国国情的生态优先、绿色发展之路，促进人与自然和谐共生。

总之，治理盐碱地不仅要做好治理盐碱区的地上和地下排水工作，还要根治盐碱土贫瘠的问题，并在以后的开发利用中切实把生态效益放在第一位

---

① 陈祥：《黄泛区农场如何发展现代农业》，《现代农业》2016 年第 7 期，第 47 页。

② 武涛、王自文：《黄泛区农场种养结合农业发展探析》，《中国农垦》2020 年第 8 期，第 39–41 页。

③ 陈彦亮：《强化农场统筹功能完善农业经营体制——黄泛区农场统筹家庭农场经营的实践及思考》，《中国农垦》2016 年第 5 期，第 35–36 页。

方能彻底解决问题。

当下的盐碱地治理已经取得了卓越成效，在豫东已得到严格控制，而且盐碱地面积也在不断下降，这在今后将是一个长期态势。那么豫东的盐碱地会不会因为治理而完全消失呢？

回顾前文，我们勾勒出了盐碱地的古今变化，受气候、水文和地貌等因素的影响，在人类社会未形成以前就有盐碱地。也就是说，即使我们时刻都在消减盐碱地，但它的形成机制在自然生态系统的控制下仍然会产生新的盐碱地。另外，本区域有一条中国境内长度第二的河流——黄河。人们为了灌溉和防洪，便在黄河两岸修筑了堤坝。一道道长堤将黄河锁在固定河道，但在堤坝两侧由于渗透和水盐运动，两岸也会形成盐碱地。所以，完全消灭盐碱地是不切实际的想法。也就是说，我们只能在人类活动的范围内力所能及地控制住盐碱地的发展态势。立足这样一种实际，纵览全局，关于盐碱地的未来发展，应做好宏观上的规划。

河南是我国重要的粮食产地，对于我国的粮食安全负有重大的战略意义，而豫东又是河南重要的粮仓。盐碱地作为耕地的后备储蓄，这决定了它的一个重要方向是转变为耕地资源。

另外，豫东地处冀鲁豫交界，地势平坦，交通发达。豫东的经济发展对于“中部崛起”意义重大。在当前的产业结构中，由于农业附加产值不高，获取利润的空间又受国内政策、国际局势等的影响，从事农业生产对于豫东的经济发展来说，能够提供的发展效益和提振区域经济是不够的。

在这种情况下，兼顾经济效益，又要考虑豫东的发展定位，必须在盐碱地的治理工作上做好统筹规划。以往的盐碱地治理工作在规划上略显粗糙，在实施上存在着“一窝蜂”“一刀切”的倾向。比如，一说到改良，往往是用同一种方法盲目地大面积推广。今后应该由专业农技人员遵照着区域规划采用不同的方法和方针进行治理工作，发挥因地制宜、因时制宜，针对不同情况给出相应的指导方案。在这个过程中，也应培养一批具有现代农业科技素养的人才去宣传和普及各种改良方法和技术。

以上是笔者结合自身认识，就当前盐碱地的治理和开发所提出的一些设想，希望能为本区域今后的发展提供有益参考。

第八章　环境史视角下的盐碱地与人类社会

豫东的盐碱地是环境变迁下的产物，关于它的形成、发展和治理，前文从微观视角已有论述。本章旨在从宏观视野阐释盐碱地与人类社会的互动关系，使宏观和微观相结合以期深入，也有方法论上的探讨和思考。

第一节　关于环境的认识和方法论的反思

环境（environment），不同的人们对环境的确切概念在认识上存在一定差别。通常，地理学家认为，环境是生物的栖息地，是直接和间接影响生物生存和发展的各种因素的总和；社会学家认为，环境是人类赖以生存的各种自然与社会因素；生态学家认为，环境既包含了自然环境（未被人类活动影响的天然环境），也包括人类作用于自然界后所产生的所谓“人化自然”以及人类自身的社会环境。他们从自身学科角度阐发对“环境”的认识，虽然略有不同，但无外乎自然环境和社会环境。

20世纪60年代以来，随着工业化的推进，全球化除了在人类社会经济层面上大为延伸，在环境领域也越来越引起世界的注意。首先，在美国以唐纳德·沃斯特、唐纳德·休斯、威廉·克劳农、约翰·麦克尼尔等环境史学者着重于对本国环境变化的研究，[①]其后这股风气逐渐影响到世界其他地区。环境史的发端正是在此背景下传入中国。以梅雪琴、王利华、满志敏、夏明方、王星光、侯甬坚、钞晓红、包茂红等学者为代表的中国环境史研究团体

① 上述学者们的代表性著作主要有：［美］唐纳德·沃斯特著，侯深译：《帝国之河水、干旱与美国西部的成长》，南京：译林出版社，2018年；［美］J. 唐纳德·休斯著，梅雪琴译：《什么是环境史》，北京：北京大学出版社，2008年；［美］威廉·克劳农著，鲁奇、赵欣华译：《土地的变迁——新英格兰的印第安人、殖民者和生态》，北京：中国环境科学出版社，2012年；［美］约翰·R. 麦克尼尔著，李芬芳译：《太阳底下的新鲜事——20世纪人与环境的全球互动》，北京：中信出版集团，2017年。

纷纷投入到这一领域开展了相关工作并颇有进展。

虽然已取得不少成果，但中国学界在关于环境史的定义、研究方法、学科归类等问题上仍有不少争议，毕竟它属于新生事物，有些关键的基础问题如果没有一定积淀必然会阻碍它的进一步发展。比较公认的是，发轫于20世纪六七十年代美国的环境史，是以生态学为理论基础，主要探讨历史上人类社会与自然环境的互动关系，或者说“人地关系”，及以自然为中介的社会关系的一门具有鲜明批判色彩的新学科。[①]既然以生态学为理论基础，势必要求环境史工作者深入了解生态学的相关理论。在解构人地关系或者说人类社会与自然环境之间的关系这一重大问题上，生态学者马世骏、王如松提出的“社会-经济-自然复合生态系统”[②]颇有引领意义。又讨论人地关系，离不开对地理环境各要素的深入了解。如果环境史工作者对地理环境的概念和基本常识及自然环境生态系统中各因素的相互作用缺乏认知，势必会影响结论的客观性。

其实，地理学的分支人文地理学也是以人地关系为研究对象。不过在我国的学科分类中常把研究历史时期的人地关系这一任务分给历史地理学。由于学科间的差异和学者个人受教经历不同，在研究人地关系上所秉持的方法论也有很大不同。这自然会影响到他们在分析地理环境和社会经济系统二者间的关系。对于这一点，法国年鉴学派学者费弗尔说：“对于任何研究地理环境对社会族群结构作用的学者而言，我们发现存在着迷失方向的危险；我们所指是，它将头等重要（不仅是决定性而且是独一无二）的因素归于这些地理环境。”[③]费弗尔批评的是“地理环境决定论”，而“环境决定论”作为人地关系的一种认识有着悠久传统，对它的批判也有一个过程。

早期的地理学家们观察到各地自然和人文差异，在论述人与自然的关系时，从古希腊医生和地理学家希波克拉底到柏拉图再到亚里士多德都提出过“气候决定论”，认为寒冷地带的欧洲人们富有开拓精神而热带地区的人们慵懒松散。在此基础上，后来的地理学者们在关于人与自然关系的论述中有一支学说发展成为“环境决定论”。[④]在我国成立初期，受苏联对“环境决定

① 高国荣：《什么是环境史》，《郑州大学学报（哲学社会科学版）》2005年01期，第120页。

② 马世骏、王如松：《社会-经济-自然复合生态系统》，《生态学报》1984年第1期，第1–8页。

③ ［法］吕西安·费弗尔著，郎乃尔·巴泰龙合作；高福进、任玉雪等译，高福进校：《大地与人类演进：地理学视野下的史学引论》，上海：上海三联书店，2012年，第69页。

④ 宋正海：《地理环境决定论的发生发展及其在近现代引起的误解》，《自然辩证法研究》1991年第9期，第1–8页。

论”批判风潮的影响，一度对“环境决定论”讳莫如深。以至于很长一段时期内，人们对环境的认识不足，片面地忽视环境对人类的影响。[①]

顾乃忠指出分析人地关系应该有两个视角，在方法论上采用辩证地批判地分两种情况去看待环境决定论。[②]笔者认为，这才是一种正确的认识“人地关系”的方法。具体来讲，在人类早期特别是史前时期，人类社会尚未进入文明阶段，或者说人类族群并未形成文明的人类社会，在漫长的这一段时期，环境决定论应该是可以作为观察当时人类活动的主要方法。这一段时期也正是人文地理学上认为的“人类完全依赖自然”阶段。

进入文明社会后，随着人类族群的不断扩大，群体活动改变自然环境事件的增多说明了人类社会已进入“人类有限度改造自然”阶段。这个阶段的起点其实与国家的起源、农业的起源和文明的起源又联系起来。二里头宫殿和良渚遗址不光是揭示人类文明的曙光，还应看到这些遗址背后人类活动对地貌、水文等自然环境要素的作用。再小到人类的衣食住行，必须意识到，人类能够生存和社会得以延续是以耗费自然资源为代价的。这一阶段不同于先前是因为人类已经有了持续改造自然环境的能力。人类挖土造出陶器，修建沟渠堤坝改变水文，滥砍滥伐使得天然林覆盖率不断下降，农田的扩张使得动植物的栖息地生境不断萎缩，总之，人类对生态系统五大圈层（土壤圈、水圈、大气圈、生物圈、岩石圈）都施加了越来越明显的影响作用。

虽然说工业化以前是否有大气污染存有争议，但无疑其他圈层确实是在很大程度上被烙上人类活动的印记。

工业化以后，随着现代科学技术的发展，人类改造自然的能力空前提高，特别是经济全球一体化的推进，人类社会开始进入“人类无限改变自然”阶段。表现在人类足迹已踏遍全球，利用高科技进入太空，拥有大范围杀伤武器等。特别是在物理、化学和生物学领域，人类创造出许多自然界前所未有的物质，甚至可以克隆生物。与此同时，我们也能发现自然环境出现了一系列问题，而这些环境和生态问题在广度和深度上都远超先前阶段。

人类社会改造自然的脚步不断加速前进，人类对自身创造能力一直高度自信的同时，也产生了与环境决定论截然相反的“人定胜天论”。过于夸

---

① 王守春：《地理环境在经济和社会发展中的作用的再认识——关于对“地理环境决定论”批判的反思的反思》，《地理研究》1995 年第 1 期，第 94–102 页。

② 顾乃忠：《地理环境与文化——兼论地理环境决定论研究的方法论》，《浙江社会科学》2000 年第 3 期，第 133–140 页。

大人类的创造能力，而忽视了人类始终离不开自然而存在。反映在史学研究上，对一些历史问题的讨论，过于强调人类的主观能动性和人类活动对社会环境的影响程度。比如国家和文明起源问题上忽视自然环境的作用，对当地良好的自然环境各要素避而不谈。

已有越来越多的学者注意到自然环境对人类社会的影响，特别是在对一些重大社会问题的分析上采用多学科交叉的方法用于研究。近年来，大批自然学科工作者介入社会学科，由于研究方法多从自身学科出发，缺乏对人类社会复杂性的认识，不免又落入“环境决定论”的俗套。如前文第四章中关于“气候变迁和社会动乱及王朝更替”这一问题的分析，他们往往过于强调气候变迁的重要性，从王朝更迭的结果来逆推气候变化对人类社会的影响。事实上，社会经济系统自身内部也有着自我调整的功能，且气候变迁直接影响的自然系统中的要素，而这些要素又是农业生产所必需的，这样才使得气候变迁与人类社会中的农业生产活动发生关联。之后才是农业生产的波动进而将影响传递给社会经济系统其他要素。部分学者在论述时直接将气候变迁与王朝演替视为可相互联系的关系，其实是一种片面的理解，直接越过中间环节讨论两头，是一种缺乏辩证思维的表现。

人类社会系统内各要素各环节的相互作用复杂，所以必须结合生态学、地理学、哲学等学科的方法论。在某些具体问题上，还需要运用数学、物理、化学等相关知识，当然史学理论也是必不可少的。另，一些史学问题之所以会在“环境决定论”和“人定胜天论”间摇摆，最主要原因是缺乏定量研究。如果能将各影响因素包括自然和人为因素量化，从而能客观反映各要素的影响因子之大小，这将有助于对人类与自然环境之间关系的认识。

环境史工作者尤要注意真正掌握其他学科的研究方法。如地学工作者在研究古气候时，一般常用的方法是将文字记载中的水旱情况换成成干湿度气候指数，再进行定量分析。① 人文学科方向的研究人员往往惊叹于那些漂亮的图表设计，因学科限制不能理解他们所用的研究方法，故而对结果也无从评论。而地学工作者们因缺乏史学功底，往往缺少对史料的考证辨伪，仅凭古籍中的模糊记载就列为计算数据。要知道，古人描绘“干、湿、冷、热”的情形有不少是即兴抒情，带有个人的主观感情色彩，也有不少属夸大失实之词，如果没有合理的比较标准，那么这些用来计量的数据其可信度就值得

① 曹伯勋主编：《地貌学及第四纪地质学》，武汉：中国地质大学出版社，1995 年，第 166 页。

进一步讨论。[①]

以本文来说，笔者在讨论关于冰雹灾害、异常降水的统计其方法其实也是如此，看起来是一种定量统计，然而数据的密度只能满足清前中期，结果也是间杂着定性和定量的混合。但是除此之外，暂无更好的方法，所以，在今后研究方法和数据挖掘上的进一步创新和完善也需要努力。

总之，自然环境是一个庞大而又复杂的系统，人类对自然环境各要素的认识也还有待提高。鉴于此，讨论人类与自然环境两大系统间的相互作用关系，其难度可想而知。正因如此，才要求环境史工作者必须具备上述综合能力。

另外，本文研究的清代也属于上文笔者所说的“人类有限度改造自然”阶段。第二阶段以我国为例，总体来看，是从农业的产生到以农立国模式的农业社会定型和不断发展的过程。第三阶段，所谓的“无限”意指人化自然的空间将越来越无限接近大自然的极限。就目前来看，地球上仍有许多未知区域等待人类去探索，这个过程的完成也将需要很长时间。

上述三个阶段的划分，笔者更多是从人类社会的发展这个角度来说，从宏观上概括论述人类社会与自然环境的互动历程。

第一阶段，人类依赖自然，人类在自然面前如同其他动物一样，受自然环境的制约，并没有太多自主选择的空间。结合人类文明的进程，从人类产生到整个旧石器时代的人地关系大致都处于这一阶段。

第二阶段，人类有限改造自然，且越往后期，改造自然的能力越强，虽然仍受自然环境的约束，但人类社会系统越来越完善，应对自然环境影响的能力也越来越强。这一阶段的起点是新石器时代，以农业的产生为标志，自此大量的农田生态系统开始不断侵占原始的自然生态系统，随着人类生产力的不断发展，“人化自然”的空间也越来越广大。

第三阶段，在第二阶段的基础上更有发展，甚至在某些方面已出现突破自然环境约束的情况。第二、第三阶段，人类一改第一阶段中的被动地位，逐渐取得了与自然环境博弈的主动地位甚至主导地位。第三阶段大致以工业革命为起点，人地关系出现重大转折。随着人类科技的进步，人类上天遁地，与此同时，各种生态环境问题层出不穷。

---

① 牟重行:《中国五千年气候变迁的再考证》，北京：气象出版社，1996年，第4–80页。该书对竺可桢《中国近五千年气候变迁的初步研究》一文中部分史料进行考证，就竺可桢部分论断发表了不同看法。

第二节　从盐碱地的形成再看人地关系及与自然相处的准则

盐碱地土壤肥力低下不适宜种植农作物，如果不是被人类拿来作为一种土地资源，它谈不上是一种环境问题。之所以被人类视为环境问题，和地球上分布广袤的沙漠一样，因为对农业生产不利而已。二者相同的还有一点，就是在世界范围内看，其存在的历史都早于人类社会。不同的是，沙漠主要受气候带、大气环流控制形成，而盐碱地主要受水文地质作用。

那么人类活动对盐碱地的形成到底起到了什么作用？具体问题需要具体分析，比如干旱又人迹罕至的内陆盐湖地区，这些地方的盐碱地是因地质构造运动形成盐湖或盐湖消失后遗留下来的盐碱地。这些地方的盐碱地与人类活动的影响关系不大。因为历史上人类在这些地区的探索并不多。

对于贾鲁河流域在内的华北平原来说，自三代始一直是华夏文明发展壮大的根源地，是北方旱作农业的主产区。若按西汉人口的峰值来算①，简单除以当时人口分布的主要地区②的总面积，约估算得当时人口密度近 1 平方公里 65 人，按现代世界人口密度等级划分来说属于第二级，为人口中等区。战国时期记载临淄城“人相接踵”，也从一侧面说明当时该地区人口众多。可想而知，在认识自然和改造自然上，该区的“人化自然”应当说是相当普遍的，人类活动对于自然环境的影响应是巨大的。

而在自然环境生态系统内部，黄河塑造华北平原的巨大作用也是显而易见的。一方面黄河冲积和沉积造陆，黄河三角洲不断扩大；另一方面，黄河侵蚀袭夺淮海及其支河并在华北平原决口迁徙，对地貌的塑造和影响十分深

---

① 西汉人口峰值各家统计不一，葛剑雄：《中国人口史第一卷：导论、先秦至南北朝时期》，上海：复旦大学出版社，2002 年，第 399 页，认为“西汉末年至少有 6300 万”；赵文林、谢淑君：《中国人口史》，北京：人民出版社，1988 年，第 42 页，表 6 中记有平帝元始二年推算人口数为 5800 多万。另 50 页中他们推算公元 2 年河南人口密度为 1 平方公里 78.1 人；袁祖亮：《中国古代人口史专题研究》，郑州：中州古籍出版社，1994 年，第 36 页，认为“到西汉平帝元始二年（公元 2 年）之时，全国人口已达 5900 多万。”葛剑雄统计的全国人口数较大是因他将户籍之外的人数也做了估算。综合诸家推论，取 6000 万折中。

② 史念海：《中国历史人口地理和历史经济地理》，台北：台湾学生书局，1991 年，第 15 页。史念海所说的“黄河流域及其附近地区”按现代地理区划主要指黄土高原和黄淮海平原。王乃斌等主编，1:500000 黄土高原地区资源与环境遥感系列图编委会编：《1:500000 黄土高原地区资源与环境遥感调查和系列制图研究》，北京：地震出版社，1992 年，第 38 页：“总土地面积为 62.37 万平方公里”，作者将黄土高原和附近河套地区计算入内视为黄土高原地区；姜德华：《黄淮海平原地区农业地理》，北京：农业出版社，1986 年，第 8 页：“黄淮海平原是构成本区地貌的主体。总面积约 30 万平方公里”。

刻，曾发挥了主导作用。[①] 前文有述，黄河是盐碱地形成的自然因素中最重要的要素。那么与人类活动比较起来，在盐碱地的形成和变化上二者贡献的影响因子哪个要更大呢？

这个问题需要分开来说。从盐碱地的形成（从无到有）来说，其成因既可以是自然因素又可以是人为因素或者二者共同作用而形成。盐碱地的成因与地貌和水文有关，地势低洼，积水排水不畅皆有可能发育成盐碱地。所以，在这个问题上，人类活动与自然因素（黄河泛滥、风化侵蚀等）不能进行比较，不具备相互比较的逻辑基础。

对盐碱地的变化，我们指的是盐碱地面积的扩大，这样一个变化的历史过程中，可以审慎地比较一下人类活动和自然环境因素引发的黄河泛滥在盐碱地变化（从有到多）中起到的影响作用以谁为主导。

黄河泛滥，除了人为决口事件外，是自然环境系统内各环境要素综合作用下的结果。从黄河的泛滥历史来看，越往晚近，黄河泛滥决溢就越频繁。特别是明清小冰期，前文通过史料分析认为，在气候变冷、灾害天气频繁、异常降水增多的共同作用下，黄河决溢频发；在此过程中，纵然人类社会采取有一系列应对措施，但从结果来看，效果并不理想。

但这种局面的形成有深厚的历史背景，具体来讲，与北方地区生态环境被人类活动所破坏直接相关。谭其骧在《何以黄河在东汉以后会出现一个长期安流的局面》一文中就指出，黄河在东汉以后得以安澜与当时中游地区变农为牧有很大关系。退耕还牧意味着黄河中游地区绿色植被得以在一定程度恢复，水土流失有所缓解，故而黄河在该时期决口泛滥次数较少。

再以森林资源覆盖率不断下降来说，它直接反映了北方地区生态环境的恶化。再则，也可以今天对黄河中下游流域综合治理的结果来对比，事实上，做好了植树造林、水土保持及相关水利建设等工作，区域内的盐碱地面积持续下降。[②] 固然，旱涝灾害非人力所能控制，但人类通过改善生态环境建设，客观上使得盐碱地面积不断缩减。我们从正、反两面案例皆可看出，归根结底，人类活动在控制盐碱地面积上起到主导作用，而盐碱地面积得以控制，其中关键一环就是黄河中游地区的综合治理与清代相比尤为成功。正如陈蕴真所说：“黄河泛滥史是中游黄土高原和下游河道的各种固有特性和

---

① 章人骏：《华北平原地貌演变和黄河改道与泛滥的根源》,《华南地质与矿产》2000年第4期，第52页。

② 赵济主编：《中国自然地理》，北京：高等教育出版社，1995年，第219页。

气候变化、土地利用、治河活动以及时间等诸多因子相互作用的结果，其中人类活动相关的因子起了加剧乃至主导的作用。”①

以上认识是从总体来说的。如果局限于某一次具体的黄河泛滥，单就这次事件的前因后果分析的话，就不一定契合上述推论，需要具体问题具体分析。但就整个历史时期来说，人类活动（包括对生态环境有利的和不利的）对盐碱地面积的扩大所起到的影响作用是占主导地位的。这并非意味着自然因素在其中发挥的作用就很小，我们只是从定性的角度说，它起主要作用或者说是这个矛盾中的主要方面。

人类进入文明社会以来，人地关系进入一个新阶段——“人类有限度改造自然”阶段，人类开始争夺人地关系主导权。上文对这一阶段有过总结，综合考虑气候分期、盐碱地面积变化、植被覆盖率变化、人口增长及具有重大转折意义的历史事件，可把这一阶段再细划分为几个历史时期。

表 8–1 “人类有限度改造自然”阶段中的历史分期表

分期②	盐碱地面积	植被覆盖	经济发展和重心③	人口增长④	重大历史事件
三代 – 西汉	从小到大，加速扩大	持续降低	黄河流域为主	增加到 6000 万	大一统国家和宗法礼制的建立，郡县制的推行

① 陈蕴真：《黄河泛滥史：从历史文献分析到计算机模拟》，南京大学博士学位论文，2013 年，第 104 页。

② 分期时段主要参考：竺可桢：《中国近五千年来气候变迁的初步研究》，《中国科学》1973 年第 2 期，第 169–187 页；葛全胜、郑景云等：《过去 2000 年中国气候变化的若干重要特征》，《中国科学：地球科学》2012 年第 6 期，第 935–941 页；王绍武、闻新宇等：《五帝时代（距今 6—4 千年）中国的气候》，《中国历史地理论丛》2011 年第 2 辑，第 5–9 页。竺可桢认为仰韶文化时期到殷商为气候温暖期，春秋到西汉为第二个暖期；王绍武也认为在距今 4200 ～ 4000 年出现一次气候突变。笔者赞同两位之说，但考虑到表 8–1 不完全是以气候变迁为唯一衡量，故未再细分出一个冷期。竺可桢将隋唐到宋初划为暖期，与葛全胜不同，葛老认为两宋是一个暖期，而唐后期到五代末是一个冷期。蓝勇也持此说，他认为，唐前期是一个温暖时期，但在 8 世纪中叶后气候转寒，至五代气候总体寒冷，而到北宋进入中世纪温暖期。详见蓝勇：《唐代气候变化与唐代历史兴衰》，《中国历史地理论丛》2001 年第 1 辑，第 4–15 页。笔者认为葛、蓝的观点在资料搜集和数据分析相结合的基础上更有说服力。因此表并非是气候分期表，故表 8–1 中也未再细划出一个冷期。

③ 主要参考著作：史念海：《中国历史人口地理和历史经济地理》，台北：台湾学生书局，1991 年，第 123–240 页；郑学檬、陈衍德：《中国古代经济重心南移的若干问题探讨》，《农业考古》1991 年第 3 期，第 125–135 页；王大建、刘德增：《中国经济重心南移原因再探讨》，《文史哲》1999 年第 3 期。

④ 数据来源参考葛剑雄：《中国历代人口数量的衍变及增减的原因》，《党的文献》2008 年第 2 期，第 94 页。

（续表）

<table>
<tr><th>分期</th><th>盐碱地面积</th><th>植被覆盖</th><th>经济发展和重心</th><th>人口增长</th><th>重大历史事件</th></tr>
<tr><td>东汉－南北朝</td><td rowspan="3">从小到大，加速扩大</td><td rowspan="3">持续降低</td><td>黄河流域增速减缓，长江流域加速追赶</td><td>6000 万上下波动</td><td>民族大融合</td></tr>
<tr><td>隋－南宋</td><td>安史之乱后南方经济超越北方，经济重心南移完成</td><td>北宋大观四年超 1 亿</td><td>开凿大运河，创立科举制</td></tr>
<tr><td>元－清末</td><td>全国经济依赖南方</td><td>道光三十年达 4.3 亿</td><td>近代资本主义萌芽的产生</td></tr>
</table>

在表 8–1 中，盐碱地面积的加速扩大，鉴于其他地区笔者并未深入探讨，可能会存在发展上的不平衡和变化上的不同步性。单就豫东地区来说，前文有述，这种加速发展始于南宋初，标志性事件是杜充的人为决河。

从表 8–1 中可以发现，只有植被覆盖是持续降低的，其他可以用数量计量的指标都是上升的。如果以“植被覆盖”指示自然生态系统，人口增长指示社会经济系统，那么，社会经济系统的上升发展和自然生态系统的恶化呈现出正相关的变化关系。其实不难理解，人类不断地拓殖使得自然生态系统的空间越来越萎缩，自然界中越来越多的环境要素经过人类改造从而转换成“人化自然”。

比如，人类砍伐原生的自然林木，然后变为农田，原先的森林生态系统转变为农田生态系统。作为一种人工生态系统，就抵御自然灾害的能力来说，毫无疑问，森林明显比农田要更具有优势。① 学过生物学基础的人都知道，生产者、消费者、分解者通过食物链和食物网组成复杂的生态系统。在农业生态系统中，由于人工选择使得作物种类单调，由此形成的农田生态系统是较为脆弱的，但人类为了生存繁衍又不得不与自然界争夺并大面积改变原生自然环境。如此，使得森林植被面积不断萎缩，从而降低了抵御自然灾害的能力，也降低了生态系统的稳定性。

再从表 8–1 中看，经济重心的转移其实与北方自然环境的不断恶化有很深的关联。邹逸麟认为：“两宋以后，黄河流域环境恶化，再加上长期处于战争状态，城市的规模和效应远不如唐代。”② 黄河流域环境恶化的另一个证

① 吴东雷、陈声明等编著：《农业生态环境保护》，北京：化学工业出版社，2005 年，第 5 页。
② 邹逸麟：《历史时期黄河流域的环境变迁与城市兴衰》，《江汉论坛》2006 年第 5 期，第 98 页。

据就是黄河在宋代决溢的次数远超前代，据王星光、张强等统计，北宋统治的 168 年间黄河决溢泛滥达 73 次，包括南宋在内黄河决溢竟有 175 次[①]。前代最多也不过三四十次，如果做一个曲线图，那么宋代数据所指示的变化显然是具有变革性的。

北宋时期黄河泛滥次数在数量级上的突然增多，与植被或者说林木资源的消耗达到一定程度密切相关。有学者提出“宋代的燃料危机”问题[②]，虽然也有争议[③]，但在北宋北方地区天然林木资源砍伐殆尽这一认识上是有共识的。对比联系谭其骧分析东汉以后黄河何以安流的原因，不难看出，北宋时期黄河水情的剧变是有先兆的，它与植被资源出现匮乏是紧密相关的。借用生态系统的术语来说，就是黄河流域内原生森林系统被破坏到临界点，甚至局部已出现崩溃情形，那么生态系统内的其他要素必将随之联动，表现在黄河泛滥次数的突增，豫东地区水文系统受此影响开始紊乱，盐碱地面积的扩大开启加速发展模式。

安史之乱后，南方经济超过北方，南方人口压倒北方[④]，虽说经济重心南移的完成在南宋才完全实现，但中国人口南北分布格局以南方为人口重心的改变先行一步完成，这个问题值得深思。南方人口超过北方，固然有北方人口南下的因素，但也说明南方可以供养更多的人口，所谓“湖广熟，天下足”就是这一现象的注脚。个中原因，笔者认为主要是南方作物的熟制比北方更优越。北方地区一年一熟或两年三熟终究比不过南方的一年两熟到三熟。多熟意味着单位面积的土地产出更高，自然可以供养更多人口。而这个结果是自然地理条件先天决定的。

再看人口增长，从西汉末公元 2 年再到隋大业五年（609），全国人口长期稳定在 6000 万左右，直到盛唐才接近 9000 万。笔者认为，这期间除了战争、自然灾害等因素造成的破坏和农业减产，就北方地区的旱作农业来说，可能存在着一个土地产出效率的瓶颈，或者说单位面积的农田所供养人口存在着一个极限。

盛唐人口能够从 6000 万突破到 9000 万，南方地区的大面积垦殖提供了

---

① 王星光、张强、尚群昌：《生态环境变迁与社会嬗变互动——以夏代至北宋时期黄河中下游地区为中心》，北京：人民出版社，2016 年，第 346 页。

② 许惠民：《北宋时期煤炭的开发利用》，《中国史研究》1987 年第 2 期，第 141–152 页；赵九洲：《古代华北燃料问题研究》，南开大学博士学位论文，2012 年，第 84–92 页。

③ 王星光、柴国生：《宋代传统燃料危机质疑》，《中国史研究》2013 年第 4 期，第 139–155 页。

④ 冻国栋：《中国人口史第二卷：隋唐五代时期》，上海：复旦大学出版社，2002 年，第 196 页。

更多的土地面积，农业增产为实现这一突破贡献了较大比例的影响因子。当然，在人口何以取得突破性增长这个问题上，诸如社会经济、农业科技、外来作物、医疗技术、政治生态等在内的因素肯定都发挥过重大作用。但我国人口长期徘徊在6000万上下，笔者认为主要原因可能与土地产出效率存在瓶颈关联甚大。以后人口在17世纪初突破到2亿再到道光三十年（1850）达到4.3亿，除了外来植物的引进外，耕地面积的增加仍是重要原因。清代对山地、深山老林等土地的开发为人口的增长提供了更多的生产资料。

就豫东地区来说，开封府、归德府和陈州府三府的人口数量据曹树基统计，人口数量是在持续增长的。比如，在乾隆年间，开封、归德两府都在270万以上，陈州府稍少，但也有185万多。至嘉庆二十五年（1820），开封和归德已增至320万以上，而陈州府人口则增加到221万。[①] 总之，豫东地区的人口数量一直是在增加的。

人口数量的增加必然导致人类社会内部生存竞争的加剧，也促使社会分层不断复杂化。联系马克思主义理论关于"生产力 – 生产关系"的观点，即生产力状况决定生产关系，生产关系反作用于生产力。土地私有制的发展，政府对私人占有土地不再加以直接限制[②]，土地买卖盛行并制度化，在土地兼并的过程中形成了地主阶级。随着部曲佃客制和均田制在唐代的衰落，租佃制成为今后中国社会经济中最基本的形式[③]。这种租佃契约制背后反映的是商品经济发展的变革和生产关系的调整。"社会先进生产力代表"从汉唐时代的"豪强"转为宋代的"田主富民"。

社会分层复杂化的结果是推动了社会变革。值得回味的是，本区域盐碱地面积的加速扩大与唐宋社会变革的历史浪潮如影随形。社会经济系统在此期间发生了巨变，值得注意的是，自然生态系统也与之保持着同步的变化态势。

唐宋间社会经济系统出现重大变革，史学界称之为"唐宋变革"。以往论述唐宋变革多从社会经济系统内部各因素出发讨论对整个社会经济系统的作用。事实上，自然生态系统在唐宋之间也有着同步变化的步调，其深层原

---

① 曹树基:《中国人口史第五卷：清时期》，上海：复旦大学出版社，2002年，第360–361页。

② 彭雨新主编，汤明檖副主编:《中国封建社会经济史》，武汉：武汉大学出版社，1994年，第377页。

③ 主要参考薛政超:《再论唐宋契约制租佃关系的确立——以"富民"阶层崛起为视角的考察》，《思想战线》2016年第4期，第103–110页；林文勋:《商品经济与唐宋社会变革》，《中国社会经济史研究》2004年第1期，第43–50页。

因，可能是随着“人化自然”模式的不断演进，社会经济系统和自然生态系统交相混融，二者无时无刻不在相互作用。任一要素的变化都会引起其他要素的联动变化。

另一方面，社会经济系统相对于自然生态系统来说，是一种外力，反之亦然。社会经济系统面对基于自然生态系统变化所带来的压力时，社会经济系统自身也有一个不断调整的过程。根据调整结果的不同会呈现不同的结果。当然，这个过程是需要时间的，有时也会出现反复波动。

可以肯定的是，这种反应模式的机理是复杂的，也是难以精确预测和反向推导的。这无疑会加大史学工作者对史料的阐释难度，比如同样是气候冷期的魏晋和明清小冰期，就很难用简单的理论去阐释黄河泛滥和气候间的对应关系。如果意识不到这一点，往往容易把表象当成本质并刻意去寻求放之四海而皆准的规律，这要求环境史工作者首先要提高辩证唯物思想的修养。

就盐碱地来说，它是一种土壤类型。盐碱地面积的加速扩大意味着土壤圈出现变化，而土壤的形成与气候、水文、生物等因素相关，从系统论的观点来说，生态系统中各要素因互动关系势必造成生态系统的自我调整，反过来势必影响社会经济系统，而这两个子系统间的作用与反作用形成的合力又会影响“社会 – 经济 – 自然复合生态系统”。

“社会 – 经济 – 自然复合生态系统”的变动对于河南甚至北方地区来说影响甚巨。随着人口重心和经济重心的南移，黄河流域自此在中国历史的经济地位不断下降，特别是中原地区，生态环境不断恶化、自然灾害频发又战乱不止，百姓生计困窘，表现在清代的方志中屡见“地瘠民贫”，至清末随着运河经济走向崩溃，海洋交通和铁路交通的欠发达使得内陆地区的发展举步维艰。这是近代河南走向衰落的历史必然，也是“社会 – 经济 – 自然复合生态系统”不断调整的阶段性表现。

总之，人类不断攫取自然资源必然影响到自然生态系统，虽然生态系统有自我修复和调整的能力，但如同弹簧一样，拉伸强度超过其耐受极限时，其必然会走向崩溃，随之而来会出现各种环境问题和生态问题。这些环境问题又将影响反过来施加到社会经济系统。这样一个动态系统就是“社会 – 经济 – 自然复合生态系统”。就豫东来说，以盐碱地为视角，纵观该系统不断调整和变动的历史，大约自南宋始开始出现有别于前代的剧烈变化，进而对系统内部各要素都产生了巨大影响。

第三节 商丘黄河故道：土地盐碱化与社会变迁

为更清楚说明自然生态系统与唐宋社会变革间的互动，以商丘黄河故道为例略做论证。

商丘是河南省地级市，位于豫东平原东部。地理坐标介于东经 114° 49’～116° 39’，北纬 33° 43’～34° 52’，东西横跨 168 千米，南北纵贯 128 千米。地处豫、鲁、皖、苏四省交界，东望安徽淮北、江苏徐州，西接河南开封，南襟河南周口、安徽亳州，北临山东菏泽、济宁，交通发达。在商丘北部有一条黄河故道，全长 134 公里，经民权、宁陵、梁园、虞城 4 个县区，面积有 1520 平方公里。[①] 商丘黄河故道是当地颇具特色的自然景观，其形成和发展的过程与商丘地区的环境变迁紧密相关。

一、商丘黄河故道的形成与盐碱地的发育

黄河是中华民族的母亲河，它哺育了璀璨的华夏文明。但由于黄河径流量小，中游流经黄土高原，挟带了大量泥沙蜿蜒东流，至下游过孟津后地势平坦，比降骤减，河流冲刷、挟沙能力急剧下降，使得河沙沉降淤积，所谓“水分则势缓，势缓则沙停，沙停则河饱，尺寸之水皆由沙面，止见其高；水合则势猛，势猛则沙刷，沙刷则河深”[②]。黄河泥沙含量极高，“平时之水以斗计之，沙居其六，一入伏秋，则居其八矣”。[③] 泥沙淤积使得下游河床不断抬高，一遇暴雨极易泛滥成灾。

黄河冲积作用伴随着造陆运动形成黄河三角洲乃至黄河冲积平原，千百年来海岸线距离入海口位置不断外移。又由于黄河径流量小，海口受海洋波浪、潮汐、洋流运动等海洋作用，带至海口的泥沙淤积渐高，使黄河入海水量减少而海水倒灌则河亦易决，此即潘季驯所谓：“水以海为壑，向因海雍

---

① 田娜、田颖：《商丘黄河故道生态修复的控制性要素分析》，《湖南农业科学》2011 年第 14 期，第 48 页。

② 田文镜、王士俊等监修，孙灏、顾栋高等编纂：《河南通志》卷十六《河防五》，台北：商务印书馆，《景印文渊阁四库全书》（第 535 册），1986 年，第 416 页。此虽系纂者引潘季驯《河防一览》关于治河修堤的经验，但也正确揭示出黄河下游河沙淤积的部分原因。

③ 田文镜、王士俊等监修，孙灏、顾栋高等编纂：《河南通志》卷十六《河防五》，第 416 页。

河高以致决堤四溢。”[①]

历史上黄河向来以“善淤、善决”著称，“河溢”和“河决”在史书上屡见不鲜。水患给下游沿岸地区的农业生产和生活带来了不小的冲击，轻则伤田、坏壤、害稼、移治，重则城池被冲决湮没。

明“弘治十五年夏六月河水决城”，李嵩注曰：“积与城平，自女墙灌入……屋庐荡然无遗，人民溺死无算”[②]。睢阳城遭此大劫“圮于水”，后“迁今城在旧城北地相接焉。正德六年知州杨泰修……嘉靖三十四年王有为重修……三十七年巡抚都御史章焕檄……继修之”[③]。明睢阳古城因黄河水患现已埋入地下。1997 年秋，中美联合考古队在宋国古城进行勘探，得出结论是“明弘治十六年后新建的商丘县城位于宋城古址东北部，明初睢阳城之北”[④]，合于文献所载，“所探出的城址应该是今商丘县城搬迁重建前为洪水所毁的旧城”。[⑤]

黄河泛滥引发的水患小则致使田舍冲毁、百姓失所，大则县治改移、城毁人亡。此类河决尤为频繁，其影响尚属小范围，而影响范围更大更深重的则是黄河的改道迁徙。

黄河下游河道自南宋建炎二年（1128）以来多有南迁。北宋初年，黄河步步南进，不过尚未危及商丘。徐福龄认为，“自 1128 年以后，黄河从汲县境内，逐步南移”。[⑥]

南宋建炎二年，宋王朝为阻止金兵南下，扒开黄河大堤，人为决河，使黄河“由泗入淮”。[⑦] 此后 726 年中，黄河改流东南全面夺淮入海，淮海水系也遭受严重破坏，紊乱不堪，独流入海的淮河干流变成黄河下游的入汇支流，甚至于最后被迫改道入长江。[⑧] 此后黄河主要是在南面摆动，或由泗水，或由涡水，或由颍河，或分为几支入淮再入黄海，虽时有北冲，但均为人力所逼堵。

---

① 田文镜、王士俊等监修，孙灏、顾栋高等编纂：《河南通志》卷十六《河防五》，台北：商务印书馆，《景印文渊阁四库全书》（第 535 册），1986 年，第 415 页。

② 李嵩纂修：《归德志》卷之八《杂述志·祥异》，明嘉靖二十四年刻本。

③ 宋国荣修，羊琦纂：《归德府志》卷之二《地理志》，清顺治十七年刻本。

④ 高天麟、慕容捷等：《河南商丘县东周城址勘察简报》，《考古》1998 年第 12 期，第 27 页。

⑤ 王良田：《论商丘古城在我国古都史上的地位》，《中国古都研究》2007 年第二十三辑，第 299 页。

⑥ 徐福龄：《黄河下游明清时代河道和现行河道演变的对比研究》，《人民黄河》1979 年第 1 期，第 66 页。

⑦ 脱脱等撰：《宋史》卷二十五《本纪第二十五·高宗二》，北京：中华书局，1977 年，第 459 页。

⑧ 邹逸麟：《黄淮海平原历史地理》，合肥：安徽教育出版社，1997 年，第 111 页。

“金之亡也，河始自开封北卫州决入涡河……旧河在开封城北四十里东至虞城”。[①] 金正大九年（1232）二月，“元将忒木斛率诸军来攻……乃决河灌城。水从西北而下至城西南入睢水”。[②] 1232年蒙古军围攻商丘久攻不下，便决河灌城。按邱濬所说，后来在开封城北东至虞城一带留下了一条黄河故道。发生在金灭亡前夕的这次决河事件并非商丘地区的首次河患。据李正华研究，[③] 商丘地区的黄河水患始于宋开宝二年（915）河决下邑。此后，黄河在商丘地区的决口频次越来越频繁。

1128年杜充决河后，黄河主流南泄入淮。“金明昌中，北流绝，全河皆入淮”。[④]《明史》谓金明昌五年（1194）黄河全河入淮，然胡渭云：“盖自金明昌甲寅之徙，河水大半入淮而北清河之流犹未绝也。下逮元世祖至元二十六年巳丑会通河成，于是始以一淮受全河水。”[⑤] 纵览史料，胡渭之说可信。

1128～1508年，黄河呈多股分流态势，主流南泄入淮，泥沙主要淤积在河南境内。[⑥] 黄河变迁无常，日渐北徙，至嘉靖三十七年（1558），徐州以上的12条分流支河渐淤。迄万历六年（1578）潘季驯第三次治河，他认为“故为今计……高筑南北两堤……则沙随水刷”[⑦]，提出“束水攻沙”的治河理念。经过整修堤防、固定河槽，黄河河道渐趋稳定，清代黄河仍沿明末流势。按《禹贡锥指》，在1855年以前，黄河在豫东地区的流路由开封府偏东南流经兰阳县再流经睢州北、考城北、商丘县北、虞城北、夏邑北后东流，经沛县、徐州、宿迁至清河会淮入海。会淮入海的河道维持有200年以上。[⑧]

明后期到清前中期的这段时间，黄河河道虽无大的变迁，但决溢泛滥

---

① 邱濬：《大学衍义补》卷十七《固邦本·除民之害》，台北：商务印书馆，《景印文渊阁四库全书》（第712册），1986年，第253页上栏。

② 陈锡辂修，查岐昌纂：《归德府志》卷三十五《识小略上》，清乾隆十九年刊本。

③ 李正华：《商丘地区黄河水患史料辑要》，《黄淮学刊（社会科学版）》1989年第3期，第90页。

④ 张廷玉等撰：《明史》卷八十三《志第五十九·河渠一》，北京：中华书局，1974年，第2013页。

⑤ 胡渭：《禹贡锥指》卷十三下《附论历代徙流》，《景印文渊阁四库全书》（第67册），第697页上栏。

⑥ 刘会远主编：《黄河明清故道考察研究》，南京：河海大学出版社，1998年，第4页。

⑦ 张廷玉等撰：《明史》卷八十四《志第六十·河渠二》，第2053页。

⑧ 黄河水利委员会黄河志总编室：《黄河大事记》，郑州：河南人民出版社，1989年，第51页。又彭安玉：《苏北明清黄河古道开发现状及其政策建议》，《中国农史》2011年第1期，第112页，彭氏曰“黄河在此古道曾持续行水308年（1547—1855）”。据沈怡、赵世迟等：《黄河年表》，军事委员会资源委员会，1935年，第106页可知，明世宗嘉靖二十六年黄河会淮入海，但其后黄河多有决溢，经潘季驯四次治河之后，河道渐为固定，也有学者认为黄河主流经行“明清故道”的持续时间为280余年，二说皆有道理，此处以《黄河大事记》为参考。

始终不断。由于淤积河床持续抬高以致黄河洪水倒灌清口。淮阴、徐州一带水患尤重。1796 年以后，黄河决口大多在徐州以上。[①]包括商丘在内的豫东地区深受其害。[②]黄河频繁决溢，泥沙淤积甚至溯源向上到归德府，南道淤积甚重，黄河唯有北徙。正如道光二十二年（1842）魏源所说的徐淮故道早已淤积不堪，为节用靡费不如让黄河北决换一条新的河道，“南河十载前淤垫尚不过安东……今则徐州、归德以上无不淤……惟北决于开封以上则大益”。[③]

一语成谶，公元 1855 年黄河在兰阳铜瓦厢决口，时清政府忙于镇压太平天国运动，财政吃紧。咸丰帝在上谕中称：“历届大工堵合必需帑币数百万两之多，现在军务未平，饷糈不继，一时断难兴筑。”[④]黄河遂改道东北流经山东利津附近入渤海，从此也结束了黄河南流袭夺淮河河道七百多年的局面。黄河在铜瓦厢决口后，主流北徙而下，而原黄河在商丘境内留下的百里故道，称为黄河明清故道，也称为咸丰黄河故道。[⑤]

总之，商丘黄河故道的形成是黄河决溢和改道的结果。

如前文所述，清代豫东的盐碱地分布主要沿着黄河故道沿线，特别是在贾鲁河和涡河上游地区，土地盐碱化十分严重，盐碱地占耕地的面积比重也很大。对于商丘来说，从清代方志的记载来看，大多数县域内皆有盐碱地的分布。而从史料上看，明清之前本地区的盐碱记录鲜见，证明了黄河与盐碱地形成的关系。

二、铜瓦厢决口对商丘生态环境和社会的影响

铜瓦厢决口直接导致黄河改道，旧河道也成为商丘黄河故道，极大地改变了商丘的自然环境，此次改道还给商丘的社会政治和经济生活都带来了深远影响。

在自然环境的影响上，黄河改道造成区域水系紊乱、引发水灾和沙灾、

---

① 刘会远主编：《黄河明清故道考察研究》，南京：河海大学出版社，1998 年，第 7 页。

② 据《黄河年表》，仅商丘地区从 1644 ～ 1855 年的河患（河决、河溢）计有 16 次，个别年份一年数决，如乾隆四十五年七月、九月考城两次河溢。

③ 魏源：《古微堂集》（外集）卷六《筹河篇》，清宣统元年国学扶轮社铅印本。

④ 赵雄主编，中国第一历史档案馆编：《咸丰同治两朝上谕档》（第五册：咸丰五年），桂林：广西师范大学出版社，1998 年，第 273 页。

⑤ 刘青、韩墨林等：《黄河故道》，《河南水利与南水北调》2011 年第 7 期，第 20 页。

改变土壤性质、影响局部小气候进而加剧旱涝蝗等自然灾害等。

首先，淮河的水系更加紊乱。此前黄河长期夺淮入海，在夺淮期间由于黄河经常泛滥使得泥沙在淮河的支流不断淤积，一些河流河床淤高，排水不畅，如西淝河、史灌河、池河等淮河支流。流经商丘的涡河及其支流惠济河无论在铜瓦厢决口前还是决口后都深受黄河泛滥挟带泥沙淤积河床的影响，且涡河在南宋以来也有多次被黄河袭夺河道。在黄河夺淮期间，虽然商丘的河流汇入淮河，但淮河河道却被黄河袭夺，从流域划分上自然属于黄河流域。铜瓦厢决口后，黄河北徙，商丘复又归属淮河流域。但淮河水系早已经混乱不堪了，由于黄河经常泛滥，使得淮河的众多支流河道淤塞，流路不畅，洪涝灾害频发。淮河流域的水文生态更加恶化。

其次，此次改道造成水灾，冲毁了黄河故道沿岸的城市村落。共计淹没30多个村庄。“黄流先向西北斜注，淹及封丘、祥符二县村庄，复折东北漫注兰阳、仪封、考城”。[①] 封丘、兰仪、祥符、陈留、杞县一片汪洋，远近村落的高树与房屋只露出树梢和屋脊。

再次，洪水退去后，泥沙沉积也给沿岸带来了沙灾。原河道和堤防变成了地面上的沙堤，阻碍了沥水的排泄，又在风力作用下形成了沙岗、沙丘地貌，既不能用作农田，还占据了空间。这些废河堤、旧河床和洪水冲刷形成的洼地在秋冬干旱的气候下由于排水不畅而形成大片盐碱地。

盐碱地是土壤盐碱化的产物，肥力低下，是一种特殊的土壤类型。盐碱化程度重的土地比较贫瘠，严重影响农业生产和百姓生活。商丘地区的盐碱地自黄河夺淮入海以来便加速扩展，至铜瓦厢决口前已有相当规模。铜瓦厢决口后，清政府并未立即堵口，使得黄河又漫溢二十多年。据魏克循统计的1957年的商丘地区盐碱地面积[②] 和清代商丘盐碱地面积的比较可知，清末到中华人民共和国成立初期商丘的盐碱地面积是在增加的，也就是说，铜瓦厢决口事件对于商丘地区盐碱地的增加有直接影响。

然后，水文和微地貌的改变也影响了商丘地区的小气候调节，进而加剧气候的不良反应。《夏邑县志》载：“（同治）五年丙寅四月雹。”[③]《鹿邑县志》：

---

① 张之清修，田春同纂：《考城县志》卷三《事记》，民国十三年铅印本，台北：成文出版社，1976年，第177页。

② 魏克循：《河南土壤地理》，河南科学技术出版社，1995年，第403页。

③ 韩世勋修，黎德芬纂：《夏邑县志》卷九《杂志·灾异》，民国九年石印本，台北：成文出版社，1976年，第1179页。

"（光绪）十七年夏六月西北境雨雹。"[①]再如《虞城县志》载"（同治）十三年四月初九日……继以冰雹大者如拳……鸟雀死者无数……实为非常之灾。"[②]又如《光绪永城县志》："（同治）二年五月初九日雨雹，十三日蝗自西来食禾尽。五年四月十八日雨雹，大如鸡卵。"各地在春夏之交多次出现降温、降雹，这种现象比较反常。

各地旱涝灾害频发。如鹿邑，"道光九年夏旱。十一年涝。十二年涝。十三年大旱……二十一年秋七月河决，二十二年大旱无禾……二十三年、二十四年涝……"[③]，不光是旱、涝交替，蝗灾也常如影随形、如约而至。比如宁陵，"同治四、五、六、七年连年大雨，洼地尽成泽国民有饥色……光绪二、三年大旱岁歉，民有饿死者……七年夏旱……二十四年大雨伤禾……二十五年夏蝗"。[④]不是降水过多引发涝灾便是降水过少导致旱灾，时不时还有蝗灾。

铜瓦厢决口对自然环境的影响反过来也给当地的社会政治、国家管理和经济生活带来困扰。

其一，旱、涝、蝗灾严重影响农业生产，歉收导致大量灾民逃荒，甚而引发大疫。宣统《宁陵县志》载："（光绪）三十二年夏秋大雨，田禾淹没，民有饥色。"饥疫致使百姓"饿死无算"，甚至激发民变。《光绪永城县志》："（道光）二十三年岁饥，萧县民纵洪、马宗禹乱，踞芒山，官兵平之。二十七年岁饥，城东民赵之深作乱，平之。"[⑤]虽然民变很快被压制，但它昭示着清政府的国家管理和社会应对已出现严重的问题，一旦再有星星之火，势必触发更大的危机。

其二，铜瓦厢决口还造成行政区划的调整。清初，归德府沿袭明制，辖县有八包括商丘、宁陵、鹿邑、夏邑、永城、虞城、柘城、考城，领州一即睢州。《嘉庆重修一统志》载："乾隆四十八年，以考城县改隶卫辉府。今领

① 于沧澜主纂，蒋师辙纂修：《鹿邑县志》卷六下《民赋》，清光绪二十二年刊本，台北：成文出版社，1976年，第280页。

② 张元鉴、蒋光祖修，沈俨纂，李淇补修，席庆云补纂：《虞城县志》卷之十《杂记·灾祥》，清光绪二十 年刊本，台北：成文出版社，1976年，第1120页。

③ 于沧澜主纂，蒋师辙纂修：《鹿邑县志》卷六下《民赋》，第270–280页。

④ 肖济南修，吕敬直纂：《宁陵县志》卷终《杂志·灾祥》，清宣统三年刻本。

⑤ 岳廷楷修，胡赞采纂：《永城县志》卷十五《灾异志》，清光绪二十九刻本。

州一县七。”[①] 改隶的主因就是黄河决溢。乾隆四十六年黄河青龙岗决溢，清政府在兰阳李六口筑堤，四十八年李六口坝工合龙。修堤伊始钦差大学士阿桂在奏折中提出迁徙考城县田庐民户以便施工。此后，考城县域迁建黄河北岸，因筑堤分岸南地归入睢州，为统筹河防事务，[②]在乾隆四十八年将北岸迁建地划归卫辉赋。[③]

咸丰五年（1855）黄河在铜瓦厢决口，此后黄河改道北流。如此一来，考城的位置变转处于黄河东南。由于距离卫辉府郡治偏远，不利于士子考试且来往公文多有不便，举人李正修等以考城距开封较近请改属开封府，经藩臬两司查议，认为开封府所辖州县过多，自黄河改道以来，考城亦无河防之责，此前原系归德府管辖，理应仍隶属归德府方显公允和公平，于是考城复改隶归德府管辖。

不过，从另一个角度来说，铜瓦厢决口对商丘的有利影响是此后的河患有所减轻。明河南巡按御史涂昇曾说道：“黄河为患，南决病河南，北决病山东。”[④] 在黄河夺淮入海的七百多年里，每遇重大河患，豫东南和皖北一带屡屡是重灾区。实际上，清政府在铜瓦厢决口后，一直为“河复故道”和改道北流争论不休，久拖不决的背后也充满了各地利益的权衡和争斗。

总之，铜瓦厢决口对商丘的影响主要有在宏观尺度上改变了当地的地貌、水文和气候；在微观尺度上淤平湖泊、湮没岗丘、抬高平地；另外在形成的黄泛区内留下了大片的盐碱地。这些环境因素反过来也深重影响了商丘地区的社会管理、经济发展和地域文化。

---

① 清仁宗敕撰：《嘉庆重修一统志》（第 12 册）卷一百九十三《归德府 · 建置沿革》，北京：中华书局，《四部丛刊续编史部》，1986 年。

② 《清高宗实录》卷一千一百九十九，“乾隆四十九年甲辰二月”条：“吏部等部议准署河东河道总督兰第锡奏，定河南新筑堤工移改文武各员划汛管理事宜……再考城县城移建北岸，该县主簿应改归北岸，移驻顺黄坝适中之地归曹考厅管辖。”据此可知，考城县隶属变革的主因与河防关系甚大。观民国《考城县志》，自乾隆四十五年至四十八年，考城县几乎每隔一年都有黄河漫口发生。

③ 《清高宗实录》卷一千一百八十四，“乾隆四十八年癸卯秋七月”条：“壬辰谕军机大臣等据何裕城覆奏彰德、卫辉、怀庆三府得雨情形一摺，内称……考城等县均报于六月十五至二十二等日得雨。”此条明示考城在乾隆四十八年 6 月前已划归卫辉府，又据上知悉迁建张村集完工约在乾隆四十七年底，乾隆四十八年正月蠲免考城迁建北岸地粮赋，考城划归卫辉府的时间可能就在乾隆四十八年初。

④ 张廷玉等撰：《明史》卷八十三《志第五十九 · 河渠一》，北京：中华书局，1974 年，第 2022 页。

三、黄河泛滥、土地盐碱化与商丘人文的塑造

黄河自河源奔流而下，途径黄土高原，将富含矿物质的黄土搬运到黄河下游地区。在农业文明的初创阶段，黄河及其支流的灌溉作用促使裴李岗、仰韶、龙山、二里头等文化获得了空前发展。黄河对各区域微地貌和土壤的作用奠定了我国农业文明发展的基础。

为了应对黄河泛滥和河流治理，大型水利工程建设提上日程，它呼唤着区域间的协作和管理上的协同。大禹肩负起了时代的使命并由此开创了国家管理和政治制度建设的先河。物质文明和政治文明的发展和繁荣必然带来精神文明的进步。发达的物质文明、先进的政治文明和精神文明使得黄河文明一枝独秀，从而成为中华文明的主根系。

商丘地处黄河下游地区，黄河文明的长期浸润使得仰韶文化、大汶口文化、龙山文化、岳石文化、商文化在此地生根发芽。可以说，黄河很早就开始塑造商丘文化。

在黄河夺淮入海以前，虽然商丘地区的河流多数流入淮河，属于淮河流域，但发达的运河水利早已经将商丘与黄河联通起来。我国开挖运河的历史十分悠久，早在春秋战国时期，多个诸侯国已开凿了运河，如吴国的邗沟、魏国的鸿沟、秦国的郑国渠等。605 ～ 610 年，隋炀帝下令大规模征发民工开掘大运河，在天然河流和旧有渠道的基础上，修筑了一条连通海河、黄河、淮河、长江、钱塘江五大水系的大运河，是为隋唐大运河。

隋唐大运河商丘段是通济渠的一部分，从开封以东与古汴河分道东南行，循睢水、蕲水故道直接入淮。大运河的通航促使商丘城市规模扩大，城市人口增加。唐代时，商丘成为当时的大都市之一。盛唐诗人李白、杜甫等纷纷慕名到商丘游览并留下了诗篇。北宋在商丘设应天府，成为仅次于都城东京开封的经济中心。不光经济繁荣，商丘的科教文化在唐宋时期也昌盛一时，韩愈、欧阳修、张方平、晏殊等文化名人和名臣都在商丘驻留过。应天书院更是中国古代四大著名书院之一，范仲淹曾做过主持，其参与“庆历新政”后，升应天书院为南京国子监学，与开封和洛阳的国子监并为北宋最高学府，应天书院俨然成为当时的学术交流中心，为北宋培养了大批人才。

由于通济渠引入的是黄河水，不得不面对河床淤积、渠水变浅、河床逐年抬高的状况。隋唐和北宋时期，官府每年都要投入大量人力物力进行疏通。南宋建炎二年后，黄河夺淮入海，宋金都疏于清淤疏导，渐使通济渠商

丘段淤塞。历史上许多运河都以黄河为源或通过黄河与其他水系连通。但因黄河决溢频繁，北宋时就有想让运河避开黄河的想法。明清山东运河不断改徙，开凿新道正是基于这个原因。

总之，隋唐大运河商丘段的淤废使得商丘的经济地位下滑。加之，明清以来黄河屡决，旱涝蝗灾频发，使得商丘的经济一落千丈，相应地，宋代商丘繁盛的科教文化也饱受影响。可以说，隋唐、北宋商丘的繁荣及其后的衰落与黄河都有关系。实际上，商丘的历史变迁是整个豫东甚至河南的一个缩影。

1128 ～ 1855 年的黄河夺淮期间，黄河塑造了商丘的自然景观和人文风貌。黄河历次泛滥决溢，冲毁田舍，百姓流离失所而被迫迁徙流转。河流冲积又使得泥沙遍野，淤平湖泽，破坏了沿岸生态，如在唐宋之前曾长期存在的孟渚泽、蒙泽也因黄河南泛，泥沙淤积而使得湖面不断缩小，加上人们围湖造田，逐渐淤为平地。黄河泛滥还形成了大片黄泛区，土壤贫瘠而不利于耕作。受黄河泛滥的影响，商丘地区的农业科技和精神文化也深深烙上了“黄河”印记。

农田水利建设与农业发展息息相关。在传统水利型农业社会中，农业经济是社会经济最重要的组成部分，因而上至国家、下至地方都极为重视农田水利建设。《周礼 · 地官 · 稻人》：“稻人掌稼下地。以潴畜水，以防止水，以沟荡水，以遂均水，以列舍水，以浍泻水。”郑玄谓：“偃潴者，畜流水之陂也；防，潴旁堤也；遂，田首受水小沟也；列，田之畦埒也；浍，田尾去水大沟。”[①] 这种对水利工程的综合规划设计思想，最早可追溯到商代。1993 年在辽宁阜新发现了距今 3600 年前的灌溉系统，其断面可分为干渠、支渠和毛渠三级。[②] 后世遵从《周礼》中的水利工程设计理念，逐步完善并推陈出新。

时至清代，这种饱含统筹规划、系统设计的农田水利设计思想达到了古代的巅峰水准。据雍正《河南通志》[③] 的记载，豫东地区通过将堤坝和农田水利相连，在区域内形成了一个四通八达的水利网，提高了农业灌溉的效率。实际上，这种将堤坝和农田水利联通的工程设计主要为了引黄灌溉。在豫东

① 阮元校刻：《十三经注疏 · 周礼注疏》，北京：中华书局，1980 年，第 746 页。

② 卢嘉锡主编，周魁一著：《中国科学技术史 · 水利卷》，北京：科学出版社，2002 年，第 205 页。

③ 田文镜、王士俊等监修，孙灏、顾栋高等编纂：《河南通志》卷十七《水利上》，台北：商务印书馆，《景印文渊阁四库全书》(第 535 册)，1986 年，第 450–460 页。

地区此类工程还有 1951 年始建的人民胜利渠、1957 年开封新建设的引黄灌区工程。这类工程建成后有力解决了当地的生产和生活用水问题。商丘先民根据黄河的特性因地制宜地创造和发展了适合本地的农业灌溉科技。

此外，商丘地区大力兴修水利以治河。以清代为例，在雍正朝和乾隆朝前期更是涌现出一个大修水利的高峰。拿归德府鹿邑来说，明嘉靖十九年[①]河决野鸡冈而致黄河南徙，嘉靖二十三年黄河北归故道后，受黄河决溢的威胁减轻。此后，鹿邑便大兴水利以防河患。至清初，仍留有许多沟渠可资利用。鹿邑在康熙和雍正朝又新修了大量的水利工程。在乾隆朝，鹿邑仍有大修水利之举。鹿邑在乾隆三十二年（1767）前又新修 150 处水利设施。[②]这些开凿修筑的河防工程和农田水利设施既是人们对黄河的改造，也是出于河患威胁下为求生存和发展的积极响应。

另外，商丘人民通过实践培育了大量适宜盐碱地种植的经济作物和农作物。他们在堤坝、沟渠两岸种植抗盐碱的柳树、杨树、槐树、榆树、臭椿等，既起到了保护堤坝的功用，又可以防止盐碱地的扩散。在经济作物里，人们种植苜蓿、蓖麻等。农作物里当地还培育出了碱麦等地方品种以适应盐碱地。他们还把盐碱土经过熬制，制成硝盐作为货物来交易。这些措施在《归德府志》和各县县志中都有记载，都是百姓因地制宜适应和改造生存环境的真实写照。

要之，商丘人民在农业科技、水利工程和抗盐碱植物上都采取了种种应对方法，体现出了黄河与商丘农业文化上互动的一面。

除了农业文化，黄河与商丘地区人文精神的塑造也是互动不断。首先是河神信仰大行其道。早在原始社会，先民就有“万物有灵”的思想。天地、山川、河湖、草木、鸟兽等皆成为人类寄托精神信仰的载体。至秦汉时期，长江、黄河、淮河、济水更是成为国家祭祀和民间信仰的“四渎”。黄河水养育了黄河流域的百姓，但也会因为泛滥决溢带来灭顶之灾。于是，人们就产生了敬畏之心和神灵观念。

明清以来，黄河泛滥决溢频繁，围绕着黄河河神的祭拜活动也更加频繁和丰富。在黄河沿岸修建了多处河渎庙举行国家祭祀。在地方上，各级政府

---

① 许菼修乾隆《鹿邑县志》载嘉靖二十一年河决野鸡冈，而于沧澜修《鹿邑县志》记为十九年。查《行水金鉴》《清史稿》等皆为十九年，推测于志所述为是。

② 阿思哈、嵩贵纂修：《续河南通志》卷二十四《河渠志・水利一》，上海：上海古籍出版社，《续修四库全书》（第 220 册），2002 年，第 255–265 页。

也组织民众发动形形色色的祭祀河神活动。黄河沿岸的百姓若是发现各色水蛇，就立即上报地方官。经确认后，在各种仪式下官员带着巫师前去迎接。[①] 除了水蛇，河工凡是在黄河沿岸见到蟾蜍、蝎虎等也有将之称为“大王”或“将军”，不过以称水蛇为“大王”者较多。

除了将水蛇作为自然神来信仰，人格神多选择古时的治水英雄为信仰载体。以金龙四大王、黄大王[②]、朱大王[③]和栗大王为代表在黄运区有着深厚的群众信仰基础。由官府到民间，由客商到土著，成为一种十分突出的共同信仰。

在河神信仰的影响下，民间在特定日子也形成固定的风俗。黄河中下游地区每逢正月十五或者河水大涨，人们都有到河口放河灯的习俗。明清以来一遇水情而放河灯祭祀河神凸显了人们面对河患水灾时的精神信仰。

其次是治河精神融入百姓的心中，成为根深蒂固的文化心理。面对黄河泛滥的危害，商丘人民并没有因困难险阻而放弃拼搏。无论是明代潘季驯四次治河，还是清代荥工、铜瓦厢决口，历次堵口中除了河工，当地百姓都积极投入到治黄抗洪的前线。舍小家而顾大家的精神正是中华民族屹立不倒的源泉，战天斗地、积极进取的信念也是民族之魂。

中华人民共和国成立以来，又涌现出大无畏的革命精神，比如焦裕禄精神。在中国共产党的领导下，在科学的规划和理念引导下，商丘人民也开展了区域内盐碱地的综合治理。他们建造机井、真空井，通过排灌降低了地下水位，再辅以排水冲盐、放淤压盐等方式有效控制住了盐碱地的发展势头。从 20 世纪 70 年代开始，盐碱地的面积不断缩减，经过改良后的盐碱地农作物产量大增，极大地促进了当地的粮食生产。近年来，在积极响应国家号召发展生态农业的要求下，生态环境明显改善，城市发展和农业经济也走上了快车道。

河神信仰、治河精神、革命精神都是商丘在与黄河互动下呈现的精神文化。这些精神文化的形成是在长期与黄河的互动中形成和凝练的。黄河在商丘文化的塑造中扮演了极为重要的角色。在这个过程中，黄河影响了商丘的

---

① 胡梦飞：《“河神大王”：晚清黄运沿岸地区祀蛇风俗考述》，《淮阴师范学院学报（哲学社会科学版）》2017 年第 4 期，第 410–415 页。

② 李留文：《河神黄大王：明清时期社会变迁与国家正祀的呼应》，《民俗研究》2005 年第 3 期，第 205–216 页。

③ 贾国静：《礼俗之外：清代河神朱大王形成的驱动因素探析》，《民俗研究》2021 年第 3 期，第 32–41 页。

自然环境、社会经济、政治和文化等方方面面，而商丘人民通过不断实践，完成了从认识自然到改造自然的升华。在升华的过程中，不仅创造出了灿烂的物质财富，更汇聚了厚重的精神财富。

四、小结

黄河打造了商丘的自然环境，形成了大片盐碱地，迫使劳动人民与日益恶化的自然环境展开斗争，在长期的人与自然互动的过程中塑造了商丘的物质文化和精神文化。纵观历史，黄河深刻影响了商丘。黄河水滋养了商丘，造就了唐宋商丘的繁华盛景，随着南宋初年杜充决口，黄河夺淮南泛，不仅形成了大片盐碱地，更是在商丘大地留下了一条黄河故道。它深刻影响了此后商丘的社会发展。

商丘黄河故道见证了黄河对区域生态环境、社会经济和地方文化的影响及它们之间复杂的互动。在“社会－经济－自然复合生态系统中”，各要素相互作用的结果是促使自然和社会都发生了巨变。

第四节　从系统论的视角看豫东盐碱地的环境史

马世之、王如松提出的“社会－经济－自然复合生态系统”的立论依据是系统论。欲理解“社会－经济－自然复合生态系统”必须对系统论的理论有所了解。

系统论是由美国生物学家贝塔朗菲创立的。他在 1932 年发表“抗体系统论”，提出了系统论的思想。1937 年提出了一般系统论原理，奠定了这门科学的理论基础。系统论科学地位的确立是通过 1968 年贝塔朗菲的专著《一般系统原理——基础、发展和应用》实现的。我国较早引入系统论的学者是王兴成。他在1978年介绍了系统论的发展历史和现状。[①]很快，苏联、[②]美国、西欧[③]等国家的系统论研究被介绍到国内。

---

① 路·冯·贝塔朗菲、王兴成：《普通系统论的历史和现状》，《国外社会科学》1978 年第 2 期，第 69–77 页。

② 王兴成：《苏联的系统论研究》，《国外社会科学》1978 年第 2 期，第 78–82 页。

③ 王林：《国外系统理论研究简介》，《哲学研究》1980 年第 2 期，第 78–80 页。

系统论传入后，国内学者结合中国实际对系统论提出了创新和总结。以刘长林、[①]雷顺群、[②]金观涛、[③]陈良瑾[④]等为代表的学者纷纷发文，就系统论的内涵和实质、原则和科学依据等问题做了探讨。此后，越来越多的学者开始审视和运用系统论的观点和思想对研究问题进行深层次的探究。

系统论的核心思想是把系统的各要素作为一个整体的观念。它指的是把所研究和处理的对象，当作一个系统，分析系统的结构和功能，研究系统、要素、环境三者的相互关系和变动的规律性，并优化系统观点看问题，世界上任何事物都可以看成是一个系统，系统是普遍存在的。在前文讨论盐碱地的形成时，笔者已就盐碱地各成因及这些要素间的关系做了说明和分析。如此做的目的就是着眼于从系统论的思想入手。

系统论要求我们分析问题既要有系统思想，又要辩证分析。就豫东盐碱地来说，它的形成和发展有一个历史过程。在这个历史过程中，盐碱地对“社会－经济－自然复合生态系统”的作用和影响也是不停变化的。

譬如，在北宋以前的大部分历史时期内，据文献记载，盐碱地的数量有限，面积也不大，此时它对社会经济和自然生态两个子系统的影响有限。正是如此，在史书记载中，关于盐碱危害的记录很少。人们长期不视它为一种灾害，这正说明了它对人类社会的影响不大。但在北宋以后，关于盐碱地灾害和人类治理盐碱地的记录越来越多，这客观反映出了盐碱地对“社会－经济－自然复合生态系统”的影响扩大了，大到足够引起人们重视的程度。

进入21世纪，关于盐碱地危害的报道越来越少，就连豫东地区的人们对盐碱地的关注也不像20世纪那么密切了。这种现象的背后是盐碱地在豫东已得到大幅度的治理，且目前的科技已能有效控制它了。也就是说，盐碱地对“社会－经济－自然复合生态系统”的影响又回落到较低的水平。

但正如笔者所言，完全消灭盐碱地也是不现实的。在自然系统固定模式存在的大框架下，盐碱地的产生机制仍然存在，它仍会形成。合理的措施当然是在维持系统健康发展的基础上根据情况调整使之处于一种相对的平衡。

盐碱地作为“社会－经济－自然复合生态系统”里的一个要素，它与

---

① 刘长林：《〈内经〉的五行学说与系统论》，《社会科学辑刊》1980年第4期，第40–51页。

② 雷顺群：《系统论与藏象学说》，《辽宁中医杂志》1980年第11期，第20–24页。

③ 金观涛：《系统论、控制论可以成为历史研究者的工具》，《读书》1981年第11期，第10–13页。

④ 陈良瑾：《系统论与辩证法》，《内蒙古社会科学》1981年第3期，第102–109页。

系统内其他要素的互动方式有直接和间接两种。具体来说，盐碱地直接影响农业经济。虽然不能定量地分析影响的程度，但定性地说，在传统农业社会里，它的影响自北宋之后越来越大，尤其在清代，随后又开始逐渐降低。

另外，盐碱地也直接影响自然生态。它对自然生态的影响主要发生在土壤圈。而对自然生态中其他圈层的影响则是间接的。比如，对气候、对生物植被等自然生态圈的影响是通过自然生态系统的内部作用而传递的。

当前，随着科技日益发展，人类对环境的改变和塑造力度也越来越大，使得“社会－经济－自然复合生态系统”的稳定性面临很大压力。

从历史上看，三代至北宋间，社会经济不断发展和繁荣，而自然生态却是不断破坏和恶化的。人类社会的发展与自然环境的破坏似乎是相伴而生、此消彼长。西欧资本主义社会的发展史也能体现出社会经济的前进和生态环境的后退。我国自改革开放以来，快速发展的经济局势与当下层出不穷的生态问题也能反映出社会经济与自然环境的对立。

从本质上说，人类社会发展的物质资料都来自自然环境，人类社会的发展必定要消耗自然资源，所以对自然生态的破坏是一定存在的。不过，自然生态系统有其自身平衡的临界点，有着自我恢复能力。理论上讲，只要控制住人类对自然的索取程度不超过自然生态的临界点，便可以有效缓解这种矛盾的对立。

但实际情况是，现在对自然生态的了解还不够，对生态系统稳定性的认知仅停留在概念和模糊的定性阶段，因而对如何规避生态系统的崩溃风险茫然无措。因为生态系统过于复杂，所以对人类社会和自然生态间的相互作用机制仍有许多值得探索的地方。

人与自然之间的关系，是历来哲学研究和争论的一个重要问题。包括环境科学在内的学者都在寻求一个完美的解决方案。生态平衡概念的提出已有相当年份，[①]研究者们结合自身案例对区域生态问题做了探讨，也提出了解决生态问题的方法。生态平衡是一种有指导意义的方法论。今后的工作应重视生态平衡的评估及人类发展的影响评估，尤其是在政府部门的规划中，应统筹做好预先的设计框架。

透过豫东盐碱地的研究，我们对盐碱地的形成、发展，盐碱地与人类社

---

① 申泰：《怎样看待生态平衡——再评“生态危机”》，*Journal of Integrative Plant Biology* 1976 年第 2 期，第 122–127 页；余谋昌：《环境科学的几个哲学问题》，《新疆环境保护》1979 年第 3 期，第 12–26 页；徐广华：《生态平衡和平衡生态》，《中国农垦》1980 年第 4 期，第 13–14 页。

会和生态系统间的相互影响和互动关系，盐碱地的治理和未来等都做了系统探究。最后，笔者从系统论的视角提出了一些看法和展望。但还得强调的一点是，任何论述都不可避免带有论者的主观意愿，因为笔者也是人类社会的一员，所以提出的看法和愿景当然是站立在人类社会发展的立场上，必然也会受到各种制约和局限。

结　语

我国自古就是农业大国，土地是农民赖以生存的根本。古人尊土地为母，遥远的生殖崇拜到天地祭祀一脉相承，使得古代中国的传统文化构建在天人合一的基础上，深刻地影响着国人的社会生活和文化心理。

河南是中华文化的发祥地，在我国历史上的地位十分重要。自古以来处于农耕文明的中心地带，即使在现代，河南的农业生产对国家建设和发展也至关重要。这里自三代伊始，积累了丰富的土地管理和治理经验。先民很早就注意到土壤质地的不同对作物生长和产量的影响不同。对于土壤肥力低下的盐碱地，古人称之为“斥卤”。此后，便展开了对盐碱地的长期认识和治理过程。

土地的类型多种多样，土地的肥力有高有低，其中盐碱地就属于肥力低下的土地。盐碱地是土壤盐碱化的产物，是一种特殊的土地类型。盐碱化程度重的土地比较贫瘠，自然影响到它的农作物产量和纳赋。在难以完成赋税的情况下，田主不得不向地方官上报申请蠲免。盐碱地的特殊性表现在未被蠲免前是需要按科则赋税的，被蠲免后才能从史籍中知道它是盐碱地。

从秦汉典籍对盐碱地的记载来看，古人已初步了解到盐碱地的产生原因在于水土关系的失衡。他们认为水多而积洼以至盐碱不毛。虽然对其中的理化反应机制并不了解，但这种认识是经过丰富的农业实践得出的，是科学的。南宋以来，古籍中的盐碱地主要记录在方志的《田赋》《赋税》中。在清代，豫东地区的开封府、归德府和陈州府各辖县的方志中就记录有不少盐碱地。

关于盐碱地的成因，气候和水文对盐碱地的产生起到至关重要的作用。豫东地区的气候属于半湿润季风气候。冬季寒冷干燥，蒸发作用强烈，容易发生土壤盐碱化。清朝建立到康熙五十九年（1720）的清前期，区域内多县地方志中记载的降雹事件指示着清前期的气候寒冷，对应明清小冰期的冷期阶段。寒冷干燥的气候也促进了盐碱地的发育。在水文方面，自南宋 1128 年后开启了淮河流域水文系统紊乱的时代。黄河在豫东地区的频繁决徙，也使得盐碱地开始加速发展。清代，黄河多次袭夺贾鲁河、涡河的河道，致贾鲁河淤废，使得贾鲁河流域内次一级支流小河也失去灌溉功能，客观上使得人们不能通过灌溉冲盐、洗盐的方法去阻止盐碱地的扩大化。另外，方志中异常降水天气的频次揭示了自然灾害发生的频率之高，而自然灾害的频发又进一步增加了区域水文系统的紊乱。

气候和降水等自然因素的变迁为盐碱地的形成提供了条件。在“明清小冰期”内，清前期和后期极端寒冷天气和异常降水的频发不仅说明区域内灾害多发，尤其不利于区域水文系统的平衡。从气象上也反映了降水变率的不稳定，表现出气候干旱化的发展趋势。这对于盐碱地的形成和发育具有推动作用。

黄河对豫东地区水土关系的走向影响甚大。黄河的决溢泛滥与盐碱地的形成密切相关，典型表现就是区域内盐碱地的分布主要在黄河古道及两岸。在盐碱地的形成机制中，黄河泛滥打破区域水文系统的平衡所贡献的影响因子最大。

区域内盐碱地的面积广大。据统计，开封府、归德府和陈州府合计 35 县中有 28 县皆有盐碱地。28 县中有 10 个县属于盐碱化较重地区，在这 10 个县里盐碱地面积占行粮地面积比重超过 5% 的有 5 个，占到一半。在空间分布上，区域内盐碱地呈大面积连片分布，贾鲁河和涡河上游地区是盐碱地的重灾区。贾鲁河下游淮宁县较高的盐碱化对应着黄河袭夺贾鲁河河道改道入淮的史实。通志和方志所载地亩数据不一致的原因除了土地虚报外，寄庄地和民间纠纷以及土地折亩也是重要原因。乾隆元年（1736）河南发生盐碱地大蠲免事件的根本原因在于乾隆朝国库充盈。清中后期对盐碱地的蠲免越来越严苛，甚至一拖再拖，其主要原因在于财政经济的窘迫。

盐碱地对豫东社会的影响不仅表现在自然生态上，也表现在社会经济上。在自然生态方面，盐碱地改变了当地土壤圈层，局部微地貌的改变也影响了当地气候、水文等生态系统的其他要素。尤其是自黄河夺淮以来，盐碱地面积不断扩大，对当地自然环境的影响也较前代更为明显。在社会经济上，一方面，盐碱地使得土壤质地贫瘠，加之面积不断增加使得可耕地面积减小，势必影响农业生产和农业经济的发展。另一方面，盐碱地在形成的过程中，也为当地带来了丰富的硝盐和土硝资源，这些矿物资源给当地百姓尤其是贫民提供了生活物资。但也引发了一些社会问题，给国家管理和地方治理带来了危机。

盐碱地是环境变迁的产物，它又是一种土地资源，随着豫东土地盐碱化的扩大、加深，农民可耕种土地减少，势必对农业经济的发展产生不利影响。在这种情况下，种植传统农作物未必能带来足够收益，因而迫使人们把目光转向抗盐碱植物。另一方面，农业经济不景气，也使得从事农业生产的人们不得不转向手工业或商业。私售硝盐的市场化实际上从侧面也说明了这个问题。盐和硝对于国计民生非常重要，遇到私盐泛滥影响到官盐销售，或者硝作为军火管控紧缺产品，在此背景下，产生于盐碱地的这些资源给国家管理和地方治理也带来种种考验。

在传统农业社会里，农业经济关系国计民生。由于盐碱地面积扩大，盐碱地对农业生产的危害越来越重，因此迫使人们想方设法治理盐碱地。先民在长期的耕作过程中，总结和完善了一系列改良和治理盐碱地的方法，有物理的、化学的，也有生物学的方法。利用植树造林是常见的也行之有效的治理盐碱地的措施。清人也通过引种耐盐碱植物来治理盐碱地，这些方法有其科学依据，时至今日，部分方法仍可供参考。

我国改良和治理盐碱地的历史悠久，早在先秦时期古人已经开始修建水利工程来引水冲盐。修建水利工程这种行为客观上是一种治理盐碱地的举措，但它的功效却受诸多因素的限制。在区域水文系统紊乱的情况下，特别是当黄河泛滥时，水利工程因失修而湮废，淤积的沟渠堤坝反而会引发次生盐碱化。此外，在修建水利工程时对地表的破坏也改变了原生地貌，坑洼不平的地带也会给盐碱地的产生提供条件。豫东地区的水利建设在雍正和乾隆朝前期出现过一个短暂的高峰后逐渐颓废，与清代河政的兴衰存在时间上的协同。黄河河患的威胁促使少数县域内的农田水利建设在雍正朝迅速发展起来，不过其主要职能是为了服务河防，如郑州、中牟和新郑。

清人除了兴修水利来治理盐碱地，还采用了有机肥、石膏和植树造林等方法来改良治理盐碱地。除了将河堤和农田水利设施连通以稳定区域水文系统外，还派官员到地方上督导推广种植抗盐碱植物，如杨、柳、槐、苜蓿等。从治理效果来说，与后世的成功经验对比，连通河堤和沟渠对于盐碱地的治理效果是不理想的。在河堤上广种柳树并作为官员考核的事项，虽然主要目的是为了河防，但客观上对区域水文系统的稳定是有益的，也有助于治理盐碱地。在官道上种植柳树作行道树并有严格管理是清政府环境保护的一项具体政策。柳树自宋之后取代槐树成为行道树的主要树种，人工选择主导了这场变革。人们发现柳树可以通过扦插法快速培育，便逐渐淘汰了靠种子繁殖的槐树。百姓在长期的生产实践中，也选育了很多抗盐碱植物，种类繁多，从五谷到蔬菜、果树等都有，还培育出了新的品种，如碱麦。他们还因地制宜，从盐碱土中熬制硝盐作为生计之用。

其中水利建设是物理方法中应用最多的一种，不过，任何方法都不能保证在解决问题的同时没有副作用的发生。一如兴修水利，这种人类活动大规模地改变了地形地貌，使得原本易于排水的地方变得低洼，如此反而会为盐碱地的次生化提供条件。当区域内水利建设与河政密切相关或受到足够重视时，水利建设的质量和工程都得以保障，自然能够对区域水文环境的开发利用起到积极作用，也能有效治理盐碱地；而当水利工程失修淤废时，甚至在某些情况下反而会引发新的盐碱地产生。由于缺乏盐碱地形成机制的正确认识，盲目修建大量水利工程，忽视排水工程的配套建设，只灌不排反而引发土地次生盐碱化。人类在积极改造盐碱地的同时也在参与着盐碱地产生和发展的进程。

清人对于盐碱地治理的种种举措和其中一些理念，其实和今天我们的认识是接近的，只不过缺少现代科学技术手段的支撑和方法论认识上的提高。受时代的局限，清人未能抓住治理盐碱地的关键。虽也有统筹规划，但缺乏系统论的指导和抓住主要矛盾的辩证思维，使得盐碱地治理工作长期不能突破。

本区域治理盐碱地的关键又与治黄关联，在清代表现尤甚。纵观豫东地区盐碱地的产生和发展史，它与黄河的泛滥史密切相关。从历史来看，盐碱地的发展史与黄河的泛滥史呈现时间上的同步性。盐碱地的加速发展发生在北宋之后，其加速增长的变率与黄河决溢、泛滥的频次表现出正相关性。此后，区域内盐碱地一直在加速扩大，直至20世纪60年代。唐宋之际是盐碱地加速发展的时间节点，在此之前，盐碱地在数量上是较少的，在空间分布上是零散的，而此后，盐碱地在区域内加速发展。其主要原因与区域内水文系统的紊乱密切相关，而引起水文系统紊乱的一大主因就是黄河。

唐后期，随着农耕生产方式在黄河中游边区和河套地区的定型，黄河中游的水土流失加剧，黄河也结束了此前的安流局面。随后本区域的水文系统不断紊乱，虽有潘季驯、靳辅等竭力治河以稳定区域水文系统，然仍未能阻止盐碱地面积加速扩大之势，可以说，人类活动引导了这一场生态巨变。黄河的频繁泛滥、华北生态环境的持续恶化及人地关系紧张的背后，人类应多一些反思。

总之，盐碱地形成的根本原因是本区排水不畅引发的水位上升，与黄河泛滥关系紧密，而黄河泛滥既有自然因素亦有人文因素，人类活动对黄河泛滥的影响很大，尤其是对黄河中游地区植被的破坏，对后世的影响深远。

展望未来，难以治理的中、重度盐碱地应采用生物学方法作为突破。盐碱区的开发利用应遵从生态理念，当经济利益和生态效益冲突之时，应以生态效益为重。切实落实产业升级，向现代农业和生态农业转变，走出一条可持续发展之路。

环境史研究在我国方兴未艾，相关理论和方法也在完善中。环境决定论和人定胜天论需要在具体问题上具体分析。从盐碱地的发展史来看，豫东地区的盐碱地近五千年来一直在增加，直至 20 世纪 60 年代后开始减少。盐碱地明显加速扩大发生的时间节点在唐宋之际，该时期内，除了发生重大的社会变革外，生态环境的恶化也清晰可见。自然环境中一些要素的承载接近极限，“社会 – 经济 – 自然复合生态系统”的反馈不仅表现在社会经济系统上，也表现在生态系统上。

纵览历史，豫东地区的黄河泛滥与土地盐碱化呈现强烈的线性关系。随着黄河泛滥次数的猛增，土地盐碱化加速发展。与此同时，土地盐碱化和百姓贫困化也表现出强烈的相关性，盐碱地面积不断扩大，而百姓生活也日益贫困。归根结底来说，它反映了生态与人类社会发展的关系，生态兴则文明兴，生态衰则文明衰。为了长久的生存和发展，我们必须走可持续发展，走一条人与自然和谐共生的道路，这是豫东土地盐碱化发展史给我们的启示。

后　记

中州有悠久的农业发展史，而豫东平原是河南重要的农耕区。有史以来，随着环境变迁，土地盐碱化在豫东不断发展。研究清代土地盐碱化的发生机制、对社会的影响及人地关系的互动，对于探究历史上盐碱地的治理和人地关系是一次有意义的探索。

除了学术意义，于个人来讲，从感情上对豫东也有一种亲切感，或许源于喝了七年的黄河水吧。我上大学的城市位于豫东，就在那里首次到黄河边嗅到了当时还浑浊的河水。对生在汉水流域的人来说，这种反差留下的印象是深刻的。在途经兰考的路上多次听到焦裕禄和盐碱地的故事，多年过去仍记忆犹新。人生体悟离不开成长经历，此后我从事环境史研究，在论文选题上自然而然地想到了豫东的土地盐碱化。

生态影响文明的发展。透过豫东土地盐碱化的发展史，可以窥见这片土地上的文明发展与生态环境变迁的纠葛。感怀之余，想到人的一生也是如此，在风云变幻中波澜起伏。几千年来，随着黄河变迁，生态恶化，豫东的土地盐碱化不断加重，深刻影响了社会经济文化的发展。好在进入新时代，豫东的生态文明已走向欣欣向荣，社会面貌也焕然一新。作为史学工作者，书写这段历史义不容辞。

本书是在博士学位论文基础上修改完成的。此前对盐碱地和豫东社会的关系研究比较欠缺，导师王星光教授嘱托要补齐加深。是书成稿之际，不由地再次想起老师的谆谆教导。在书稿审校中，中国大百科全书出版社的王瑜编辑不辞辛劳，指正了不少问题，做了大量工作。我的爱人孙贵红也给予许多关怀和鼓励。借此，对他们的支持和帮助表示衷心的感谢。本书的出版受到河南大学黄河文明与可持续发展研究中心暨黄河文明省部共建协同创新中心的资助，中心领导苗长虹、万合利、侯卫东、陈家涛、田志光等多次表达关切，一并致谢。

由于课题涉及社会经济史、历史地理、环境史等多方面，囿于作者的知识结构和认知水平，舛误、深度不足之处在所难免，虽已尽了最大努力，还请读者批评指正。

作者

2024 年 6 月 12 日